游戏开发

筑梦之路·造物工程

U0378520

网易互动娱乐事业群 | 编著

网易游戏学院 | 游戏研发入门系列丛书

清华大学出版社

北 京

内 容 简 介

本书为"网易游戏学院·游戏研发入门系列丛书"中的系列之二"游戏开发"单本。本书通过 4 篇（共 17 章）的篇幅，全方位地介绍了游戏研发领域的相关知识，包括游戏客户端开发、服务端开发、通用技术以及游戏开发相关的经验分享。书籍内容以网易游戏内部新人培训大纲为框架体系，以网易游戏十多年的项目研发经验为基础，内容翔实，体系完善。本书由一线游戏研发人员执笔，行文通俗易懂，初学者及非游戏专业的读者可以通过本书一窥游戏研发的魅力，专业从业者则可以系统地汲取游戏研发知识，激发灵感。

图书在版编目（CIP）数据

游戏开发：筑梦之路·造物工程 / 网易互动娱乐事业群编著 . —北京：清华大学出版社，2020.10（2021.8重印）
（网易游戏学院·游戏研发入门系列丛书）
ISBN 978-7-302-56558-1

Ⅰ.①游… Ⅱ.①网… Ⅲ.①游戏程序－程序设计 Ⅳ.① TP317.6-49

中国版本图书馆 CIP 数据核字（2020）第 186604 号

责任编辑：贾 斌
装帧设计：易修钦 庞 健 殷 琳 唐 荣
责任校对：焦丽丽
责任印制：沈 露

出版发行：清华大学出版社
网　　　址：http://www.tup.com.cn，http://www.wqbook.com
地　　　址：北京清华大学学研大厦 A 座　　　　邮　　编：100084
社 总 机：010-62770175　　　　邮　　购：010-83470235
投稿与读者服务：010-62776969，c-service@tup.tsinghua.edu.cn
质量反馈：010-62772015，zhiliang@tup.tsinghua.edu.cn
课件下载：http://www.tup.com.cn，010-83470236
印 装 者：小森印刷（北京）有限公司
经　　销：全国新华书店
开　　本：210mm×285mm　　印　张：20.75　　　字　　数：631 千字
印　　数：3001~4000
版　　次：2020 年 10 月第 1 版　　　　　　印　　次：2021 年 8 月第 2 次印刷
定　　价：168.00 元

产品编号：085405-01

本书编委会

主　　任：文富俊

副 主 任：关子敬　叶明江　吴海育

秘 书 长：贾　勇　胡月红

副秘书长：胡敬阁　陈绮清　汤泽江　侯富康　任意飞　张　辉　梁宇劲

委　　员：（按姓氏拼音顺序）

陈　伟　陈伊力　陈　昱　冯志铨　付朋杰　贺正波　胡大正　胡云龙　李　冰

李孟飞　林观勇　刘　欣　刘志斌　万晋森　王利杰　吴国瑞　吴雪平　袁金刚

张宏业　张　杰　郑　毅　朱鹏宇

INTRODUCTION
OF SERIES

丛书简介

"网易游戏学院·游戏研发入门系列丛书"是由网易游戏学院发起，网易游戏内部各领域专家联合执笔撰写的一套游戏研发入门教材。这套教材包含全七册，涉及游戏设计、游戏开发、美术设计、美术画册、质量保障、用户体验、项目管理等。书籍内容以网易游戏内部新人培训大纲为体系框架，以网易游戏十多年的项目研发经验为基础，系统化地整理出游戏研发各领域的入门知识。旨在帮助新入门的游戏研发热爱者快速上手，全面获取游戏研发各环节的基础知识，在专业领域提高效率，在协作领域建立共识。

丛书全七册一览

01	02	03	04	05	06	07
游戏设计	游戏开发	美术设计	质量保障	用户体验	项目管理	美术画册
筑梦之路·万物肇始	筑梦之路·造物工程	筑梦之路·妙手丹青	筑梦之路·臻于至善	筑梦之路·上善若水	筑梦之路·推演妙算	筑梦之路·游生绘梦

PREFACE
丛 书 序 言

网易游戏的校招新人培训项目"新人培训－小号飞升，梦想起航"第一次是在 2008 年启动，刚毕业的大学生首先需要经历为期 3 个月的新人培训期：网易游戏所有高层和顶级专家首先进行专业技术培训和分享，新人再按照职业组成一个小型的 mini 开发团队，用 8 周左右时间做出一款具备可玩性的 mini 游戏，专家评审之后经过双选正式加入游戏研发工作室进行实际游戏产品研发。这一培训项目经过多年成功运营和持续迭代，为网易培养出六千多位优秀的游戏研发人才，帮助网易游戏打造出一个个游戏精品。"新人培训－小号飞升，梦想起航"这一项目更是被人才发展协会（Association for Talent Development，ATD）评选为 2020 年 ATD 最佳实践（ATD Excellence in Practice Awards）。

究竟是什么样的培训内容能够让新人快速学习并了解游戏研发的专业知识，并能够马上应用到具体的游戏研发中呢？网易游戏学院启动了一个项目，把新人培训的整套知识体系总结成书，以帮助新人更好地学习成长，也是游戏行业知识交流的一种探索。目前市面上游戏研发的相关书籍数量种类非常少，而且大多缺乏连贯性、系统性的思考，实乃整个行业之缺憾。网易游戏作为中国游戏行业的先驱者，一直秉承游戏热爱者之初心，对内坚持对每一位网易人进行培训，育之用之；对外，也愿意担起行业责任，更愿意下挖至行业核心，将有关游戏开发的精华知识通过一个个精巧的文字共享出来，传播出去。我们通过不断的积累沉淀，以十年磨一剑的精神砥砺前行，最终由内部各领域专家联合执笔，共同呈现出"网易游戏学院·游戏研发入门系列丛书"。

本系列丛书共有七册，涉及游戏设计、游戏开发、美术设计、质量保障、用户体验、项目管理等六大领域，另有一本网易游戏精美图集。丛书内容以新人培训大纲为框架，以网易游戏十多年项目研发经验为基础，系统化整理出游戏研发各领域的入门知识体系，希望帮助新入门的游戏研发热爱者快速上手，并全面获取游戏研发各环节的基础知识。与丛书配套面世的，还有我们在网易游戏学院 App 上陆续推出的系列视频课程，帮助大家进一步沉淀知识，加深收获。我们也希望能借此激发每位从业者及每位游戏热爱者，唤起各位那精益求精的进取精神，从而大展宏图，实现自己的职业愿景，并达成独一无二的个人成就。

游戏，除了天然的娱乐价值外，还有很多附加的外部价值。譬如我们可以通过为游戏增添文化性、教育性及社交性，来满足玩家的潜在需求。在现实生活中，好的游戏能将世界范围内，多元文化背景下的人们联系在一起，领步玩家进入其所构筑的虚拟世界，扎根在同一个相互理解、相互包容的文化语境中。在这里，我们不分肤色，不分地域，我们沟通交流，我们结伴而行，我们变成了同一个社会体系下生活着的人。更美妙的是，我们还将在这里产生碰撞，还将在这里书写故事，我们愿举起火把，点燃文化传播的引信，让游戏世界外的人们也得以窥见烟花之绚烂，情感之涌动，文化之多元。终有一日，我们这些探路者，或说是学习者，不仅可以让海外的优秀文化走进来，也有能力让我们自己的文化走出去，甚至有能力让世界各国的玩家都领略到中华文化的魅力。我们相信这一天终会到来。到那时，我们便不再摆渡于广阔的海平面，将以"热爱"为桨，辅以知识，乘风破浪！

放眼望去，在当今的中国社会，在科技高速发展的今天，游戏早已成为一大热门行业，相信将来涉及电子游戏这个行业的人只多不少。在我们洋洋洒洒数百页的文字中，实际凝结了大量网易游戏研发者的实践经验，通过书本这种载体，将它们以清晰的结构展现出来，跃然纸上，非常适合游戏热爱者去深度阅读、潜心学习。我们愿以此道，使各位有所感悟，有所启发。此后，无论是投身于研发的专业人士，还是由行业衍生出的投资者、管理者等，这套游戏开发丛书都将是开启各位职业生涯的一把钥匙，带领各位有志之士走入上下求索的世界，大步前行。

文富俊

网易游戏学院院长、项目管理总裁

FOREWORD

序言

新学期开学之际，收到叶明江博士发来的书稿，邀请我给网易游戏编写的游戏开发教材作序。一来对游戏开发并不熟悉，二来专心科研，事务繁忙，本想推辞，但盛情难却，翻开书稿，阅读后收获良多。全书以网易游戏多年的技术积累为基础，将游戏开发所需的基础知识、网易游戏多年的技术经验娓娓道来。每篇文章都是网易技术专家的经验之谈，内容翔实而丰富。

我本人并不从事游戏相关的研发，在我给清华大学五道口金融学院开设的"互联网发展导论"课程上，叶明江博士每年都来友情讲授一次游戏产业发展概论，讲授内容深受学生欢迎，而我对游戏产业的了解也主要来源于此。游戏与动漫类似，同属于新生代的艺术品。游戏本身是一个软件，它的开发流程要遵循软件开发的各种基本流程，科学而严谨。网易游戏的技术专家们，在多年的游戏开发中，总结出了一套自己的开发经验和流程，为游戏这种软件作品的创作，提供了更高效的制作能力。

书稿从游戏客户端开始描述，包含了 3D 数学基础、3D 渲染技术、物理技术、动画技术、粒子技术、声音技术、UI 技术；然后谈到游戏服务端，包括了分布式系统、数据存储、AI 行为树、postman 性能分析工具等内容，最后谈到一些通用的技术，比如语言的国际化、针对游戏的通用工具（sunshine 编辑器）、基于 Python 编程语言的使用和优化等。

读完全书，作为一位资深的计算机工作者，我对游戏开发有了更深一层的理解。想要做好游戏业务逻辑开发，需要掌握编程语言，如 C/C++、Python；深入理解编程语言，需要了解编译原理知识；完成游戏的业务开发，需要基础的数据结构和算法知识；3D 渲染技术，与图形学息息相关；数据存储，又离不开数据库原理；想要做好软件的性能优化，则需要操作系统的相关知识……游戏作为一种复杂的软件，涉及计算机技术的方方面面。计算机专业的同学，几乎可以在游戏开发工程师这个岗位上，应用上所有学过的知识。

网易游戏最新的一款作品《绘真·妙笔千山》，与故宫博物院合作，在手机上真实展现了青绿山水的唯美意境和绚丽色彩，宛如置身于古代画卷之中。中华文化源远流长，在互联网时代，如何让我们下一代年轻人，更好地理解和传承祖国的优秀文化？游戏，作为文化的一种承载形式，《绘真·妙笔千山》做了很好的示范。

中国的文娱产业正在不断进步，我们看到了《大圣归来》《流浪地球》等电影佳作不断涌现。中国的游戏产品也正在跨出国门，走向世界。在我国经济腾飞之际，也期望能有公司，带着更高的文化责任感，站在中华民族文化复兴的时代潮头，为中华文化走向世界，做出贡献。希望网易游戏能秉承自己"游戏热爱者"的初心，一路前行，更希望能在做好"游戏热爱者"的同时，肩负起中国"文化传播者"的重任。

千里之行，始于足下。年轻的游戏开发工程师们，希望翻开本书，能让你们开启梦想的大门。

徐恪

清华大学博士生导师 / 清华大学计算机系副主任

ABOUT THIS BOOK

关于本书

上帝说要有光，于是程序在游戏世界创造了光、影和美轮美奂的盛景；女娲说要有人，于是程序在游戏世界中创建了 NPC、玩家和繁华的大千世界。然而这一切并不容易。一个个游戏就像真实世界折射出来的一个个次位面，在建设过程中，需要洞察真实世界的规则，才能以代码为真言慢慢打磨。

创建一个游戏世界需要各个部门协同合作完成巨量的工作，而游戏开发者作为成熟的造物魔法师，还需要深入掌握不同的施法语言，如龙语或古魔法帝国语言；然后进一步优化发音、优化咒语来加速施法，甚至是创造出自己的施法语言，整个过程充满挑战也充满乐趣。

本书用 4 篇 17 章的篇幅全方位介绍了游戏研发方方面面的知识，既涉及数据结构、数据库、算法、操作系统、编译原理等计算机专业的基础知识，又结合游戏研发业务逻辑进行了深入浅出的经验分享。对于计算机专业的同学来说，可以充分调动你的知识触觉，痛痛快快来一场颅内高潮。

第一篇围绕游戏客户端开发展开，从 3D 数字基础开篇，为你打开游戏客户端开发的大门。游戏世界中的点线面如何通过 3D 空间中的元素变换实现？计算机图形渲染如何让虚拟世界变得有模有样？物理引擎如何模拟自然中的物理现象？采集到了丰富的动画数据，如何对角色动作进行编辑管理？特效可不仅是"duang！"它背后的粒子系统会让你大开眼界；音频技术对于沉浸感的打造有哪些独门秘籍？

第二篇围绕服务端展开，网络传输与优化为你揭开"省流量""低延时"的秘密，对提升游戏的体验至关重要；AOI 管理和同步则关系到服务器的承载能力和网络信息的发送量；存储设计和优化考验开发者在易用性、运行效率、序列化效率三者之间的平衡；游戏 AI 从状态机、行为树两方面进行了相关的介绍；跨服和全球同服则从需求场景和设计上可能面临的问题对跨服、大区服以及全球同服的开发展开讨论。

第三篇对游戏开发的必备通用知识进行了详细描述。首先对游戏的性能优化进行了探索，并介绍了性能分析和优化的主要技术和方法；然后基于游戏开发者普遍使用的 Python 语言，着重介绍了 Python 热更新机制的实现思路以及内存泄漏检查和性能优化的原理分析。这部分内容的意义在于让读者快速掌握游戏开发的方法和原理并将其付诸实践。

最后一篇是关于 GAME PLAY，首先介绍了网易自研的通用逻辑编辑器 Sunshine，这款编辑器为游戏策划在剧情设定的自由度方面提供了强有力的支持；然后以任务系统和技能系统为例介绍了游戏中常见系统的设计开发过程；最后就游戏国际化开发中涉及的多语言、本地化、发布与部署等环节进行了简单的概述。

全书内容均由一线游戏研发同学执笔，行文通俗易懂，非科班的读者 / 初学者可以一窥游戏研发的魅力，专业从业者则可以系统地汲取游戏研发知识，激发灵感。

感谢互娱程序评审委员会的专家起草和敲定本书的行文框架，为全书内容的撰写把控大方向。感谢参与本书编撰的各位业务专家，在繁忙的工作中抽出时间，编写和校对了本书所有内容，如果没有他们的全心投入，本书将很难顺利完成。感谢清华大学博士生导师徐恪教授为本书作序。感谢网易游戏学院知识管理部的同事们，特别是胡敬阁在内容整理和校对上注入了极大的精力。感谢清华大学出版社的贾斌老师，柴文强老师以及其他幕后的编审人员为本书进行的细致的查漏补缺工作，保证了本书的质量。

最后，希望每一位与此书有缘的读者都能够开卷有益，收获满满。

网易互娱·游戏开发书籍编委会

TABLE
OF
CONTENTS
目录

01

客户端
GAME CLIENTS

03 通用篇
GENERAL PROGRAMMING

04 应用篇
GAMEPLAY

GAME CLIENTS

01

客户端

01 3D 数字基础
3D Digital Basics

1.1 向量代数

1.1.1 向量概念

在任何 3D 游戏引擎中，向量（Vector）都扮演了至关重要的作用。向量是一种同时具有大小和方向的物理量，可以用于表示空间中的点，例如游戏中某个物体的坐标或者模型网格的顶点坐标，也可以用于表示力（在某个特定方向上施加一定的作用力——量值）、位移（在某个净方向上移动一段距离）和速度（速率和方向）等；同样可以用来表示单个方向，比如玩家在 3D 游戏中的观察方向、多边形面对的方向、光线的传播方向以及从一个物体表面折回的反射光方向。正确理解向量的概念和操作向量，是一个 3D 程序员应有的基本技能。

虽然可以给出更加抽象和学术化的向量定义，但简单来讲，我们可以把向量定义为一个具有 n 个实数的元组（n-tuple）。在实际应用中，n 通常会取 2、3、4 等数值，一个 n 维向量可以表示为公式（1.1）的形式。

$$V = <v_1, v_2, \cdots, v_n> \quad (1.1)$$

其中 v_1 表示向量 V 的第 i 个分量。这里我们使用索引作为下标，但在实际应用中，有时也会使用对应的坐标轴作为下标，例如一个标识三维坐标点的向量 P，其三个分量可以写作 p_x、p_y、p_z。

1.1.2 向量属性

向量本身具有诸多属性和运算，例如标量乘法、向量加减法、长度（模）、点积 (Dot Product) 等。这些大家应该在学校的线性代数课上有学习过，且比较基础，这里就不一一罗列了，如果由于时间关系对其中的某些概念比较模糊了，可以自行查找相应的参考书籍和资料，这里着重介绍一下向量的叉积。

/ 叉积

叉积（Cross Product）是向量数学定义的第二种乘法形式（另一种是点积）。它与点积不同，点积的计算结果是一个标量，而叉积的计算结果是一个向量；另外，叉积只能用于 3D 向量（2D 向量没有叉积）。通过对两个 3D 向量 P 和 Q 计算叉积，可以得到第 3 个向量 W，该向量同时垂直于 P 和 Q。叉积的这种性质在计算机图形学里有很多应用，例如给定平面上的一个点，以及两个不同的切向量（Tangent），可以计算出该点的法向量（Normal）。叉积的计算公式如下所示：

$$P \times Q = <p_y q_z - p_z q_y, \ p_z q_x - p_x q_z, \\ p_x q_y - p_y q_x> \quad (1.2)$$

生成的垂直向量 W，在不同坐标系里具有不同的方向。

如果读者如图 1.1 抬起左手，将拇指之外的其他 4 个手指指向第一个向量 **P** 的方向，然后朝着 **Q** 的方向沿角度 $0 \leqslant a \leqslant \pi$ 弯曲手指，此时拇指所指的方向即为 $W=P \times Q$ 的方向，这叫做左手拇指定则（Left-hand-thumb Rule），这种坐标系称为左手坐标系，同样，右图表示右手坐标系的情况。通过以上说明，也可以很容易地给出一个结论：向量叉积不支持交换律（因为生成的向量方向相反）。

- $\overline{V}$ 中的任意两个向量 **P** 和 **Q**，**P**+**Q** 仍然属于 $\overline{V}$；

- $\overline{V}$ 中的任意向量 **P**，乘以任意实数 a，乘积 aP 仍然属于 $\overline{V}$；

- $\overline{V}$ 中存在一个向量 **0**，对于 $\overline{V}$ 中的任意向量 **P**，有 **P**+**0**=**0**+**P**=**P**；

- 对于 $\overline{V}$ 中的任意一个向量 **P**，必定存在一个向量 **Q**，使得 **P**+**Q**=**0**；

- $\overline{V}$ 中的任意向量，其标量乘法满足结合律、分配律，其向量加（减）法满足结合律、交换律。

每个向量空间可以通过一组向量的线性和得到，这组向量叫做该向量空间的基向量（basis vectors）。

$$P=a_1 e_1+a_2 e_2+\cdots+a_n e_n \qquad （1.4）$$

其中公式 (1.4) 中的 e_1, $e_2 \cdots e_n$ 表示该组基向量，并满足以下性质：

$$a_1 e_1+a_2 e_2+\cdots+a_n e_n=0 \qquad （1.5）$$

如果当且仅当 a_1，a_2，$\cdots$，a_n 全部为 0 时，公式 (1.5) 才成立，则称相互之间线性相关，否则线性无关。组成向量空间的一组基向量，必是线性无关的。组成一个 n 维向量空间的基向量数目也为 n，并且可以找到无穷多组基向量来表达出该向量空间。当基向量满足公式 (1.6) 时，称这组基向量为正交向量。

$$e_i \cdot e_j=\sigma_{ij} \qquad （1.6）$$

$$\sigma_{ij} \begin{cases} 1, & i=j \\ 0, & i \neq j \end{cases}$$

在 3D 游戏编程里，我们大多接触的向量空间为 $\overline{V}^3$，组成该空间的三个基向量分别是 $x=\{1,0,0\}$，$y=\{0,1,0\}$，$z=\{0,0,1\}$，并将该空间称之为空间直角坐标系。到目前为止，我们讨论的是与位置无关的向量，而我们在 3D 程序中需要描述坐标位置，比如 3D 几何体的位置和 3D 虚拟摄像机的位置。相对于一个坐标系，我们可以使用在标准位置上的向量（参见图 1.3）来表示空间中的 3D 位置，我们将它称为位置向量（Position Vector）。在这里，向量末端的位置是唯一需要关注的特性，而方向和大小都无关紧要。我们会交替使用术语"位

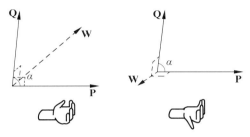

图 1.1　通过为两个 3D 向量 **P** 和 **Q** 计算叉积，可以得到第 3 个向量 **W**，该向量同时垂直于 **P** 和 **Q**。

和向量点积一样，向量叉积也具有其对应的几何意义：

$$\|P \times Q\|=\|P\|\|Q\|\sin a \qquad （1.3）$$

该公式可以用于计算由 **P** 和 **Q** 组成的平行四边形或三角形的面积（参见图 1.2）。

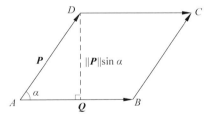

图 1.2　该平行四边形 ABCD 具有大小为 $\|Q\|$ 的底，$\|P\|sin a$ 的高，两者的乘积 $\|P\|\|Q\|sin a$ 表示该四边形的面积，等于两个向量叉积的模 $\|P \times Q\|$，而对应三角形 ABD 的面积为 $\dfrac{\|P \times Q\|}{2}$。

/点

以上我们提到的向量可以归类到一个集合，这个集合我们称之为向量空间（Vector Spaces），以 $\overline{V}$ 表示。在同一个向量空间中的向量，可以定义其标量乘法和向量加（减）法，并同时满足以下性质：

置向量"和"点",因为位置向量表示的就是一个点。

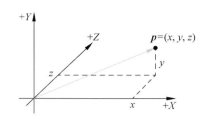

图 1.3　从原点延伸到点的位置向量，描述相对于坐标系原点的位置

使用向量来表示点的一个好处是可以在代码中使用向量运算，虽然向量运算对点来说没有实际意义，比如在几何学中，两点相加有什么意义？不过有一些运算确实可以被扩展为点运算，比如两点之差 $q-p$ 可以表示从 p 到 q 的向量。点 p 与向量 v 相加得到点 q，可以认为 q 是 v 对 p 进行的平移。由于使用向量可以很方便地表示相对于坐标系的点，所以我们不必为此单独设计一套针对于点的运算，只需要借助于前面讨论过的向量代数框架就可以处理它们（参见图 1.4）。

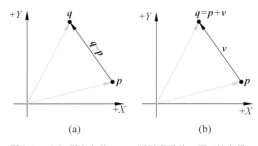

图 1.4　（a）两点之差 $q - p$ 可以表示从 p 到 q 的向量；
　　　　（b）点 p 与向量 v 相加得到点 q，可以认为 q 是 v 对 p 进行的平移

1.2　矩阵代数

在 3D 游戏引擎中，几何计算可以在不同笛卡儿坐标系中进行。有时为了计算的便利性或者出于效率考虑，我们可以使用矩阵变换把计算从一个坐标系转换到另一个坐标系中。在本节中，我们将了解矩阵及其运算。

1.2.1　矩阵定义

一个 $m \times n$ 矩阵，M 是一个 m 行、n 列的矩形实数数组。其中，行和列的数量指定了矩阵的维数，矩阵中的数值称为元素。我们使用 M_{ij} 来标识第 i 行第 j 列的矩阵元素，当 $m=n$ 时，称矩阵 M 为方阵。如果矩阵 F 是一个 4×3 的矩阵，则可以表达为如公式（1.7）的形式：

$$F = \begin{bmatrix} F_{11} & F_{12} & F_{13} \\ F_{21} & F_{22} & F_{23} \\ F_{31} & F_{32} & F_{33} \\ F_{41} & F_{42} & F_{43} \end{bmatrix} \quad (1.7)$$

有时，我们希望将矩阵的每一行视为一个向量。例如，我们可以这样写：

$$F = \begin{bmatrix} F_{11} & F_{12} & F_{13} \\ F_{21} & F_{22} & F_{23} \\ F_{31} & F_{32} & F_{33} \\ F_{41} & F_{42} & F_{43} \end{bmatrix} = \begin{bmatrix} \leftarrow & F_{1*} & \rightarrow \\ \leftarrow & F_{2*} & \rightarrow \\ \leftarrow & F_{3*} & \rightarrow \\ \leftarrow & F_{4*} & \rightarrow \end{bmatrix}$$

$$(1.8)$$

其中，$F_{1*} = [\,F_{11},\,F_{12},\,F_{13}\,]$、$F_{2*} = [\,F_{21},\,F_{22},\,F_{23}\,]$、$F_{3*} = [\,F_{31},\,F_{32},\,F_{33}\,]$、$F_{4*} = [\,F_{41},\,F_{42},$

F_{43}]。在这种记法中，第 1 个索引指定行标，第 2 个索引以星号（*）表示我们引用的是整个行向量。同样，我们也可以用这种方法来表示矩阵的列：

$$\mathbf{F} = \begin{bmatrix} F_{11} & F_{12} & F_{13} \\ F_{21} & F_{22} & F_{23} \\ F_{31} & F_{32} & F_{33} \\ F_{41} & F_{42} & F_{43} \end{bmatrix} = \begin{bmatrix} \uparrow & \uparrow & \uparrow \\ F_{1*} & F_{2*} & F_{3*} \\ \downarrow & \downarrow & \downarrow \end{bmatrix} \quad (1.9)$$

其中

$$F_{1*} = \begin{bmatrix} F_{11} \\ F_{21} \\ F_{31} \\ F_{41} \end{bmatrix}, \quad F_{2*} = \begin{bmatrix} F_{12} \\ F_{22} \\ F_{32} \\ F_{42} \end{bmatrix}, \quad F_{3*} = \begin{bmatrix} F_{13} \\ F_{23} \\ F_{33} \\ F_{43} \end{bmatrix} \quad (1.10)$$

在这种记法中，第 2 个索引指定列标，第 1 个索引以星号（*）表示我们引用的是整个列向量。

1.2.2 矩阵属性和运算

矩阵也具有诸多属性和运算，例如标量乘法、矩阵加减法、矩阵乘法、单位矩阵、转置矩阵、逆矩阵和行列式等。和向量属性一样，这些相对比较基础，且大家在大学都已学习过，如果遗忘，可以自行参考相应书籍和资料。

1.3 变换

在任何 3D 游戏引擎中，将一个向量从一个坐标系转换到另一个坐标系是非常常规且不可或缺的操作。例如，一个模型的顶点坐标通常存储在其模型坐标空间中，当我们渲染该模型到屏幕上时，需要将其坐标转换到摄像机空间。在本小节中，我们将接触到在不同笛卡儿坐标系中进行几何变换的方法，例如平移、旋转和缩放。

1.3.1 线性变换

设想我们定义了一个 3D 坐标系 C，其包含一个原点和三条坐标轴，并以 $<x, y, z>$ 表示该坐标系中的某个点 P。x, y, z 可以理解为从原点出发去到点 P，在各个坐标轴上必须经过的距离。我们再定义另外一个坐标系 C'，其中的点 $<x', y', z'>$ 可以通过对 C 中的坐标进行线性变换得到，变换函数如公式 (1.11) 所示：

$$x' = U_1 x + V_1 y + W_1 z + T_1$$
$$y' = U_2 x + V_2 y + W_2 z + T_2 \quad (1.11)$$
$$z' = U_3 x + V_3 y + W_3 z + T_3$$

该线性变换函数可以表示为矩阵运算的形式：

$$\begin{bmatrix} x' \\ y' \\ z' \end{bmatrix} = \begin{bmatrix} U_1 & V_1 & W_1 \\ U_2 & V_2 & W_2 \\ U_3 & V_3 & W_3 \end{bmatrix} \begin{bmatrix} x \\ y \\ z \end{bmatrix} + \begin{bmatrix} T_1 \\ T_2 \\ T_3 \end{bmatrix} \quad (1.12)$$

其中 T 可以理解为坐标系 C 的原点到 C' 原点的平移向量，以 U、V、W 为列向量的矩阵表示将 C 的坐标轴变换到 C' 的坐标轴朝向的变换量。在本章后续章节中，我们将把 U、V、W 和 T 合并为一个 4×4 的矩阵，但本节中我们假设 $T = \mathbf{0}$，C 的坐标轴基向量为 $i = <1,0,0>$，$j = <0,1,0>$，$k = <0,0,1>$。

/ 缩放

当以一个系数 a 对向量 P 进行缩放变换时，我们可以很容易地写出变换公式 $C'=aP$。在 3D 空间中，也可以写成以下矩阵乘法的形式：

$$P' = \begin{bmatrix} a & 0 & 0 \\ 0 & a & 0 \\ 0 & 0 & a \end{bmatrix} \begin{bmatrix} p_x \\ p_y \\ p_z \end{bmatrix} \quad （1.13）$$

由于沿三个坐标轴的缩放系数相同，因此我们称公式 (1.13) 表示的缩放变换为同比缩放（Uniform Scale）。当我们希望不同坐标轴拥有不同缩放比例，如图 1.5 所示。

图 1.5　左边的球是原始模型，中间的球均匀放大 1.5 倍后仍然为球形，右边的模型沿 y 轴放大两倍后，得到一个椭球体

这时缩放矩阵的对角线元素不一定相等，这种缩放变换称为非等比缩放（Nonuniform Scale），其公式如下所示：

$$P' = \begin{bmatrix} a & 0 & 0 \\ 0 & b & 0 \\ 0 & 0 & c \end{bmatrix} \begin{bmatrix} p_x \\ p_y \\ p_z \end{bmatrix} \quad （1.14）$$

由公式（1.14）可以很容易得到缩放矩阵的逆矩阵，该矩阵可以将点 P' 还原为原始点 P：

$$P = \begin{bmatrix} 1/a & 0 & 0 \\ 0 & 1/b & 0 \\ 0 & 0 & 1/c \end{bmatrix} \begin{bmatrix} p'_x \\ p'_y \\ p'_z \end{bmatrix} \quad （1.15）$$

/ 旋转

本节我们将介绍如何将向量 P 绕一根轴 A 旋转 θ 角度，而且假设 $\|A\|=1$。我们可以将 P 分解为分别平行和垂直于 A 的两个分量，如图 1.6 所示。

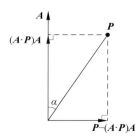

图 1.6　绕任意轴旋转

其中，平行分量 $(A \cdot P)A$ 不受旋转影响，因此问题的解答可以简化为先将垂直分量 $P-(A \cdot P)A$ 绕 A 轴旋转，最后加上保持不变的平行分量即可。垂直分量绕 A 轴的旋转发生在垂直于 A 的平面，因此我们需要建立一个位于该旋转平面的 2D 坐标系，将垂直分量作为其中一个基向量，第二个基向量需要同时垂直于旋转轴 A 和垂直分量。设 a 为向量 P 和 A 的夹角，通过向量叉积 $A \times P$，可以计算出一条同时垂直于 A 和 P 的向量，这样我们就可以得到垂直分量旋转变换后的表示：

$$(P-(A \cdot P)A)\cos\theta+(A \times P)\sin\theta \quad （1.16）$$

需要说明一下，公式 (1.16) 中的 $\cos\theta$ 和 $\sin\theta$ 分别表示垂直分量经过 θ 角度旋转后，在我们构造的 2D 坐标系中基向量上的投影长度，如图 1.7 所示。

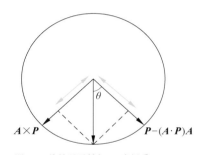

图 1.7　旋转平面所在 2D 坐标系

将平行分量加到公式 (1.16) 中，就得到旋转后的向量：

$$P' = P\cos\theta+(A \times P)\sin\theta+A(A \cdot P)(1-\cos\theta) \quad （1.17）$$

将式中的叉积和点积替换为对应的公式后，得到下面的矩阵运算形式：

$$P' = \begin{bmatrix} 1 & 0 & 0 \\ 0 & 1 & 0 \\ 0 & 0 & 1 \end{bmatrix} P\cos\theta + \begin{bmatrix} 0 & A_z & A_y \\ A_z & 0 & -A_x \\ -A_y & -A_x & 0 \end{bmatrix} P\sin\theta$$

$$+ \begin{bmatrix} A_x^2 & A_xA_y & A_xA_z \\ A_xA_y & A_y^2 & A_yA_z \\ A_xA_z & A_yA_z & A_z^2 \end{bmatrix} P(1-\cos\theta) \quad （1.18）$$

将公式 (1.18) 合并为一个矩阵的形式，并设 $c=\cos\theta$，$s=\sin\theta$，最终得到绕任意轴 A 旋转 θ 角度的矩阵变换：

$$R_A(\theta) = \begin{bmatrix} c + (1-c)A_x^2 & (1-c)A_xA_y - SA_z & (1-c)A_xA_z + SA_y \\ (1-c)A_xA_y + SA_z & c + (1-c)A_y^2 & (1-c)A_yA_z + SA_x \\ (1-c)A_xA_z + SA_y & (1-c)A_yA_z + SA_x & c + (1-c)A_z^2 \end{bmatrix} \qquad (1.19)$$

1.3.2 齐次坐标系统

到目前为止，我们讨论的变换都是以 3×3 矩阵对 3 维向量进行转换的形式。上一节线性变换中已详细介绍过缩放、旋转如何使用矩阵表达，但没有涉及到平移操作。平移不会影响坐标系的坐标轴，只需要简单地加上一个偏移向量，没办法写成一个 3×3 的矩阵形式。如果我们需要将点 P 从一个坐标系变换到另一个中，同时考虑缩放、旋转和平移，则可以用如下公式计算出变换后的点 P'：

$$P' = MP + T \qquad (1.20)$$

其中，M 是一个 3×3 矩阵，T 是一个三维平移向量。如果我们重复以上变换多次，例如两次，将会得到一个相对冗杂的变换公式：

$$P' = M_2(M_1P + T_1) + T_2 = (M_2M_1P) + M_2T_1 + T_2 \qquad (1.21)$$

如果连续变换 n 次，其公式将会变得更加冗长。幸运的是，有办法将以上连续变换的操作表达为单个矩阵乘法的形式，这需要用到齐次坐标系来表达向量，并使用一个 4×4 矩阵对其进行变换。

在齐次坐标系中，坐标点 P 被扩展为一个四维向量 $<x, y, z, w>$，其中 $w = 1$。将变换矩阵 M 和平移向量 T 合并成一个 4×4 矩阵 F：

$$F = \begin{bmatrix} M & T \\ 0 & 1 \end{bmatrix} = \begin{bmatrix} M_{11} & M_{12} & M_{13} & T_1 \\ M_{21} & M_{22} & M_{23} & T_2 \\ M_{31} & M_{32} & M_{33} & T_3 \\ 0 & 0 & 0 & 1 \end{bmatrix} \qquad (1.22)$$

使用该矩阵 F 对点 P 进行变换操作，能够得到和公式 (1.21) 同样的结果，只不过 P' 是以四维向量的形式表示 $<x', y', z', 1>$。要将点从齐次坐标系转换为原 3D 坐标系中，则使用如下公式：

$$P = <\frac{x}{w}, \frac{y}{w}, \frac{z}{w}> \qquad (1.23)$$

公式中，w 不能为 0。对于坐标点来说，经过缩放、旋转、平移等线性变换后，实际上 w 保持 1 不变，一些非线性变换例如后面章节会接触到的投影变换会改变 w 的值。目前我们介绍的都是坐标点的变换，而如果对方向向量 V 进行线性变换，其只受旋转和缩放影响，平移操作对方向向量没有意义。如果仍然想使用 4×4 矩阵对方向进行变换操作，我们只需要使用 $<x, y, z, 0>$ 来表示齐次坐标系中的方向向量，这样矩阵中只有左上角 3×3 子矩阵 M 对计算结果有影响。

在齐次坐标系中做向量运算，不会破坏坐标点和方向向量的定义。例如 $P' = P + V$ 表示点 P 沿方向向量 V 平移，得到新的一个点 P'，平移前后 $P_w = P'_w = 1$；$V = P' - P$，表示点 P 指向点 P' 的方向向量，$V_w = 1$。

假设我们需要对一个立方体先后进行三次线性变换，先缩放、后旋转、再平移，其中变换矩阵分别用 **S**、**R**、**T** 表示。如果我们逐次使用以上矩阵对立方体的八个顶点依次进行变换操作，则可以写为：

$$\boldsymbol{P}'_i = (\boldsymbol{T}(\boldsymbol{R}(\boldsymbol{SP}_i))), \quad i=0, 1, \cdots, 7 \quad (1.24)$$

由于矩阵运算支持结合律，我们可以将以上运算改变成如下形式：

$$\boldsymbol{P}'_i = (\boldsymbol{TRS})\boldsymbol{P}_i, \quad i=0, 1, \cdots, 7 \quad (1.25)$$

我们可以定义矩阵 **C** = **TRS**，这样将三个变换封装为一个组合变换。换句话说，矩阵 - 矩阵乘法可以让我们把多个变换连接在一起。在实际的 3D 游戏引擎中，这种计算形式的变换能够有效提升性能。比如，我们将 5 个连续的矩阵变换应用于复杂的 3D 模型，该模型有 10000 个顶点，如果使用公式 (1.24) 的形式进行操作，我们需要执行 10000×5 次矩阵向量乘法；而改用公式 (1.25) 的组合变换形式，只需要执行 10000 次矩阵向量乘法和四次矩阵乘法。显然，四次矩阵乘法相较于 40000 次矩阵向量乘法，性能的提升非常明显。

不像矩阵是一个非常统一的表达形式。比较常用的欧拉坐标系如图 1.8 所示。

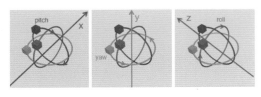

图 1.8 pitch-yaw-roll 欧拉角系统

其中，如果使用笛卡儿坐标系来表达"Pitch-yaw-roll 欧拉角系统"，"Pitch（俯仰角）"是绕 x 轴旋转的角度，"Yaw（偏航角）"是绕 y 轴，"Roll（翻滚角）"是绕 z 轴渲染。

实际应用中，我们通常使用限制欧拉角系统，例如限制 pitch 的角度不超过 90°，这涉及到一个欧拉角系统中的经典问题：万向节锁（Gimbal Lock，这里就不做详细介绍，有兴趣的同学可以 Google）。欧拉角最直观、最容易理解、存储空间少，但是欧拉角存在万向节死锁现象、插值速度不均匀、顺序不确定等缺点，而且不可以在计算机中直接运算。因为这些原因，在 3D 游戏引擎中，我们还大量使用另一种旋转变换形式：四元数。

1.3.4 欧拉角

前面我们都是使用矩阵来表示旋转变换，虽然矩阵是一种比较适合计算机处理的表达形式，但缺点也比较明显：不支持直接插值，比较占用存储空间，人为阅读不直观等。除了旋转矩阵外，我们也可以使用其他的形式表达旋转变换，本节我们先来看一下其中一种：欧拉角。

简单来说，欧拉角就是模型绕坐标系三个坐标轴的旋转角度。这里的坐标系可以是世界坐标系，也可以是物体坐标系，旋转顺序也是任意的，可以是三个坐标轴 xyz 的任意排列顺序。并且模型的任意旋转都可以分解为欧拉角的形式，甚至分解结果不一定唯一。因此，欧拉角

1.3.5 四元数

相较于旋转矩阵，四元数有诸多优点：占用更小的存储空间、多次旋转变换连接需要更少的算术运算量、支持球形插值更有利于产生平滑的动画效果等。

四元数（Quaternion）是简单的超复数，其所在空间是一个四维空间（相较于复数的二维空间），大家高中时应该都学过复数，一个复数由实部和虚部组成，即 $x = a + b\mathrm{i}$，i 是虚数单位，并且 $\mathrm{i}^2 = -1$。而四元数其实和我们学到的这种复数是类似的，不同的是，它的虚部包含了三个虚数单位 <i, j, k>，那么一个四元数 q 可以表示为如下形式：

$$q = <w, x, y, z> = w + xi + yj + zk$$

（1.26）

我们通常还可以将四元数写为更加简单的形式：

$$q = s + v$$ （1.27）

其中，s 表示四元数中的标量部分，也就是公式 (1.26) 中的 w；v 表示向量部分 $<x, y, z>$。如果以给定一个单位长度的旋转轴 $<x, y, z>$ 和一个角度 θ，对应的四元数为：

$$q = \left((x, y, z)\sin\frac{\theta}{2}, \cos\frac{\theta}{2}\right)$$ （1.28）

前面提到，四元数本质是一个超复数，故四元数乘法里涉及三个虚部的运算，满足以下公式：

$$i^2 = j^2 = k^2 = -1$$ （1.29）
$$ij = -ji = k$$
$$jk = -kj = i$$
$$kj = -ik = j$$

由于不支持交换律，因此在做四元数乘法时要保证正确的计算顺序。给定两个四元数 $q_1 = w_1 + x_1 i + y_1 j + z_1 k$，$q_2 = w_2 + x_2 i + y_2 j + z_2 k$，其积 $q_1 q_2$ 如下所示：

$$q_1 q_2 = (w_1 w_2 - x_1 x_2 - y_1 y_2 - z_1 z_2) +$$
$$(w_1 x_2 + x_1 w_2 + y_1 z_2 - z_1 y_2) i +$$
$$(w_1 y_2 - x_1 z_2 + y_1 w_2 + z_1 x_2) j +$$
$$(w_1 z_2 + x_1 y_2 - y_1 x_2 + z_1 w_2) k$$

（1.30）

如果以式（1.17）的标量 – 向量形式来表达，则有 $q_1 = s_1 + v_1$，$q_2 = s_2 + v_2$，$q_1 q_2$：

$$q_1 q_2 = s_1 s_2 - v_1 \cdot v_2 + s_1 v_2 + s_2 v_1 + v_1 \times v_2$$

（1.31）

和复数一样，四元数也存在共轭四元数，以 $\bar{q}$ 表示：

$$\bar{q} = s - v$$ （1.32）

四元数和向量一样，也有长度定义，用模 $\|q\|$ 表示，通过共轭四元数或者四元数的点积能够得到其模的平方：

$$\bar{q}\,q = q\,\bar{q} = q \cdot q = \|q\|^2 = q^2$$ （1.33）

通过四元数的共轭和模，我们能够定义其逆：

$$q - 1 = \frac{\bar{q}}{q^2}$$ （1.34）

用四元数 q 旋转向量 v，首先将 v 转换为齐次坐标形式 $<x, y, z, w>$，在使用 q 前乘 v，在使用 q^{-1} 后乘 v：

$$v' = qvq^{-1}$$ （1.35）

如果使用以 q_1，q_2，q_3 表示的三个四元数依次对向量 v 进行旋转变换，变换公式如下所示：

$$v' = q_3 q_2 q_1 \, v q_1^{-1} q_2^{-1} q_3^{-1}$$ （1.36）

注意公式中的先后顺序。

可以进行方便的插值运算，是四元数相较于旋转矩阵和欧拉角最大的优势。如果给定四元数 q_1 和 q_2，以 q_t 表示其插值结果，其中 $t \in [0, 1]$，如图 1.9 所示。

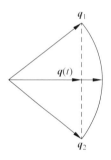

图 1.9 四元数插值

我们先来看更加简单直观的线性插值：

$$q_t = \mathrm{lerp}(q_1, q_2, t) = (1-t)q_1 + tq_2$$

（1.37）

线性插值表示的结果如图 1.9 中的虚线路径，当 t 改变时，q_t 并非是在球面，而是沿弦变化，因而导致当 t 以恒定速度改变时，角度的变化并非恒定。为了解决这个问题，我们需要使用球面线性插值：

$$q_t = \mathrm{lerp}(q_1, q_2, t) = \left(\frac{\sin(1-t)\theta}{\sin\theta}\right)q_1 + \left(\frac{\sin t\theta}{\sin\theta}\right)q_2$$

（1.38）

其中，θ 表示两个四元数的夹角，有 $\theta = \cos^{-1}(q_1 \cdot q_2)$。球面插值能够保证当 t 均匀变化时，插值的角度变化恒定，这在 3D 游戏中具有非常重要的作用。

1.4 几何对象

本节介绍如何在 3D 空间中表示线段、平面等常用基本几何对象，以及模型在游戏世界中的几何表示。然后我们将接触到一个新的概念——视域体（View Frustum），以及如何通过视域体控制虚拟摄像机去观察我们的 3D 游戏世界。

1.4.1 线

如果给定两个 3D 空间中的点 P_1 和 P_2，我们可以参数化地定义穿过这两个点的直线如下式所示：

$$P(t) = (1-t) P_1 + t P_2 \qquad （1.39）$$

公式中，如果 $t \in (0, 1)$，则表示以 P_1 和 P_2 为端点的线段；如果 $t \in (-\infty, +\infty)$，则定义了一条直线。在 3D 游戏开发中，射线也是一种非常常用的线型几何对象，通常我们通过一个原点 O 和一个单位方向向量 V 来表示射线：

$$P(t) = O + t V \qquad （1.40）$$

其中，$t \in [0, +\infty)$。当 $t \in (-\infty, +\infty)$，我们仍然可以使用该公式来表达直线。

1.4.2 平面

给定 3D 空间中的一个点和一个方向向量 N（通常称为平面的法线向量），过点 P 并垂直于向量 N 的平面可定义为满足以下公式的点集 Q：

$$N \cdot (Q-P) = 0 \qquad （1.41）$$

P、N、Q 的关系如图 1.10 所示集。

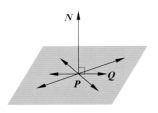

图 1.10 平面定义

我们还可以使用另外的形式来表示平面，其中一种我们称为平面的点法式方程。

$$Ax + By + Cz + D = 0 \qquad （1.42）$$

公式（1.42）中，系数 A、B、C 等于法线向量 N 的 x、y、z 分量，$D = -N \cdot P$，$D / |N|$ 等于平面到坐标系原点的距离。在实际应用中，我们会将归一化到单位向量，给定点 Q，可以通过式（1.43）来判断点与平面的空间关系。

$$d = N \cdot P + D \qquad （1.43）$$

当 $d = 0$，Q 在平面上；当 $d > 0$，Q 位于平面的正侧方空间，也就是法线向量所指向的一侧；当 $d < 0$ 时，Q 位于平面的负侧方空间。

在 3D 引擎中，求直线和平面的交点是一种常用计算，很多应用都需要用到，例如多边形裁剪。将式 (1.40) 表示的直线方程代入到式 (1.43) 中：

$$N \cdot P(t) + D = 0$$
$$N \cdot O + (N \cdot V) t + D = 0 \qquad （1.44）$$
$$t = \frac{-(N \cdot O + D)}{N \cdot V}$$

当 $N \cdot P = 0$ 时，Q 直线和平面平行，且 $N \cdot O + D = 0$，则直线位于平面上；$N \cdot O + D \neq 0$，此时不存在交点；$N \cdot V \neq 0$ 时，将代回到原直线方程中，就能得到实际的交点。

1.4.3　模型网格

在 3D 引擎中通常使用三角形网格来近似模拟游戏世界中的物体，如图 1.11 所示。

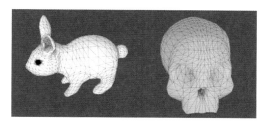

图 1.11　由三角形网格模拟的兔子和骷髅头模型

一般来说，网格里面三角形的密度越大，模拟出来的效果就越好，如图 1.12 所示。

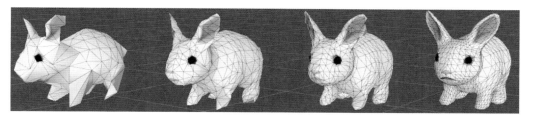

图 1.12　不同密度的三角网格模拟出来的兔子模型对比

但使用的三角面片越多，所要求的硬件性能越高。因此在游戏开发中，我们必须根据实际的应用情况来定制模型的网格精度。例如对于手游，一般会在侧重画质表现的展示界面给角色模型赋予更高的精度，在需要性能效果平衡的实际游戏场景中使用密度更低的网格。在游戏开发中，美术同事一般会使用 3ds Max、Maya 等流行的建模软件来制作游戏世界中的 3D 模型。如图 1.13 即由 3ds Max 所制作。

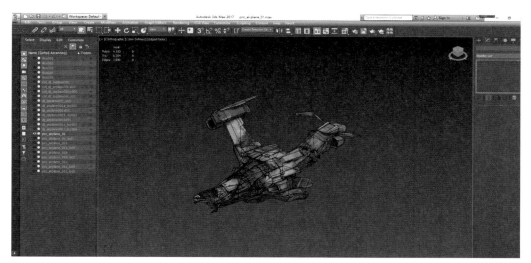

图 1.13　3ds Max 中正在创建的科幻飞机模型

1.4.4 视域体

给定一个 3D 场景的几何描述，在 3D 游戏引擎中是通过一个虚拟摄像机来观察并生成屏幕上的 2D 图像的。通常游戏世界都是非常大的，而显示在屏幕上的场景通常只是其中的一小部分，这些可视区域是通过和摄像机绑定的一个几何体来控制的，通常称之为视域体（View Frustum）。视域体根据投影类型，可以分为透视投影（Perspective Projection）视域体和正交投影（Orthographic Projection，也可以称为平行投影）视域体，如图 1.14 所示。

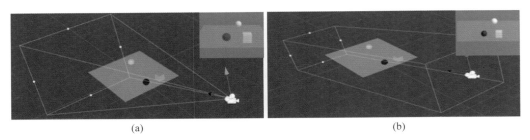

图 1.14　（a）透视投影；（b）正交投影

/ 透视投影

游戏内大多时候使用透视投影来渲染游戏画面，其视域体形状类似一个以摄像机原点为顶端的金字塔，但其可视区域是由被垂直于摄像机观察方向的两个平面所截断的几何体定义的，其中离摄像机更近的平面叫做近裁剪平面（Near Clip Plane），远的叫做远裁剪平面（Far Clip Plane），它们同时定义了摄像机能够观察到的最近和最远距离。构成视域体的另外四个平面过摄像机原点，这上下左右四个平面控制了摄像机的横向和纵向视野。在 3D 引擎中，通常不直接定义这四个平面，而是使用另外两个更为直观的参数：视场角（Field of View，FOV）和屏幕宽高比（Screen Aspect）。

如图 1.15 所示，横向视场角 α 定义了视域体的左右两个平面，为了保持渲染图像和屏幕分辨率匹配，我们使用屏幕的宽高比 a 来定义纵向视场角 β：

$$\beta = 2 * \arctan\left(a * \tan\frac{\alpha}{2}\right) \tag{1.45}$$

同样的，纵向视场角定义了视域体的上下两个平面。

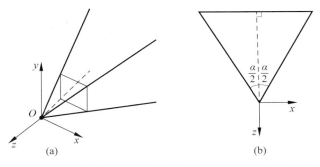

图 1.15　（a）右手坐标系中，视域体和摄像机的关系；（b）表示横向视场角

要将 3D 游戏世界投影到 2D 屏幕上，我们需要将模型在世界空间中的顶点坐标变换到屏幕坐标，经过投影变换后，透视投影视域体被转化成一个立方体，通常称为规则观察体（Canonical View Volume, CVV），如图 1.16 所示。

图 1.16　透视投影变换

需要指出的是，图 1.16 中变换后的坐标空间是归一化的，经过投影矩阵 M_{p-proj} 变换后的顶点坐标 $<x', y', z', w'> = M_{p-proj}<x, y, z, w>$，其分量通常不等于 1，需要通过 $\frac{x'}{w'}, \frac{y'}{w'}, \frac{z'}{w'}$ 转换到归一化的坐标空间。透视投影是对我们现实中观察世界方式的一种数学模拟，其中一个很重要的特性就是物体的大小会随着距离视点深度的增加而减小。在图形学中，还有另一种常用的投影变换，不具有近大远小的特性，叫做正交投影（参见图 1.17）。

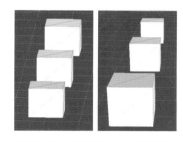

图 1.17　左：正交投影　右：透视投影

/ 正交投影

正交投影的视域体是一个长方体（图 1.14（a）），通常使用六个参数来定义其六个平面：描述近裁剪平面到摄像机的距离 n，远裁剪平面到摄像机的距离 f，左裁剪平面到摄像机的距离 l，右裁剪平面到摄像机的距离 r，底裁剪平面到摄像机的距离 b，以及顶裁剪平面到摄像机的距离 t。以垂直向下的俯视角观察正交投影视域体，其相关参数定义如图 1.18 所示。

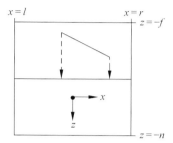

图 1.18　正交投影视域体俯视角，各裁剪平面和摄像机的相应坐标轴平行

和透视投影不同的是，经过正交投影矩阵 M_{p-proj} 变换后的顶点坐标 $<x', y', z', w'> = M_{p-proj}<x, y, z, w>$，其 w 分量保持 1 不变，也就是说没有透视发生，从而也说明正交投影不具备近大远小的性质。

1.5　光照 & 绘制

在图形学中，光照（Lighting，Illumination）通常用于描述光源发射的光线投射到物体表面的颜色和强度，绘制（Shading）通常描述物体表面上的点和光线进行交互，交互后的光线最后进入视点的颜色和强度。其中，颜色和强度同时取决于光源和物体表面的物理属性。

光线在空间中传播以及和物体产生的交互，是一个非常复杂的物理过程。光线中的光子（Photons）从光源发出到传入到视点的过程中，在物体表面会被吸收、反射、折射甚至散射。在游戏这类实时渲染软件里，由于诸多原因（例如硬件限制，对实时性要求高 <30+fps>），我们没办法以完全物理正确的方式来模拟光照和绘制的过程，因此，我们只能使用一些近似的模拟方案（可以是从物理出发所推导出的近似方案，也可以是脱离实际物理法则的、脑洞式的方案＜例如卡通、水墨等风格化渲染＞）。

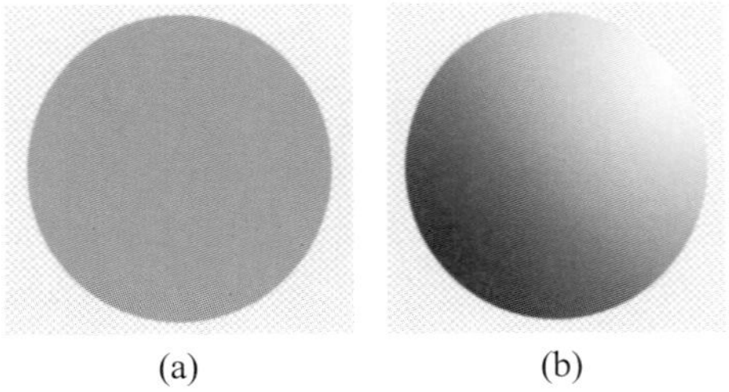

图 1.19 （a）没有任何光影的球模型；
（b）为球模型添加光影后的表现

1.5.1　颜色定义

如果精确描述物体表面对光线的反射颜色，我们需要考虑到光谱（Light Spectrum）里所有不同波长的可视光线，但其实人眼只对其中的三个不同范围（也可能是其重叠范围）比较敏感，我们通常称为红、绿、蓝三原色。电视、电脑的屏幕能够通过对三原色的不同组合，呈现出丰富多样的其他颜色，例如混合同等强度的红色和绿色，能够产生黄色。这个三原色系统我们通常用 RGB 来表示，其中 R（Red），G（Green），B（Blue）。

颜色（Color）被定义为同时包含 RGB 的一个三元组，其中每个分量的取值范围为 [0，1]，这不仅定义了视点所接受光线的波长（表示颜色），同时还表示其强度。为了和向量形式做出区分，我们以大写非加粗的字符表示颜色：

$$C = (C_r, C_g, C_b)　　　(1.46)$$

在实际应用中，我们会经常用到颜色与标量的乘法、颜色间的加减法以及乘法，其定义如下所示：

$$sC = (sC_r, sC_g, sC_b)　　　(1.47)$$
$$C + C' = (C_r + C'_r, C_g + C'_g, C_b + C'_b)$$
$$CC' = (C_r C'_r, C_g C'_g, C_b C'_b)$$

1.5.2　光照模型 & 材质

给定一个球体模型，如果不添加任何光影，看起来就像一个扁平的圆，添加光影等效果后，看起来会更加立体，如图 1.19 所示。

光照在表现物体的立体感和体积感方面起到重要作用，前面提到，要计算和量化光照，我们不仅需要考虑光源和物体表面，还需要考虑它们之间的相互作用。在这个计算过程中，我们不再直接指定颜色，而是指定材质和光源，然后使用光照模型（Lighting Model），根据光源与材质的相互作用计算物体颜色。其中，材质可以被认为是决定光照如何与物体表面相互作用的属性。例如，表面反射的灯光颜色、吸收的灯光颜色、反射率、透明度和光泽度都是构成表面材质的参数。"光照模型"的含义，不同于我们前面提到的 3D 网格模型，它既不是说"用灯照射一个 3D 网格模型"，也不是指"支持光照运算的 3D 网格模型"，它的正确含义是"光照算法的数学模型（或者说光照方程）"。

当光线从光源发出照射到一个物体上时，一部分光线会被物体吸收，另一部分会被反射（对于透明物体，比如玻璃，还会有一部分光线会从物体中间穿过，这里我们对这类透明材质不做讨论）。反射光线会沿着新路径传播，可能会照射在其他物体上，其中一部分会被物体吸收，另一部分线会再次反射。在光线的能量完全耗尽之前，可能会有一部分最终传入人的眼睛，触碰到视网膜上的视感细胞，如图 1.20 所示。

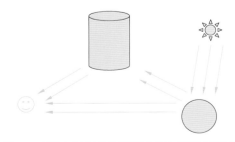

图 1.20　光线在空间中的传播以及和物体表面的相互作用

图中，一束白色的光线照射到球体上，红色和绿色的部分绝大多数被吸收，蓝色的部分被表面反射后进入人眼，所以球体模型看起来是蓝色的。

根据光照模型中纳入计算的光线类型，我们可以将其分为两类：局部光照模型（Local Illumination Model）和全局光照模型（Global Illumination Model）。在局部光照模型中，每个物体的光照都是相互独立的，所有的光线都是从光源直接照射到物体上；与之相反，全局光照模型不仅会考虑光源对物体的直接照明光线，还会考虑经场景中的其它物体反射的光线，如图1.21所示。

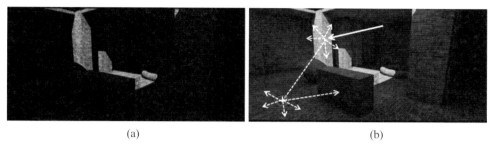

(a)   (b)

图 1.21　（a）局部光照模型；（b）全局光照模型

局部光照模型的计算量小，但生成的画面效果差，全局光照模型的画面更加真实，但计算量较大，在游戏中要做到完整实时的全局光照是一件非常具有挑战性的事情。通常我们会使用一些简化的方案，例如限制光源和场景是静止不动的，离线计算出物体表面的全局光照结果（这个过程通常称为"烘焙 <Bake>"）。在游戏实时运行时直接获取预计算的光照颜色和强度，一般使用贴图来存储这些光照数据，因此称这种贴图为光照贴图（Lightmap），这也是绝大多数手机游戏所使用的全局光照解决方案（参照图 1.22）。

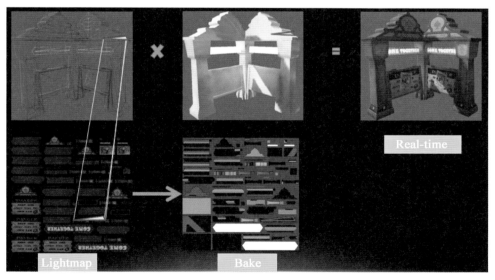

图 1.22　Bake & Lightmap

1.5.3　光源类型

在前面介绍的光照系统里，一切能量的输入都来自光源。在 3D 图形学里，我们通常会使用三类简化模型来量化光源：方向光、点光源和聚光灯。

/ 方向光

方向光（Directional Light）用于模拟距离非常远的光源，比如太阳、月亮。其半径相对和地球之间的距离来说可以忽略不计，投射下来的光线接近平行，因此也可以称为平行光，参见图1.23。

图 1.23　方向光照射到物体表面

在实际应用中，使用一个方向向量来表示一个方向光源，并且其发射的光线不会衰减，具有恒定的强度。

/ 点光

点光源（Point Light）在空间中从一个点向四面八方均匀发射光线，常见的点光源如灯泡（如图1.24）。

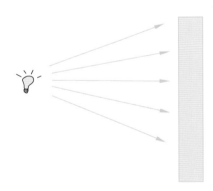

图 1.24　点光源照射物体

和方向光不同的是，点光源发射的光线会因其位置的变化而不同，且光线在空间中传播时，会随着距离衰减。在实际应用中，使用一个点 P 来表示点光源的位置，半径 R 表示最大衰减距离。给定一个位于点 P，强度为 C 的点光源，我们要计算其投射到空间中某点 Q 的光照强度，可以使用如下公式：

$$C_{Q} = \frac{C}{a + bd + cd^{2}} \qquad （1.48）$$

式中 $d = |Q - P|$，表示表面到点光源的距离，a 表示常量衰减系数，b 表示线性衰减系数，c 表示二次衰减系数。

/ 聚光灯

现实生活中，手电筒发射出的光线通常分布在一个锥形区域，这类光源称为聚光灯。本质上，我们可以使用一个点 P，一个方向向量 $\boldsymbol{d}$，以及一个半角角度来描述空间中的一个圆锥体，这同样也可以用于描述一盏聚光灯，如图1.25所示。

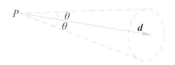

图 1.25　聚光灯的几何圆锥体

聚光灯发射的光线不仅会随着距离衰减，也会随着方向向量间的角度衰减。给定一个位于点 P，往 $\boldsymbol{d}$ 方向照射，强度为 C 的聚光灯，我们要计算其投射到空间中某点 Q 的光照强度，可以使用如下公式：

$$C_{Q} = \frac{\max(-\boldsymbol{L} \cdot \boldsymbol{d}, 0)^{q}}{a + bd + cd^{2}} C \qquad （1.49）$$

和点光源一样，式中 $d = |Q - P|$ 表示距离，a 表示常量衰减系数，b 表示线性衰减系数，c 表示二次衰减系数。$L = \dfrac{Q - P}{|Q - P|}$ 表示点 Q 到点 P 的单位方向向量，点积上的指数 q，可以用来控制聚光灯的内聚程度，如图1.26所示。

图 1.26　不同内聚程度的聚光灯照射到物体表面上的效果

图中，从左到右，q 的取值由小到大。

1.5.4 法线向量

法线向量是定义平面在空间中朝向的单位向量。当进行模型网格的光照时，我们必须为网格中三角形面片的每个点定义法线，以确定入射光线与网格表面在该点位置上的入射角度以及反射光线的出射角度。为了得到更加柔和的模型光照结果，我们在定义某个点的顶点法线时，通常会使用其相邻平面的平面法线进行加权平均，如图1.27所示。

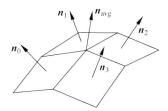

图 1.27　顶点法线 n_{avg} 由相邻平面法线 n 加权平均得到

前面提到，我们可以使用矩阵 M 来变换点和向量，但是在对法线向量进行变换时，不一定能够保证变换后的法线向量仍然垂直于平面，参见图1.28。

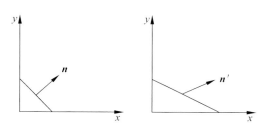

图 1.28　沿 x 轴缩放两倍，保持 y 轴不变，变换后的法线向量不再垂直于平面

如果我们使用以上缩放矩阵的逆的转置矩阵，可以得到正确的法线向量变换结果，如图1.29所示。

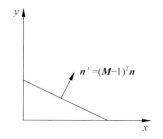

图 1.29　使用逆转置矩阵来变换法线向量

如果变换矩阵是正交矩阵，其逆矩阵和转置矩阵相等 $M = (M^{-1})^{T}$，故如果变换矩阵不包含非等比缩放，我们仍然可以使用原矩阵直接变换法线向量。并且还需要指出的是，如果矩阵中包含缩放变换，不能保证经过变换后的法线向量仍然为1，因此需要在变换后再将其重新归一化。

1.5.5 兰伯特余弦定理

通常，一束光垂直照射物体表面比侧面照射看起来更加强烈。因此，我们可以从这个现象中推导出一个函数，根据物体表面的法线和光线方向的夹角返回不同的光照强度，如图1.30所示。

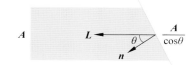

图 1.30　一束面积为 A 的光线照射到物体表面，照射到的区域面积为 $\dfrac{A}{\cos\theta}$，其中 θ 为光线入射单位方向向量 L 和物体表面单位法线 n 之间的夹角

当 $\theta = 0°$ 时，入射光线的面积和照射到的物体表面面积相等，根据能量守恒定理，单位面积的光照能量也应该相等；当 $\theta \neq 0°$，物体表面面积更大，单位面积接收到的能量更小；当 θ 大于 $90°$ 时，光线背离表面，物体接收到的能量为0。兰伯特（Lambert）余弦定理给出了上述规律的函数定义：

$$f(\theta) = \max(\cos\theta, 0)$$
$$= \max(L \cdot n, 0) \qquad (1.50)$$

1.5.6 漫反射 & 镜面反射

前面提到，光线照射到物体表面，会发生反射，而反射光线的方向分布在以入射点位置及其法线所定义的一个半球体中，如图1.31所示。

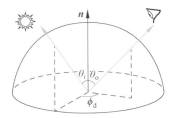

图 1.31　反射光线分布区域

在 3D 图形学中，我们通常根据反射光线的分布，将反射分为两种类型：漫反射（Diffuse Reflection）和镜面反射（Specular Reflection）。当一个物体表面非常粗糙时，反射光线会在不同的随机方向上分布，因此无论观察点位于半球体上的哪里，都能够接受到反射光线（也可以说漫反射和视点的位置无关），并且反射光线沿不同的方向是均匀分布的，从而表现出非常柔和的光照结果，其分布参见图 1.32。

图 1.32　漫反射分布

假设入射光的颜色和强度为 C_l，物体表面的反射率为 C_m，$C_l C_m$ 表示漫反射光的颜色强度，并根据兰伯特余弦定理，得到漫反射光照模型的计算公式如下：

$$C_0 = \max\left(L \cdot n, 0\right) C_l C_m \qquad (1.51)$$

当光线照射到一个光滑表面时，反射光线将会分布在一个相对集中的锥形区域，从而形成比较锐利的光照结果，我们称这种反射为镜面反射（也可称为高光反射）。和漫反射不同，高光反射的光线并不是均匀分布在反射半球体上，故可能不会被观察点接收，并且随着观察点位置发生改变时，我们看到的高光也可能随着变化，因此高光反射的光照计算过程和视点相关。其分布如图 1.33 所示。

图 1.33　镜面反射分布图

要给出镜面反射的光照计算公式，我们先看图 1.34 的参数定义。

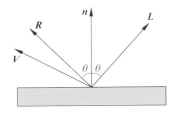

图 1.34　镜面反射示意图

图中，n 为物体表面的单位法线向量，L 为入射光线单位方向向量，R 为单位反射向量，V 为视线单位方向向量，其中 L 和 R 与法线向量 n 的夹角相等。一种比较直观且效果尚可的高光方程如下所示：

$$C_0 = C_l C_m K \qquad (1.52)$$

$$K = \begin{cases} \max\left(V \cdot R, 0\right)^s, & L \cdot n > 0 \\ 0, & L \cdot n \leqslant 0 \end{cases}$$

其中，K 作为高光因子，当 $L \cdot n > 0$，也就是入射光线没有背离物体表面时，受到两项影响：视线和反射方向的夹角 $V \cdot R$ 以及一个描述高光锐利程度的参数 S。$V \cdot R$ 表示观察方向和反射方向越接近，接收到的反射光线越强烈，当 s 越大时，图 1.34 中的椎体越窄，高光结果更锐利；当 s 越小时，椎体越宽，高光结果越柔和（如图 1.35）。

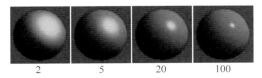

| 2 | 5 | 20 | 100 |

图 1.35　参数对高光锐利程度的影响

注：以上给出的漫反射和镜面反射光照方程，属于比较简单的 Phong 光照模型，该模型属于经验模型，而非基于物理规律，故效果已经不能满足现代游戏开发，几乎已经很少使用，后面渲染相关章节会进一步介绍更加符合物理规律的光照模型。

1.5.7 纹理映射

我们一般把单独的模型网格称为白模，因为使用一束白色的光照射网格模型得到的光照结果通常是灰白的。为了给模型添加更多的颜色细节，我们需要使用到贴图纹理（Texture），并将其贴合到网格上。白模和经过纹理映射的模型如图 1.36 所示。

图 1.36　左：添加纹理细节的模型
　　　　右：没有纹理细节的模型型

关于如何将纹理映射到模型上，以及纹理的相关知识，将在后续章节中进行详细介绍。

参考文献

[1] Eric Lengyel. Foundation of Game Engine Development, Volume.1:Mathmatics[M]. 1st Edition. Terathon Software LLC, 2016.

[2] Eric Lengyel. Mathematics for 3D Game Programming and Computer Graphics[M]. 3rd Edition. Cengage Learning PTR, 2011.

[3] Frank D.Luna. Introduction to 3D Game Programming with DirectX 11[M]. 1st Edition. Mercury Learning & Information, 2012.

[4] Fletcher Dunn, Ian Parberry. 3D Math Primer for Graphics and Game Development[M]. 2nd Edition. A K Peters/CRC Press, 2011.

02 图形渲染
Graphics Rendering

2.1 渲染管线

2.1.1 渲染管线概述

现代 GPU 的典型管线如下，移动设备的 GPU 会针对能耗和发热做一些优化，比如 TBDR（Tile Based Deferred Rendering），但从功能性来说，图 2.1 可以作为渲染管线的一个标准。其中红色部分代表完全固定不可改变，蓝色部分代表功能基本固定，但可以由用户进行有限配置，绿色部分则是完全由用户自己编程决定的功能。

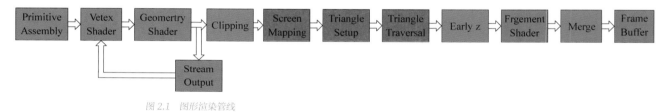

图 2.1 图形渲染管线

/ Primitive Assembly

Primitive Assembly 又称图元装配，一般指在内存将需要渲染的顶点数据准备好，传递给 GPU 的过程。在游戏行业中，我们一般使用三角形作为最基本的图元。三角形的定义有多种，包括最简单的 Triangle Strip 和 Index Triangle List 两种，其中 Index Triangle List 更常用一点。考虑到图 2.2 中的四边形，其使用 Triangle Strip 定义的话，一共需要提交 3×2 = 6 个顶点，但其实里面大量的顶点都是重复的，真正独立的顶点只有 4 个。因此更常使用的是 Indexed Triangle List 的形式，将只提交独立的顶点，而三角形的顺序则使用另外一个 IndexBuffer 来定义。单纯比较数据，看不出两者数据量的很大差别，但考虑到顶点信息往往比较复杂，以次时代常用的顶点格式为例，其单个顶点包括 Position（float3）、Normal（float3）、UV0（float2）、UV1（float2）、Binormal（float3）和 Tangent（float3）等信息，加起来一共有 60 个字节之多，而单个 index 一般使用 word，只需要两个字节，因此使用 indexbuffer 去描述三角形比用直接顶点平铺来描述三角形要节省很大的带宽。仍以图 2.2 中的四边形为例，其使用 Triangle Strip 一共需要 60×6 = 360 个字节，而使用 Index Triangle List，则只需要 60×4 + 2×6 = 252 个字节。

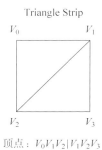
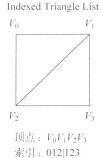

Triangle Strip

Indexed Triangle List

V_0 V_1

V_0 V_1

V_2 V_3

V_2 V_3

顶点：$V_0V_1V_2|V_1V_2V_3$

顶点：$V_0V_1V_2V_3$
索引：012|123

图 2.2　两种方式定义的三角形序列

/ Vertex Shader

Vertex Shader 又称为顶点着色器，会进行一系列的顶点计算。历史上，这一部分也曾经历过"固定管线"的年代，只允许用户改变配置。但随着硬件发展，完全可编程已经成为事实上的标准，因此"固定管线"知识就不再赘述了。

/ Geometry Shader

Geometry Shader 又称为几何着色器，它能对前面 VS 的结果进行剔除或进一步修改。而更重要的是，它能够凭空生成新的图元，使得 CPU 和 GPU 之间的数据传输大大减少。常见的包括海面、毛发等的图元生成都在此阶段进行，不过很遗憾的是，当前的移动端硬件基本还不支持这一功能。

/ Stream Output

Stream Output 允许将 Geometry Shader 的结果重新返回 VS 做进一步的处理，使得新的图元也能渲染正确。

/ Clipping

Clipping 又称为裁剪，广义的 Clipping 指所有为了减轻渲染压力所做的操作，包括 CPU端进行的视锥剔除、可见性剔除、深度剔除等，而这里特指在 GPU 内将超出屏幕的部分裁掉的过程。

/ ScreenMapping & Triangle Setup & Triangle Traversal

这三部分都是不可配置的，用于将矢量三角形转为图形三角形的过程。

/ Early Z Reject

这一部分属于硬件优化，虽然文档上是这么写，然而事实上并不是所有硬件都能够支持。其常见的用途包括 Pre-z 的优化，就是先关闭颜色写入，然后渲染一次物体，再写入深度，接着在第二次渲染的时候打开颜色写入。使用深度相等而写入的状态，可以减少重复着色，这种情况在植被或树木的渲染中会被经常性使用，而现在的 TBDR 架构，其实也是从这种思想发展而来的。

/ Fragment Shader

Fragment Shader 又称为像素着色器，完全可编程。大部分的所谓材质计算，其实就是在这一部进行的，常见的计算包括光照、阴影、雾效等，由于后面会有专门章节解析，此处不再展开。

/ Merge/ROP

最后是像素合并阶段，这部分是高度可配置的，包括半透明和颜色的混合函数，还有 Stencil的一些运算都是在这里进行的。

2.1.2　顶点处理

/ 顶点动画

传统的顶点动画被称为变形动画，指的是使用关键帧记录每个顶点位置的动画。这种动画具有直观和实现方便等特点，但缺点是存储量大，编辑不方便。后面又发展出骨骼动画等技术，关于动画的详细知识将会在其他章节论述。

值得注意的是另外一类并非由美术编辑，而是由程序在 Shader 中利用余弦函数等周期函数定义的计算机动画，其也是在顶点处理中负责计算的。常见的包括海浪的起伏、树叶与植被的摆动等，都可以使用程序动画实现。

图 2.3 显示了具体人物的顶点动画。

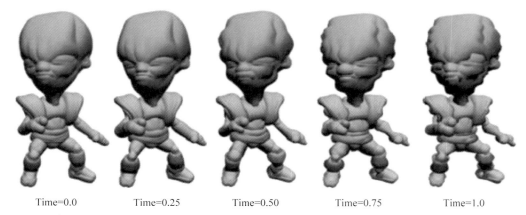

| Time=0.0 | Time=0.25 | Time=0.50 | Time=0.75 | Time=1.0 |

图 2.3　顶点动画示意图

/ 空间变换

如图 2.4 所示，经过顶点动画处理后，三角形的顶点还要进一步变换到屏幕空间。

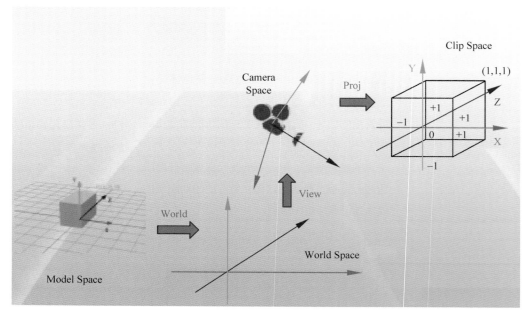

图 2.4　空间变换示意图

/ 其他

和顶点位置无关的计算，理论上全都可以在 Pixel Shader 中进行，而不需要在 Vertex Shader 中进行。但实际中，常常为了效率优化，而将尽量多的计算放在 VS 中。

比如光照，假设全场景一共有 40 万个顶点，如果光照在顶点中计算，那么一共要进行 40 万次计算。但如果是在像素中计算，我们假设是 1080 分辨率，像素总数为 1920×1080，约为 200 万次计算，大约是逐顶点计算量的 5 倍。

顶点到像素的插值是线性的，而很多计算却是非线性的，在顶点密度不够的时候，这些计算就会带来差异，如光照。图 2.5 是逐顶点光照和逐像素光照对比，可以明显看出由于顶点密度不够，导致光照的结果产生了比较大的问题。

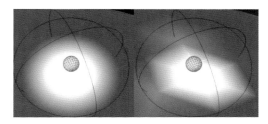

图 2.5 逐顶点光照带来的缺陷

2.1.3 像素处理

像素处理决定了最终的着色，而像素处理中使用到最多的信息就是贴图。由此可见，贴图提供了画面输出的最重要信息，承载了主要的画面效果（图 2.6）。

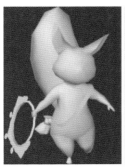

图 2.6 贴图在渲染中起到的作用

/ 贴图坐标

如图 2.7 所示，为了将二维的纹理映射到三角形网格上，我们需要定义一个归一化的坐标系。为了和传统的三维 xyz 坐标系所区别，我们称之为 UV 坐标系。在这个坐标系下，左下角为 (0,0)，右上角为 (1,1)。使用归一化的坐标系好处是，纹理位置不随贴图精度改变而改变。

图 2.7 贴图到三角形的映射

/ 贴图寻址方式

在实际应用中，我们往往需要 UV 延伸到 [0,1] 以外，比如程序根据物理属性（如世界位置等）计算得到的 UV，又或者需要贴图做平铺的方式。GPU 提供了几种不同的方式给用户来定制自己的行为，这些模式包括：

- Wrap——环绕模式，常用于贴图平铺；
- Mirror——镜像模式，UV 为奇数倍数贴图像素，与偶数倍数贴图像素互为镜像；
- Clamp——UV 在大于 1 或者小于 0 的时候回简单地取边缘部分像素；
- Border——用户能够指定一个颜色，在[0,1]外使用。

/ 贴图过滤

精度再高的贴图放得足够大看，总是会显得精度不足（图 2.8）。为了避免这种马赛克的情况出现，就需要使用各种贴图过滤方式。

图 2.8 无论多精细的贴图，推得足够近，总是显得粗糙

常用的几种贴图过滤方式包括：

- Nearest——又称为点采样，使用最接近像素中心的纹素；
- Linear——又称为线性采样，由最近的纹素插值而成；

以上两种方式采样结果的比较如图 2.9 所示。

Anisotropic——各向异性采样，当三角形表面倾斜于相机时候，就需要使用此方式来提高贴图品质。

图 2.9 点采样和线性采样结果比较

/ Mipmap

当平面离相机太近，会造成纹理精度不足问题，这可以使用上面提到的贴图过滤方式解决。而另外相反的一种情况，平面离相机太远时候，贴图采样也会造成严重的闪烁，而且不能准确观察出纹理的真实样式，如图 2.10。

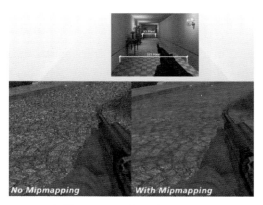

图 2.10　是否使用 Mipmap 效果比较

为了解决这个问题，我们会使用 Mipmap 的方式，依次把贴图的一半、四分一、八分一……一直到只有一个像素的贴图序列信息记录在纹理当中。在硬件采样的时候，我们会计算像素的贴图纹理密度，采用相应的 Mipmap（图 2.11）。

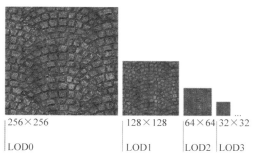

256×256　　128×128　　64×64　32×32

LOD0　　　LOD1　　　LOD2　LOD3

图 2.11　Mipmap 示例

/ 序列贴图

序列贴图是从 2D 动画时代发展过来的概念，常用于各种特效当中。一般而言，就是将序列贴图的多个帧放在一起，引擎中通过 UV 变换，每帧变换当前贴图使用的子贴图（图 2.12）。

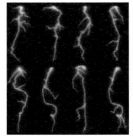
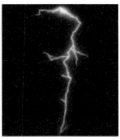

Raw texture　　　　　animation

animation file

图 2.12　序列贴图示例

2.1.4　渲染状态

/ AlphaBlend 与 AlphaTest

AlphaTest 和 AlphaBlend 是两种常用的处理透明的方法。

AlphaTest 状态开启下，图元在写入帧缓冲之前，会先将自己的 Alpha 输出，和预设的 AlphaRef 进行比较。如果比较通过则照常写入颜色，如果比较不通过，则丢弃掉这个像素着色。AlphaTest 常用于各种镂空物件，如头发、植被、树叶等，如图 2.13。

图 2.13　AlphasTest 示例

AlphaBlend 状态开启下，在写入帧缓冲之前，会先利用自己的 Alpha 作为混合因子，来混合之前写入帧缓冲的颜色值。AlphaBlend 常用于各种半透明物体，如各种特效、各种烟雾、灰尘等，如图 2.14。

图 2.14　AlphaBlend 示例

扩展阅读——移动端的 AlphaTest 争议。

在端游时代，AlphaBlend 是效率优化神器，
其效率基本上和不透明物体一样，而且能够有
效减少着色像素。但在移动平台首先渲染状态
下就已经完全去掉了 AlphaBlend 选项，所有
AlphaBlend 都是通过 Shader 中的 discard 完
成。其次，移动平台在 TBDR 一类的 early-z
方法普遍支持，而 AlphaBlend 由于需要在 PS
执行后，才知道像素是否要写入，会对管线造
成破坏。因此在移动端，AlphaBlend 大大慢于
opaque 物体是必然的。至于 AlphaBlend 和
AlphaTest 到底谁更慢一点，现在没有明确结
论，大概是和每个公司的芯片实现标准相关。

如果实在要给出一个结论，那就是——尽量不
要用 AlphaBlend 和 AlphaTest，两个都不
是很好用。

/ 深度

在真实世界中，物体的前后关系是通过相互阻
挡而表现的。而在计算机视觉中，前后关系则
是通过像素的相互覆盖来表现。那怎样来描述
像素之间的覆盖关系呢？最初的算法是一种称
为"画家算法"的计算方法。

"画家算法"表示头脑简单的画家首先绘制距
离较远的场景，然后用绘制距离较近的场景覆
盖较远的部分。所以当计算机在绘制场景的时
候，首先将场景中的多边形根据深度进行排序，
然后按照顺序进行描绘。这种方法通常会将不
可见的部分覆盖，这样就可以解决可见性问题。

然而此算法并不能解决所有可见性问题，如
图 2.15 中两个互相重叠的三角形。如何使用
画家算法保证其渲染正确？图 2.16 和图 2.17
展示了两种画法。

图 2.15　画家算法能否解决物体互相重叠情况

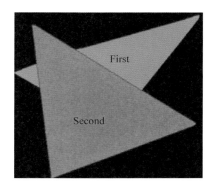

图 2.16　先画蓝色再画红色

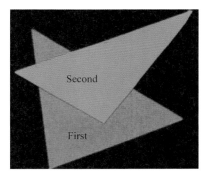

图 2.17　先画红色再画蓝色

可见，当两个物体在画面上前后重叠，无论先
画谁都不能保证正确，这个时候就需要深度缓
冲算法来解决问题。深度缓冲算法可以描述
如下：

（1）首先对深度缓存器和颜色缓存器进行初始
化，把深度缓存器中所有单元设置成一个最大
可能的深度值；

（2）当一个图元的颜色写入帧缓冲，它的深
度也写入到相应的深度缓冲中；

（3）当另外一个图元需要写到相应的像素中，
渲染管线会比较新图元的深度和深度缓冲中已
有的深度；

（4）如果新图元比起原来像素更靠近摄像机，则写入新图元并更新深度缓冲，否则放弃这个像素的着色。

以上只是深度缓冲算法的简单描述，实际中深度缓冲是可配置的，用户可以设置深度比较函数，来达到各种效果，如图 2.18。

图 2.18　颜色 buffer 与深度 buffer

● 拓展阅读——深度缓冲算法的缺陷

如果两个物体都是不写深度的，那么它们就没法使用深度缓冲算法排序，常见的就是两个半透明物体之间的排序。对半透明物体，我们一般是从远到近，把物体进行排序，并使用画家算法进行绘制。但由于前面描述的画家算法局限性，如果两个半透明物体之间发生穿插，我们是没法保证其画面正确性的。因此谨记：游戏中尽量避免使用半透明物体。

2.2　光照

2.2.1　光照管线

/ Forward 光照管线

Forward 光照，其实就是在一个 Shader 里面，循环计算所有灯对当前像素的影响（图 2.19）。这种做法非常简单而直接，但却有大量的浪费。因为对大多数光源，特别是点光和聚光灯而言，其影响的范围其实很有限。Shader 里有大量的空跑，浪费了大量的计算能力。假设有 M 个物体和 N 盏灯，则总的光照计算复杂度为 $O(M*N)$。

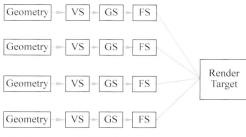

图 2.19　Forward 光照示意图

/ Deferred 光照管线

延迟光照则是对 Forward 光照管线的一种升级。如图 2.20 所示，它首先遍历所有物体，把物体和光照相关的几何信息（主要包括位置、法线、粗糙度等）记录在 RenderTarget 中。然后再执行一次屏幕空间的光照计算，每盏灯按照自己可能的影响范围，计算光照并汇总得到最终光照。假设有 M 个物体和 N 盏灯，则总的光照计算复杂度为 $O(M+N)$。然而这个计算复杂度的下降是以带宽的增加为代价的，记录几何信息和最后的光照计算都需要大量的贴图带宽。因此该方法主要还是用于 PC 等平台，移动端使用较少。

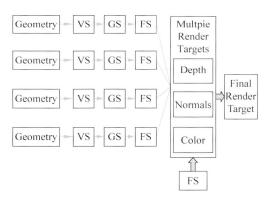

图 2.20　Deferred 光照示意图

/ LightMap 烘焙

上面提到的都是实时的光线计算，然而无论 Forward 还是 Deferred 都存在消耗过大的问题。而在移动端最主要的解决方法是使用离线烘焙——将光照结果以某种形式记录下来，在需要计算光照时候才取出来使用，如图 2.21 所示。

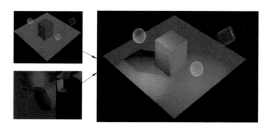

图 2.21　LightMap 烘焙示意图

其中 LightMap 就是指将静态物体表面受到的光照，记录成为贴图的算法。其原理如图 2.21 所示，我们先离线计算一次光照（由于是离线，可以使用光线追踪等更精确、但消耗更大的算法），并将最终的光照结果记录在贴图中，此贴图被称为 LightMap。在最终渲染时，我们以 LightMap 的采样结果作为光照结果，并和物体自身的 diffuse 贴图运算，得到最终的光照结果。

/ 点云烘焙

LightMap 烘焙效果很好，而且适用性很强，但有一个致命的问题——其不能处理动态物体。比如一个游戏玩家，由于其在场景中是能自由移动的，因此其受到的光照情况是变化的，这个时候使用某一地点的光照烘焙 LightMap 作为光照结果显然是不合适的。

为了解决这个问题，我们会将光照信息烘焙到空间虚拟的受光点上，这些受光点，我们称为"点云"。

在游戏运行过程中，我们根据人物的位置，去采样这些"点云"的信息，并进行插值，则可得到此时人物的受光情况。

/ Imaged-based lighting(IBL)

IBL 是比较早被提出，但在近年才比较流行的一种光照计算方法。其算法如下：

- 以人物为中心，预渲染 cube 作为环境光照信息；

- 动态计算时，利用法线信息和 cube 一起计算得到环境光照。

IBL 的好处在于其原理相对简单，计算也不耗。而且美术可以直接修改 CubeMap 来干预光照，对美术友好，还自带静态反射，因此近年来使用得很多。

2.2.2 影子

为什么渲染需要影子呢？因为离开了影子，大脑是无法准确判断出物件的空间关系的，正如图 2.22 所示。影子具有增加画面立体感的功能，怎么计算影子也成为计算机渲染中一个很重要的课题。

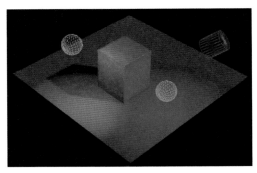

图 2.22 烘焙的影子

表 2.1 ShadowMap 与 LightMap 烘焙比较

实　　例	ShadowMap	烘焙阴影
静态物体静态灯光	好	更好
动态物体	好	无效
动态灯光	好	无效
额外包体	无	Lightmap 体积
运行时消耗	高	低

从表 2.1 我们可以得出以下结论：

（1）单纯对于场景来说烘焙阴影已经足够好；

（2）烘焙阴影无法处理会动的东西，包括光源、物体；

（3）当前手游主流——场景烘焙，动态物体 ShadowMap。

扩展阅读：ShadowMap 反走样。

ShadowMap 效果面临的最大问题在于锯齿走样问题，这个问题本质在于 ShadowMap 的精度不足。解决这个问题，最直接的是增加 ShadowMap 尺寸，但这会带来严重的效率问题，而实际中常用的一种方法是使用软阴影——边缘糊了就看不出锯齿了。

在软阴影算法中 Percentage Closer Filter (PCF) 是其中原理最简单，使用最多的一种算法——使用多次采样方法确定处于影子中的"百分比"（图 2.23）。

/ 烘焙影子

从之前提到的离线烘焙我们可以看到，由于 LightMap 是离线计算，我们可以将影子的影响也直接记录在 Lightmap 中，那就能获得影子效果。但这种方法缺点也很明显，它不能处理动态物体和动态灯光。

/ ShadowMap

目前比较主流的影子计算方法是ShadowMap，其算法原来如下：

- 从投影灯的角度渲染一次场景，获得遮挡体到灯的距离；

- 正常渲染每个物体，比较当前像素和遮挡体，谁比较靠近投影灯；

- 如遮挡体比较靠近投影灯，则当前像素处于影子当中。

ShadowMap 的好处在于其效果好、鲁棒、对美术制作没要求，能够处理包括动态物体和动态光源等情况。但其缺点也相当明显，首先是消耗比较大——它带来的 DP、显存、采样带宽的消耗都是极大的。其次是容易发生走样——也就是锯齿，本质上是 ShadowMap 精度不够，参见表 2.1。

0	0	0	0	0	0	0	0	1
0	0	0	0	0	0	1	1	1
0	0	0	0	0	1	1	1	1
0	0	0	0	0	1	1	1	1
0	0	0	0	1	1	1	1	1
0	0	0	0	1	1	1	1	1
1	1	1	1	1	1	1	1	1

阴影比例=10/25=0.4

图 2.23 PCF 原理图（图片引自参考文献 [2]）

而 Cascaded Shadow Maps (CSM) 则是减少阴影锯齿的另外一种思路——对不同距

离的像素使用不同精度的 ShadowMap。如图 2.24 从里到外的红色、绿色、蓝色分别是三个覆盖范围不一样的 ShadowMap，虽然其尺寸一样，但由于覆盖范围不同，所以精度不同。而这个精度刚好和镜头距离成反比——离镜头越近，使用的 ShadowMap 精度越高，离开镜头越远，使用的 ShadowMap 精度越低，因此能很好地解决精度不足带来的锯齿问题。

ShadowMap 作为阴影渲染的主流算法，一直处于研究的热点，而作为移动端游戏，怎么能够更高效地使用 ShadowMap，还有待研究。

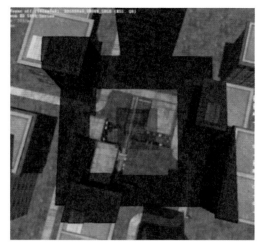

图 2.24　CSM 原理图

2.3　次世代渲染基础

主机游戏和 PC 游戏早就将次世代渲染作为其标准配置了，而移动端游戏也慢慢进入了次世代渲染的时代，本节将简略介绍次世代渲染中几个关键技术。

2.3.1　NormalMap

NormalMap 的实现原理很简单，就是用一张纹理存储法线信息，这样 Shader 就可以得到每个像素的法线信息，通过计算光照，在视觉上产生凹凸不平的效果。

有同学会产生疑问，与其很复杂地使用 NormalMap 去改变光照，还不如直接增加顶点来达到细致的效果。但如上图的模型，如果

单纯增加顶点，估计至少需要 10 万个以上的顶点。可见，使用 NormalMap 来增加场景细节，比使用顶点来得更经济。

常见的 NormalMap 是美术通过工具生成的，其制作流程一般如下：

- 美术先制作最终要在游戏中使用的低模；
- 美术使用特点工具，制作作为效果标杆的高模；
- 使用工具，将高模到低模的差别拓印到 Normalmap 中。

在实际计算中，NormalMap 带来了效果上的提升，但也带来了效率上的消耗。首先其需要多采样一张法线贴图，消耗了带宽。其次要求光照必须在 PS 中计算，对于现在屏幕分辨率越来越高的手机来说，这个消耗也是巨大的。

2.3.2 PBR

PBR 是基于物理渲染（Physically-Based Rendering）的英文缩写。基于物理渲染的概念已经提出了很多年，但直到近年来才开始取代那些经验性的光照模型（"ad-hoc" models）。跟传统的需要费劲调节参数的光照模型对比起来，基于物理的光照模型由于能量守恒的特征，让物件在复杂的光照环境下仍然可控，大大节省了美术的开发时间并渲染出更接近真实的效果，而这些优势也被应用到了电影、游戏、CG、VFX 等领域。由于 PBR 的相关物理模型和数学模型太多，这里就不过多展开了。

这里仅仅从概念上，说明 PBR 渲染中最重要的三个参数 Albedo、Roughness 和 Metallic，对最终渲染效果的影响。

/ Albedo

Albedo 一般又称为 base color，和它对应的是传统制作方法的 diffuse 贴图。Albedo 和 diffuse 的最大区别在于，Albedo 描述的是物体本身的属性，而物体上的其他结构并不进行描述。这也意味着 Albedo 不应该带有任何宏观上的 shadow、ao 等结构信息，也不应该包括其余的物体细微结构等信息。从美术资源上看， Albedo 往往显得对比度很低，很平。

/ Roughness

Roughness 称为粗糙度，其描述的是物体的表面细微结构。一般表面孔状越多的材料，其粗糙度越高，而相对应，物体表面越致密的材料，其粗糙度则越低，显得越光滑。从美术的角度来说，粗糙度越低的物体，其高光越聚集，越亮，如大理石、亮金属、水面等；而粗糙度越高的物体，其高光越分散，如果水泥、墙壁、磨砂金属等。

/ Metallic

Metallic 称为金属度，它描述的是由于物体内部组成的不一样，导致光在介质中的折射效应的不一样。根据其反射率不一样，我们一般分为金属和非金属两部分。一般来说，反射率比较低，光进入物体中折射和散射的部分就比较高，从而使得物体的高光会呈现出物体本身的颜色；而相反地，反射率越高，则光线进入介质的部分就越少，更多的光线会直接被反射出去，其高光会更偏向于入射光线的颜色（图 2.25）。

对于非金属（绝缘体），由于其反射率比较低，入射光的大部分会进入到介质内部，经过多次吸收和散射后，一些折射光会通过散射，重新从物体表面射出，从而使得其反射的光线带有了物体本身的颜色（图 2.26）。

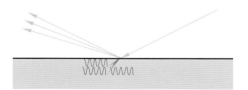

图 2.25 金属对光照的响应
（图片引自参考文献 [12]）

图 2.26 非金属对光照的响应
（图片引自参考文献 [12]）

对金属体，它的反射会跨越光谱，所以反射是有颜色的，如日常看到的金，铜，黄铜一类金属，其反射会带上金属本身的颜色，而绝缘体的反射通常是入射光的本来颜色。虽然金属会吸收所有的入射光，理论上没有任何漫反射的部分，然而现实世界中物体的组成总是复杂的。如金属上可能会有一定的铁锈、灰尘、泥土等，从而使得就算纯金属也会有一定程度的漫反射部分。

/ 高级光照

所谓的高级光照效果，主要是指全局光照。

前面我们描述到，计算机渲染中的光照计算都是考虑了效率的情况下，对真实光照的一个模拟，因此必然和真实情况是有所差异的。其中最主要的差别在于某个像素的光照只是单纯考虑本像素和光源之间的信息，而并没考虑其他物体对光照的影响。而真实世界中的光照，除了光源对物体的直接照射，另外很重要的一部分则是物体对光的反射，以及半透明物体对光的折射和衍射等。而在图形渲染中，我们将全局光照定义如下：

局部光照 (Local illumination) 是只考虑光源到模型表面的照射效果，如图 2.27 所示。

- 全局光照 (Global illumination) 是考虑到环境中所有表面和光源相互作用的照射效果；

- 全局光照 = 局部光照 + 间接光。

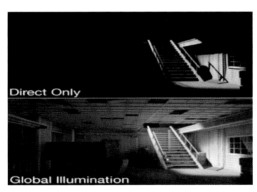

图 2.27　全局光照示意图

在次世代渲染技术充分发展之前（其实说到底就是硬件充分发展之前），间接光往往是使用 ambient 环境光作为模拟的。其优点是简单，缺点则很明显，首先每个位置都一样，没法准确描述光照反射关系。

全局光照作为一个非常大的领域，经过多年的发展，已经发展出非常多的方向和技术。限于篇幅，这里就不一一介绍，而是简单介绍两种我们在移动端中使用得最多的全局光照效果——LightMap 烘焙与点云烘焙。

前面我们已经介绍过，由于烘焙是离线计算，因此可以采用非常复杂的计算方法，最常见的就是光线追踪。光线追踪是使用计算机模拟光线从光源出发，经过在空间中的传输和与物体的碰撞反射，获得最终到达物体表面的强度。因此就能比较准确得获得全局光照的效果。其中，LightMap 烘焙主要是对静态物体进行（图 2.28），而点云烘焙，往往则是计算动态物体受到的间接光（图 2.29），图 2.30 展现了游戏中使用两者获得全局光照的效果。

图 2.28　烘焙带来的全局光照

图 2.29　点云带来的动态物体全局光照

图 2.30　网易游戏《天下》手游中的全局光照

参考文献

[1] Jason Gregory .Game Engine Architecture[M].A K Peters,2009.

[2] Louis Bavoil.Advanced Soft Shadow Mapping Techniques [EB/OL].https://developer.download.nvidia.cn/presentations/2008/GDC/GDC08_SoftShadowMapping.pdf, 2008-2-22.

[3] Michael Bunnell.Shadow Map Antialiasing [EB/OL].https://developer.nvidia.com/gpugems/GPUGems/gpugems_ch11.html, 2018.

[4] Matt Pharr,Greg Humphreys,Wenzel Jakob [EB/OL]. Physically Based Rendering: From Theory to Implementation[M]. Morgan Kaufm, 2016.

[5] Maximum-Dev,PBR Tutorial Serie s [EB/OL]. https://forums.unrealengine.com/community/community-content-tools-and-tutorials/23244-pbr-tutorial-series?52529-PBR-Tutorial-Series=, 2014-7.

[6] Joe "EarthQuake" Wilson,PHYSICALLY-BASED RENDERING, AND YOU CAN TOO! [EB/OL] https://marmoset.co/posts/physically-based-rendering-and-you-can-too/,2015-10-1.

[7] Image Based Lighting Basics [EB/OL] https://www.orbolt.com/faq/question/75/image-based-lighting,2019.

[8] 画家算法 [EB/OL] https://zh.wikipedia.org/wiki/%E7%94%BB%E5%AE%B6%E7%AE%97%E6%B3%95,2014-3-2.

[9] John R. Isidoro, Shadow Mapping:GPU-based Tips and Techniques [EB/OL]. https://developer.amd.com/wordpress/media/2012/10/Isidoro-ShadowMapping.pdf,2012-10.

[10] 电玩部落 [EB/OL] http://bbs.a9vg.com/forum.php,2019.

[11] Jeff Russell,Teddy Bergsman,Ryan Hawkins. 基于物理规则的渲染 (PBR). 崔嘉艺，译 . [EB/OL] https://www.element3ds.com/thread-73036-1-1.html?_dsign=0b381eae,2019.

[12] Jeff Russell, BASIC THEORY OF PHYSICALLY-BASED RENDERING [EB/OL]https://marmoset.co/posts/basic-theory-of-physically-based-rendering/, 2015-11.

03 物理
Physics

3.1 游戏中物理引擎简介

游戏中的物理引擎，主要是用于模拟自然中的物理现象。比如以一定的初速度抛出小球后，小球运动轨迹的模拟；小球碰撞到物体后，反弹轨迹的模拟；再比如一块布料的模拟。

物理引擎的基本原理是计算物体受到的外力，计算加速度，然后计算速度。根据速度，计算物体下一帧的位置。

物理引擎和渲染同步，只用将模拟后的位置同步给渲染。物理引擎每帧 tick 的时间，不需要和渲染引擎一样。渲染引擎获取物体位置时，物理引擎只要能根据时间对物体的位置进行插值，交给渲染引擎就可以了。

因为物理引擎的需求比较固定，自定义需求少，开发工程量大，一般选用第三方的插件。目前，比较流行的 3D 物理引擎有 Havok、PhysX、Bullet 等。

Havok 引擎是比较成熟的物理引擎。它的功能齐全，物理模拟的效率高，并且模拟效果好，很少出现不自然的模拟结果。但是 Havok 引擎是收费，并且不开源。该引擎是一个跨平台的物理引擎，但是被微软收购后，不再支持其他平台。

PhysX 是 Nvidia 公司的一款开源、免费的物理引擎，它的功能较为完善，效率也不错，模拟效果也还行，支持多个平台，是目前比较好的选择。

Bullet 是一款开源、免费、跨平台的物理引擎；但是它的效率比前两个引擎较差。

3.2 物理引擎的碰撞检测系统

在物理引擎的一帧之内，一般会经过如图 3.1 的模拟过程。

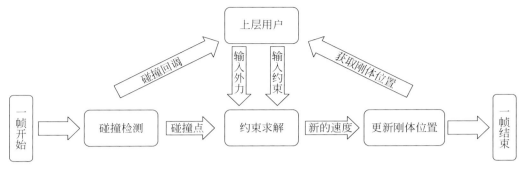

图 3.1　物理引擎一帧的模拟过程

在这个架构中，碰撞检测系统是物理引擎最重要的系统，它是整个物理引擎的基石。物理引擎的用户，依赖碰撞检测来查询场景中的信息。物理引擎的运动模拟部分，依赖碰撞检测系统提供的信息，让刚体在碰到东西之后，能发生反弹。碰撞检测部分是物理引擎性能消耗的主要部分，它的性能直接决定了整个物理引擎的性能。

碰撞检测部分，主要提供三个功能：碰撞过滤系统，碰撞回调机制，碰撞查询接口，下面分别介绍。

3.2.1　碰撞过滤系统

物理引擎的碰撞过滤系统，提供了一种机制，让用户可以自定义刚体在运动时，是否发生碰撞。这套过滤机制，同样也适用于碰撞查询接口。物理引擎一般通过一个过滤函数给用户自定义，这个函数的接口声明如下：

```
FilterFlags FilterShaderFunction(FilterData filterData0, FilterData filterData1);
```

其中 FilterData 是过滤标签，每个刚体会有一个这个类型的属性，每次查询的输入也会包含这个类型的变量。物理引擎在判定是否发生碰撞前，会调用 FilterShaderFunction 函数，并把有可能发生碰撞的两个刚体的 FilterData 传入该函数，由该函数决定是否会发生碰撞。由于这个函数在物理引擎模拟的时候会被频繁调用，所以用户提供的这个函数，效率必须非常高。

FilterShaderFunction 函数需要考虑灵活性和效率，一般有两种常用的方法。一种是 PhysX 提供的默认方式，这种方式把 FilterData 解释成一个编号，然后内部有个表，记录每个编号之间是否发生碰撞，另外一种方式，是 Havok 提供的 Layer-System-SubSystem 系统。这个系统中，把 FilterData 分为几个部分，分别记录 Layer，System 和 SubSystem 的编号，以及不发生碰撞的 SubSystem 的编号，对于不同 System 的物体，通过 layer 来设置碰撞规则，其规则和 PhysX 的方式类似。对于同 System 的物体，通过 SubSystem 来设置碰撞规则。

3.2.2 碰撞回调机制

用户往往希望在两个刚体发生碰撞时，获得物理引擎的通知，以便做出相应的逻辑处理。物理引擎的碰撞回调机制，就是为用户提供这个功能的。在这个机制中，用户向物理引擎提供一个处理碰撞回调的对象，当发生碰撞时，物理引擎就会调用这个对象的接口，来通知用户。处理碰撞回调的类，其声明形式一般如下所示：

```
class PxSimulationEventCallback
{
public:
    virtual void onContact(const PxContactPairHeader& pairHeader, const PxC
ontactPair* pairs, PxU32 nbPairs) = 0;
}
```

其中 PxContactPairHeader 包含了发生碰撞的两个刚体的信息，而 PxContactPair 包含了碰撞发生的位置和法向量等信息。

3.2.3 碰撞查询接口

碰撞查询是物理引擎提供给用户的一个功能，用户可以通过这个系统，查询场景里的刚体。碰撞查询一般有三种类型：射线查询，形状求交查询和扫描查询。

射线查询是由用户给定一条线段的起点和终点，物理引擎会找到和这条线段相交的所有刚体以及所有交点和交点处的法向量，如图 3.2 所示。

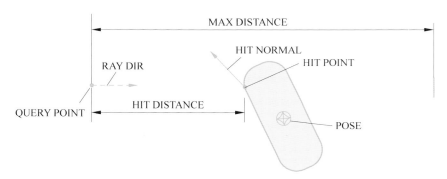

图 3.2　射线查询示意图（图片引自参考文献 [4]）

射线查询的接口声明一般如下所示：

```
bool raycast(
    const PxVec3& origin, const PxVec3& unitDir, const PxReal distance,
    PxRaycastCallback& hitCall, const PxQueryFilterData& filterData
);
```

其中 filterData 用于碰撞过滤系统，hitCall 用于搜集物理引擎返回的碰撞信息。

求交查询是由用户提供一个形状，并提供形状的位置和朝向，物理引擎会找到和这个形状相交的所有刚体，如图 3.3 所示。

图 3.3　求交查询示意图（图片引自参考文献 [4]）

求交查询的接口声明一般如下所示：

```
bool overlap(
    const PxGeometry& geometry, const PxTransform& pose,
PxOverlapCallback& hitCall, const PxQueryFilterData& filterData
    );
```

其中 geometry 为形状，pose 为形状所在的位置和朝向，filterData 用于碰撞过滤系统，hitCall 搜集查询结果。

扫描查询是由用户提供一个形状，和它的初始位置及朝向，然后提供这个形状平移的方向和距离，物理引擎会找到这个形状在移动过程中碰到的所有刚体，如图 3.4 所示。

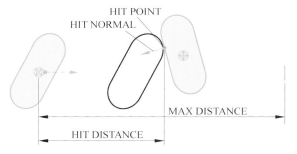

图 3.4　扫描查询示意图（图片引自参考文献 [4]）

扫描查询的接口声明一般如下所示：

```
bool sweep(
    const PxGeometry& geometry, const PxTransform& pose,
    const PxVec3& unitDir, const PxReal distance,
    PxSweepCallback& hitCall, const PxQueryFilterData& filterData
    );
```

其中 filterData 用于碰撞过滤系统，hitCall 搜集查询结果。

在所有的查询接口中，都会提供一个 Callback 类，物理引擎通过这个类来向用户提供查询结果。这个类的声明，一般如下所示：

```
template<typename HitType>
struct PxHitCallback
{
    virtual PxAgain processTouches(const HitType* buffer, PxU32 nbHits) = 0;
};
```

在碰撞查询的过程中，物理引擎每收集到一个碰撞，就会调用 PxHitCallback 的 process Touches，让用户进行处理。用户一般可以根据需要，保存或丢弃这个信息。另外，用户可以通过这个函数的返回值，告诉物理引擎是继续查询还是立刻返回。比如用户只是需要找到一个刚体就行了，那么在物理引擎第一次调用这个函数时，用户就可以终止查询过程，节省时间。

3.2.4　碰撞系统的架构

物理引擎的碰撞检测系统，一般采用分层的架构，这样可以优化效率。碰撞系统的分层架构，一般包括粗检测阶段和细检测阶段。有些物理引擎，如 Havok，会在粗细阶段之间，加入一个中间阶段。在碰撞系统的分层架构中，粗阶段用运算量非常小的算法，判断两个物体是否发生碰撞。把不可能发生碰撞的物体对剔除掉，把有可能发生碰撞的物体对交给细检测阶段。细检测阶段会用精确的算法，判断两个物体是否发生碰撞。

粗检测阶段的算法，是碰撞检测系统最重要的算法，它直接决定了碰撞检测系统的效率。粗检测阶段，使用 AABB 来描述物体，通过 AABB 是否相交，来进行剔除。为了加速物体之间的碰撞检测，粗检测阶段一般会用到几种加速算法。下面介绍其中的两种，Bounding Volume Hierarchies 和 Sweep-and-prune。

Bounding Volume Hierarchies 是通过对 AABB 做一个多层结构来加速，如图 3.5 所示。

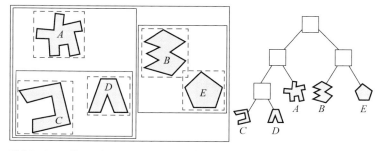

图 3.5　*Bounding Volume Hierarchies 示意图*（图片引自参考文献 [3]）

图 3.5 中，树的每个节点都是一个 AABB，父节点的 AABB 完全包含所有子节点的 AABB。场景中的每个物体的 AABB 作为树的叶子节点，当进行查询的时候，如果父节点的 AABB 和查

询相交，那么检测其子节点；否则，就表示这个节点的所有子节点都不会和这个查询相交。Bounding Volume Hierarchies 一般用于静态的物体。

Sweep-and-prune算法的思路如图3.6所示。

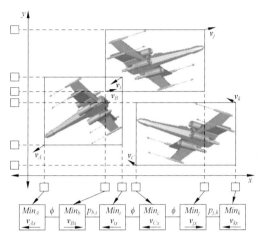

图 3.6　Sweep-and-prune 算法示意图 (图片引自参考文献 [5])

把场景中所有物体的 AABB 按照某个坐标轴进行投影，记录每个 AABB 在轴上的最大最小值。设两个物体 A 和 B 的 AABB，其最大和最小值分别为 Min_A、Max_A、Min_B、Max_B，如果 $Min_A > Max_B$，或者 $Max_A < Min_B$，那么两个 AABB 一定是不相交的。Sweep-and-prune 算法会用一个有序队列保存所有 AABB 的最大最小值，如图 3.7 所示。

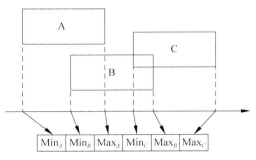

图 3.7　Sweep-and-prune 算法示意图

另外还会保存这一帧各个 AABB 的相交情况。在每一帧的开始，依次检测每个 AABB 是否有更新，如果有 AABB 移动后大小发生改变，那么对应的 AABB 在坐标轴上的最大最小值也会发生改变，要么增大，要么减小。图 3.8 展示了 B 向右移动的情况。

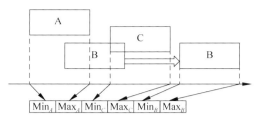

图 3.8　Sweep-and-prune 算法示意图

在 Min_B 和 Max_B 同时增加的时候，按时间顺序，发生了如下事件：

- Max_B 和 Max_C 发生交换，由于 B 和 C 处于潜在交叉状态，不做处理；
- Min_B 和 Max_A 交换位置，A 和 B 由潜在交叉变成了不交叉；
- Min_B 和 Min_C 交换位置，由于 B 和 C 处于潜在交叉状态，不做处理；
- Min_B 和 Max_C 交换位置，B 和 C 由潜在交叉状态变成了不交叉状态。

Sweep-and-prune 算法每帧对于运动的 AABB 做上述的处理，可以得到每帧 AABB 交叉状态的改变事件。这样就可以把求解所有 AABB 是否交叉的任务，分解到每一帧中去做，提高了效率。

中检测阶段的算法，往往是针对物理引擎中的三角网面类型的形状，它对三角网面的刚体建立 BSP 树，来加速处理过程。

细检测阶段的算法，往往是针对不同类型的基本形状，使用不同的算法。物理引擎支持的基本形状有球体，长方体，胶囊体，凸多面体，三角网面等。物理引擎对每两个形状之间的求交和扫描都分别有对应的算法，对射线和每种形状之间的求交也分别有对应的算法。由于这些算法比较多，这里就不一一介绍，仅介绍一个比较著名的 GJK(Gilbert-Johnson-Keerthi) 算法。

GJK算法是求两个凸多面体是否相交的算法。设集合 A 和 B 分别是两个凸多面体中所有点的集合，则 A 和 B 的 Minkowski 差定义为：

$$C = A \ominus B = \{x = a - b \mid a \in A, b \in B\} \quad （3.1）$$

C 是一个集合，C 中每个元素都是 A 和 B 两个凸多面体中点的差向量。C 中长度最小的元素，就是两个凸多面体的距离。如果零向量不在 C 中，那么 A 和 B 就不相交，否则 A 和 B 就相交。显然，遍历 C 中的每个元素，来寻找零向量是不现实的，运算量太大。GJK 算法使用支持函数来减少运算量，对于一个凸多面体 A，其关于方向 d 的支持函数为：

$$S_A(d) = x \, , x \in A \, , xd = \max_{a \in A} ad \tag{3.2}$$

也即支持函数 $S_A(d)$ 的结果是多面体 A 中的点，这个点在方向 d 上的投影最大。对于两个凸多面体 A 和 B 的 Minkowski 差 C，其支持函数有如下规律：

$$S_c(d) = x \, , x \in A \ominus B \, , xd = \max_{c \in A \ominus B} cd$$

$$\max_{c \in A \ominus B} cd = \max_{a \in A \, , b \in B} (a-b)d = \max_{a \in A \, , b \in B} (ad - bd) \tag{3.3}$$

$$\max_{a \in A \, , b \in B} (ad - bd) = \max_{a \in A} ad - \min_{b \in B} bd = \max_{a \in A} ad - \max_{b \in B} b \, (-d)$$

所以

$$S_c(d) = S_A(d) - S_B(-d) \tag{3.4}$$

另外，GJK 算法利用了 Caratheodory 定理来优化计算。对于一个三维空间的凸多面体 A，A 中的任意一点，可以有 A 中不多于 4 个点的凸线性组合来表示，这使得 GJK 算法可以在每次迭代中最多对 4 个点进行计算。

3.3　物理引擎的动力学模拟

物理引擎主要根据经典物理学中刚体的运动规律来进行模拟。在物理引擎中，用一个三维向量 $\boldsymbol{p} = (x, y, z)$ 表示刚体质心的位置，用一个四元素 $q = x + yi + zj + wk$ 表示刚体的朝向。对于刚体上的任意一点 $\boldsymbol{b} = \boldsymbol{p} + \boldsymbol{r}$，其中 $\boldsymbol{p}$ 和 $\boldsymbol{r}$ 都是世界坐标系下的坐标，$\boldsymbol{r}$ 表示该点和刚体质心的相对位置。把 $\boldsymbol{b}$ 对时间求导，可以得到如下的公式：

$$\frac{\mathrm{d}\boldsymbol{b}}{\mathrm{d}t} = \frac{\mathrm{d}\boldsymbol{p}}{\mathrm{d}t} + \boldsymbol{\omega} \times \boldsymbol{r} \tag{3.5}$$

上式中，$\dfrac{\mathrm{d}\boldsymbol{p}}{\mathrm{d}t}$ 是刚体运动的线性速度，一般记作 v。三维向量 ω 是刚体运动的角速度，ω 向量表示的方向就是刚体转动的旋转轴，ω 向量的长度表示角速度的大小，角速度和刚体的朝向 q 之间的关系如下。

$$\frac{\mathrm{d}q}{\mathrm{d}t} = \frac{1}{2}\omega q \tag{3.6}$$

上式中的四元数 ω 和加速度 $\boldsymbol{\omega} = (\omega_x, i\omega_y, j\omega_z)$ 的关系如下：

$$\boldsymbol{\omega} = \omega x + i\omega_y + j\omega_z \quad （3.7）$$

把 $\boldsymbol{b}$ 对时间求二次导数，可以得到：

$$\frac{\mathrm{d}^2 \boldsymbol{b}}{\mathrm{d}t^2} = \frac{\mathrm{d}^2 \boldsymbol{p}}{\mathrm{d}t^2} + \frac{\mathrm{d}\boldsymbol{\omega}}{\mathrm{d}t} \times \boldsymbol{\omega} + \boldsymbol{\omega} \times (\boldsymbol{\omega} \times \boldsymbol{r}) \quad （3.8）$$

式中，$\frac{\mathrm{d}^2 \boldsymbol{p}}{\mathrm{d}t^2}$ 是刚体的线性加速度，一般记作 $\boldsymbol{a}$；$\frac{\mathrm{d}\boldsymbol{\omega}}{\mathrm{d}t}$ 是刚体的角加速度，一般记作 $\boldsymbol{a}$。

根据力学定理，有：

$$\frac{\mathrm{d}\boldsymbol{p}}{\mathrm{d}t} = F = \sum_k F_k = \sum_k \boldsymbol{a}_k m = \boldsymbol{a} m \quad （3.9）$$

其中 $\boldsymbol{P}$ 是刚体的动量，$\boldsymbol{P} = m\boldsymbol{v}$。$F$ 是刚体受到的外力之和，m 是刚体的质量。对于刚体的转动惯量，有如下的公式：

$$\boldsymbol{L} = I\boldsymbol{\omega} \quad （3.10）$$

其中 I 是一个 3×3 的矩阵，表示刚体的惯性张量。对 $\boldsymbol{L}$ 求导，可以得到：

$$\frac{\mathrm{d}\boldsymbol{L}}{\mathrm{d}t} = t = \boldsymbol{\omega} \times I \cdot \boldsymbol{\omega} + I \cdot \boldsymbol{a} \quad （3.11）$$

其中 t 是力矩，求解上面的公式，可以得到：

$$\boldsymbol{a} = I^{-1} \cdot (t - \boldsymbol{\omega} \times I \cdot \boldsymbol{\omega}) \quad （3.12）$$

3.3.1 无约束情况下的模拟

如果刚体在一帧中没有和任何物体发生碰撞，并且没有额外的约束条件，在这种情况下，对刚体进行模拟非常简单。首先，收集刚体受到的外力，计算 F 和 t。由于在这种情况下，刚体的外力只有重力和用户输入的力，F 和 t 的计算非常简单。

然后通过公式：

$$\boldsymbol{a} = \frac{F}{m} \quad （3.13）$$

和

$$\boldsymbol{a} = I^{-1} \cdot (t - \boldsymbol{\omega} \times I \cdot \boldsymbol{\omega}) \quad （3.14）$$

可以计算出这一帧的 $\boldsymbol{a}$ 和 $\boldsymbol{\alpha}$。

假设这一帧的模拟时间是 Δt，那么通过公式：

$$\boldsymbol{v}_{t+\Delta t} = \boldsymbol{v}_t + \boldsymbol{a}\Delta t \quad （3.15）$$

和

$$\boldsymbol{\omega}_{t+\Delta t} = \boldsymbol{\omega}_t + \boldsymbol{a}\Delta t \quad （3.16）$$

可以计算出新的线性速度和角速度，然后根据公式：

$$\boldsymbol{p}_{t+\Delta t} = \boldsymbol{p}_t + \boldsymbol{v}_{t+\Delta t}\Delta t \quad （3.17）$$

和

$$q_{t+\Delta t} = q_t + \frac{1}{2}\omega q_t \Delta t \quad （3.18）$$

计算出刚体新的位置和朝向。

3.3.2 有约束的模拟

一般物理引擎会提供一些约束条件，这些约束条件会限制刚体运动时的自由度。比如常见的链条约束，轴转动约束等。对于有约束的刚体，物理引擎会先按照没有约束的情况，计算这一帧刚体的速度。然后带入到约束方程中，求解要让刚体满足约束，速度应该怎么调整，用这个调整以后的速度，进行刚体位置的计算。

一般约束方程写成如下的形式：

$$C(F_A) = 0 \quad （3.19）$$

其中 F_A 表示刚体上的一个点，约束方程限制了刚体上的这个点的自由度。在物理引擎中，一般要求约束具有完整性。所谓完整性，就是要求上述的约束方程，隐含着对刚体速度的约束。对上式求导，我们可以得到：

$$\frac{\mathrm{d}C}{\mathrm{d}t} = \frac{\partial C}{\partial \boldsymbol{P}_A}\frac{\mathrm{d}\boldsymbol{P}_A}{\mathrm{d}t} = \frac{\partial C}{\partial \boldsymbol{P}_A}(\boldsymbol{v} + \boldsymbol{\omega} \times \boldsymbol{r}) = 0 \quad （3.20）$$

整理之后可以写成：

$$\frac{\mathrm{d}C}{\mathrm{d}t} = J\begin{pmatrix} \boldsymbol{v} \\ \boldsymbol{\omega} \end{pmatrix} = 0 \quad （3.21）$$

上式就是关于刚体速度的约束。对上式继续求导，我们可以得到：

$$\frac{\mathrm{d}^2 C}{\mathrm{d}t^2} = J\begin{pmatrix} \boldsymbol{a} \\ \boldsymbol{\alpha} \end{pmatrix} + k = 0 \quad （3.22）$$

其中 k 是关于速度的向量。

由于 J 是约束函数关于速度的导数，因此约束的力的方向和 J 的方向一致，因此有：

$$f_c = \lambda J \qquad (3.23)$$

其中 λ 是一个系数。刚体除了受到约束的力 f_c，还受到外力 f_{ext}，因此有：

$$f = f_c + f_{ext} = \lambda J + f_{ext} = M \begin{pmatrix} a \\ \alpha \end{pmatrix} \qquad (3.24)$$

把前面的各个公式代入上式，整理后可以得到：

$$\begin{pmatrix} M & -J^{\mathrm{T}} \\ J & 0 \end{pmatrix} \begin{pmatrix} \begin{pmatrix} a \\ \alpha \end{pmatrix} \\ \lambda \end{pmatrix} = \begin{pmatrix} f_{ext} \\ -k \end{pmatrix} \qquad (3.25)$$

解这个方程，就能得到约束施加给刚体的线性加速度 a 和角角速度 α 了。

3.3.3 对碰撞的模拟

当刚体和其他刚体发生碰撞以后，物理引擎会把碰撞点作为一个约束。设发生碰撞的两个刚体为 A 和 B，A 和 B 上的碰撞分别为点 P_A 和 P_B，碰撞表面的法线为 n_A。那么碰撞的约束方程为：

$$C(P_A, P_B) = (P_A - P_B) \cdot n_A \geq 0 \qquad (3.26)$$

对上式求导并整理后，可以得到和普通约束类似的约束方程，如下所示：

$$\begin{pmatrix} 0 \\ 0 \\ a \end{pmatrix} - \begin{pmatrix} M & -J_e^{\mathrm{T}} & -J_c^{\mathrm{T}} \\ J_e & 0 & 0 \\ J_c & 0 & 0 \end{pmatrix} \begin{pmatrix} \begin{pmatrix} a \\ \alpha \end{pmatrix} \\ \lambda_e \\ \lambda_c \end{pmatrix} = \begin{pmatrix} f_{ext} \\ -k_e \\ -k_c \end{pmatrix} \qquad (3.27)$$

且

$$a \geq 0, \; \lambda_c \geq 0, \; a\lambda_c = 0$$

求解这个方程，就可以得到为了保证两个刚体不发生穿插，而需要施加的外力。

3.4　玩家控制器，ragdoll，车辆等的物理引擎实现方案

3.4.1 玩家控制器

玩家控制器主要模拟玩家在场景里的行走，它保证玩家不和场景发生穿插。用户每帧输入给玩家控制器一个速度，物理引擎用这个速度来控制玩家控制器。注意，物理引擎并不能保证玩家控制器一定按这个速度前进，因为有可能玩家控制器在爬坡或者遇到了障碍物。

物理引擎玩家控制器的实现原理如图 3.9 所示。

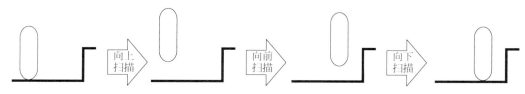

图 3.9　玩家控制器逻辑流程

在玩家控制器的每次移动中，物理引擎会用一个胶囊提进行三次扫描来判断玩家控制器是否可以移动，会移动到什么地方。另外，物理引擎会用一个比扫描时使用的胶囊体稍小的刚体跟着玩家控制器移动，来实现玩家控制器阻挡其他刚体的效果。

3.4.2　布娃娃系统

游戏引擎中，为了让人物在跌倒、被击飞或者死亡时的动作表现得更加逼真，往往会用物理引擎来模拟人物的动作，用布娃娃系统来完成这些效果。布娃娃系统是基于刚体模拟的一套系统，它用刚体和约束对人的身体进行建模，用骨架映射技术和动画系统进行关联，将物理引擎刚体模拟的结果和动画系统的骨架姿态联系起来，从而实现模拟动画，并增强动画表现的效果。

考虑到人体的头、四肢和躯干可以发生的形变很小，布娃娃系统用刚体来表示这些部位。对于头，一般用一个球形的刚体表示；对于四肢，一般用胶囊体的刚体表示；对于躯干，一般用若干个球、胶囊体或凸体来表示。布娃娃系统示意图如图 3.10 所示。

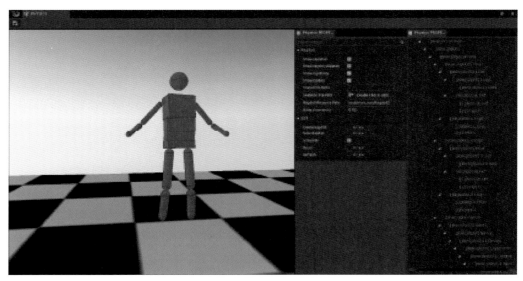

图 3.10　布娃娃系统示意图

人体的关节，起到连接上述各个部分的作用。同时，关节的活动范围有一定的限制。因此，布娃娃系统用带限制的约束来表示关节。而表示关节的约束，一般限制了两个刚体的局部点是对应的，并且不能发生分离，即被关节连接的两个身体部位之间不会被拉扯开。因此要用一个点约束作为关节约束的基础，点约束规定了刚体 A 上的某个局部点和刚体 B 上的某个局部点之间永远是固定在一起的。点约束在转动方面没有限制，即两个刚体 A、B 之间的相对角度可以是任意的。

当然，人的关节不允许随意转动，每个方向上的转动有一定的限制。因此，从上述的点约束出发，加上每个方向上转动的最大或最小值，就能有效地模拟人的关节特点。有了上述的刚体约束模型之后，通过物理引擎的模拟，就可以得到人物在没有自主运动时，在外力作用的情况下，身体的运动形态了。这样可以有效地模拟人物倒地、死亡等的动作效果。

由于关节约束是连接两个刚体的，并且是不允许环的出现的，约束连接的两个刚体，有一个是父刚体，有一个是子刚体。因此布娃娃系统的刚体逻辑上有一个树状结构，父子节点之间由关节约束连接。这样构成了一个类似动画系统中的骨架结构，这个骨架的结构比动画骨架简单，并且和动画骨架有一定的相似性。

在物理引擎模拟出各个刚体的位置之后，也就是布娃娃的物理骨架姿态已经确定了。但是引擎的渲染部分并不能用这个骨架对网格进行蒙皮，因为蒙皮数据是针对动画骨架的，因此布娃娃系统需要做物理骨架和动画骨架之间的映射。由于两个骨架之间存在相似性，因此总有一些骨骼在两个骨架系统中同时出现，这种骨骼之间可以建立——映射。并且这些能一一映射的骨架之间，父子关系也是保持的，即骨架 A 中的骨骼 A_i 和 A_j，A_i 是 A_j 的祖先；那么骨架 B 中，和 A_i、A_j 一一对应的骨骼 B_i 和 B_j，B_i 也是 B_j 的祖先，如图 3.11 所示。

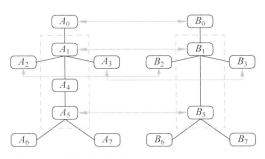

图 3.11　骨架映射关系示意图

图 3.11 中每个节点表示一个骨骼，节点间的黑色连线表示父子关系。骨架 A 和 B 之间的红

色连线表示对应的骨骼是一一映射关系，一一映射的骨骼之间的父子关系是保持下来的。因为两个骨架的结构相似，只是 A 骨架比 B 骨架更细致；可能在两个一一映射节点之间，比 B 骨架多出一些节点，以达到更细致的动作表现。绿色虚线框内的节点，构成的多个骨骼和两个骨骼之间的链式对应关系。

对于两个骨架之间，一一映射的骨骼，我们在做骨架映射时，只用做简单的一一对应就可以了，即把 A_i 骨骼在模型空间的变换矩阵赋值给 B_i 骨骼即可；对于链式对应关系的骨骼，只用保证链条两端的连线方向在模型空间中一致，链的起点重合即可；对于链条上的每个骨骼，保持其局部变换矩阵和骨架在初始姿态下一致，保证链条的长度和初始状态下一致，就可以了。链条映射的方法如图 3.12 所示。

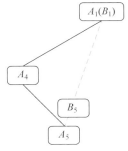

图 3.12　链式映射示意图

图 3.12 中，A_1 和 B_1 是链条的起点，映射时需要保证它们的位置保持一致；A_5 和 B_5 是链条的终点，映射时，需要保证 A_1 和 A_5 的连线与 B_1 和 B_5 的连线方向一致；A_1 和 A_5 的长度与 B_1 和 B_5 的长度维持各自的数值，不用做拉伸对齐。对于链条中的骨骼 A_4，保证其到父节点 A_1 的局部变换矩阵为骨骼初始状态下的值就可以了。

有了骨骼的映射关系，当物理系统模拟出刚体的位置之后，就可以将其映射到动画系统的骨上，然后让渲染系统进行正确的蒙皮绘制。反过来，当动画系统通过动画得出动画骨骼的姿态后，可以映射到物理骨架上，获得刚体的位置，这样就可以用动画驱动布娃娃系统。当人物死亡的时候，如果将最后两帧动画驱动的刚体位置进行求导，可以得到刚体的速度。在切换成布娃娃系统驱动时，用这个速度作为刚体的初速度，那么可以让物理模拟能和动画进行顺畅的切换，让动作的惯性体现到布娃娃系统上，得到的效果更加真实。

在射击类和赛车类游戏中，需要追求逼真的车辆表现效果。比如车辆在加速减速时，车头应该有抬起、急刹车时，车头要低压；转弯时，车身有侧倾、极限情况下，要发生漂移等。这些让车辆符合真实物理现象的需求，一般使用车辆系统来实现。车辆系统是基于物理引擎的刚体模拟的，其基本原理就是用一个刚体来模拟车身，用一系列的公式计算车身受到的外力，用物理引擎的刚体模拟来计算车辆的速度、位置和碰撞效果。

物理引擎的车辆系统，是根据真实车辆系统的结构来建模的。真实的车辆，其在正常行驶时，车身受到的外力，都是通过车辆和悬挂传递过来的。所以物理引擎的车辆系统，在建模时，只用一个刚体表示车身，只对这个刚体进行模拟。另外，车辆系统会记录车辆的悬挂和车身的连接点的位置，并称这些连接点为受力点。车身正常形式时，车轮和悬挂通过这些受力点给车身施加外力和力矩。这样的抽象和简化，也是符合真实车辆的结构的。上述的车辆系统的结构如图 3.13 所示。

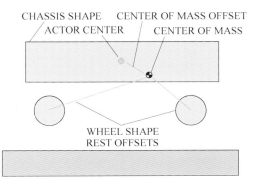

图 3.13　车辆系统组成图（图片引自参考文献 [4]）

图 3.13 中，车轮对应的刚体，仅用于场景中阻挡其他的刚体，而不参与车辆的模拟运算，其质量一般设置为无穷大，达到只能被车辆系统控制，而不会被场景里其他刚体影响的效果。

物理车辆系统在计算车辆每个轮胎对车身刚体的外力时，分成两个部分。第一个部分是车辆动力系统，该系统对车辆的发动机，传动系统进行建模，计算对每个车轮提供的动力。第二个部分是轮胎系统，该系统对车辆的车轮进行建模，计算每个车轮和地面的摩擦以及由此产生的外力。下面分别介绍这两个部分。

假设车辆引擎当前的转动角速度为 ω_{eng}，那么引擎输出的动力力矩为：

$$T_{\text{eng}} = Acc_{\text{input}} * TC\,(\omega_{\text{eng}}) \qquad (3.28)$$

上式中，Acc_{input} 是玩家的输入，表示油门踏板的开合程度，取值范围在 [0，1] 上。$T_c\,(\omega_{\text{eng}})$ 是引擎的动力曲线，表示在引擎转动角速度为 ω_{eng} 时，引擎能输出的最大力矩。对于引擎转动的角速度，我们有如下的公式：

$$\omega_{\text{eng}}(t+\Delta t)-\omega_{\text{eng}}(t)=\frac{-T_c+T_{\text{eng}}}{I_{\text{eng}}}\Delta t \qquad (3.29)$$

上式中，I_{eng} 是引擎的转动惯量，T_c 是车辆变速箱传递给引擎的阻力力矩。车辆的变速器是连接引擎和车轮的部件，它负责动力和阻力在引擎和车轮之间传递。在物理引擎的车辆模型中，T_c 的计算如下所示：

$$T_c = K\left(G\left(\sum_i \alpha_i \omega_i\right) - \omega_{\text{eng}}\right) \qquad (3.30)$$

上式中，G 为变速箱的变速比，K 表示变速箱的强度，反应变速箱上损失的能量比例。ω_i 为第 i 个车轮的滚动角速度，α_i 是变速箱把动力输出给轮子时，轮子获得的动力占总输出量的百分比。例如，在前轮驱动的车中，左前和右前轮获得变速箱的动力输出都为 50%，而两个后轮都为 0%。另外要注意，所有轮子获得的动力输出比例之和应该为 1。如下所示：

$$\sum_i \alpha_i = 1 \qquad (3.31)$$

由于力的作用是相互的，因此每个轮子获得来自变速箱的力矩输出为 $\alpha_i T_c G$。考虑到轮子受到的刹车力影响，每个轮子上的力矩为：

$$T_i = \alpha_i T_c G + Bt_i + Tt_i \tag{3.32}$$

其中，Bt_i 为第 i 个轮子上刹车的力矩，Tt_i 为轮胎和地面摩擦后，产生的力矩。对于车轮的角速度，我们有下面的等式：

$$\omega_i\,(t+\Delta t) - \omega_i\,(t) = \frac{T_i}{I_i}\,\Delta t = \frac{\alpha_i T_c G + Bt_i + Tt_i}{I_i}\,\Delta t \tag{3.33}$$

把 T_c 带入到引擎和轮胎的角速度公式中，我们可以得到如下方程组：

$$\begin{cases} \omega_{\mathrm{eng}}\,(t+\Delta t) - \omega_{\mathrm{eng}}\,(t) = \dfrac{-K\left(G\left(\sum\limits_i \alpha_i \omega_i\,(t+\Delta t)\right) - \omega_{\mathrm{eng}}\,(t+\Delta t)\right) + T_{\mathrm{eng}}}{I_{\mathrm{eng}}}\,\Delta t \\[4mm] \omega_i\,(t+\Delta t) - \omega_i\,(t) = \dfrac{\alpha_i K\left(G\left(\sum\limits_i \alpha_i \omega_i\,(t+\Delta t)\right) - \omega_{\mathrm{eng}}\,(t+\Delta t)\right)G + Bt_i + Tt_i}{I_i}\,\Delta t \end{cases} \tag{3.34}$$

上面的方程组中，$\omega_{\mathrm{eng}}\,(t+\Delta t)$ 和 $\omega_i\,(t+\Delta t)$ 是未知量，$\omega_{\mathrm{eng}}\,(t)$ 和 $\omega_i\,(t)$ 是已知量。在知道了车辆系统的各个参数之后，就可以通过 t 时刻的车轮和引擎角速度，求解 $t+\Delta t$ 时刻的车轮和引擎角速度。

在上面的车辆动力系统中，计算的 ω_i 用于车辆轮胎系统的输入，Tt_i 是车辆轮胎系统对车辆动力系统的反馈。车辆的轮胎系统，以车轮为对象，建立车轮的动力方程。对于每个车轮，会以车轮和地面的接触点为原点，建立车轮的局部坐标系。如图 3.14 所示。

其中 X 轴方向为轮胎前进的方向，一般称为纵向，Y 轴方向称为侧向，车轮和地面的接触点记为 C_i。如果知道车辆当前的线性速度 $\boldsymbol{v}$ 和角速度 $\boldsymbol{\omega}$，知道 C_i 相对车辆质心的位移 $\boldsymbol{P}_i$，那么接触点 C_i 的速度为：

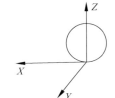

$$\boldsymbol{v}_{c,l} = \boldsymbol{\omega} \times \boldsymbol{P}_i + \boldsymbol{v} \tag{3.35}$$

把 $\boldsymbol{v}_{c,l}$ 分解到车轮局部坐标系的 X 轴和 Y 轴，得到 $\boldsymbol{v}_{c,l,x}$ 和 $\boldsymbol{v}_{c,l,y}$。在纵向上，车轮的打滑系数定义为：

图 3.14　车轮局部坐标示意图

$$\mathrm{slip}_{\mathrm{long},i} = \frac{\|\boldsymbol{v}_{c,l,x}\|}{r\,\omega_i} \tag{3.36}$$

上式中，r 为车轮半径，ω_i 为车轮滚动的角速度，车轮在侧向的打滑系数定义为：

$$\mathrm{slip}_{\mathrm{lat}} = \arctan \frac{\|\boldsymbol{v}_{c,l,y}\|}{\|\boldsymbol{v}_{c,l,x}\|} \tag{3.37}$$

$\mathrm{slip}_{\mathrm{long}}$ 和 $\mathrm{slip}_{\mathrm{lat}}$ 是反应轮胎和地面打滑情况的参数，用来计算轮胎和地面的摩擦力。计算公式如下：

$$\begin{cases} F_{\mathrm{long},i} = f_i S_{\mathrm{long}}\,(\mathrm{slip}_{\mathrm{long},i})\,N_i \\[2mm] F_{\mathrm{lat},i} = f_i S_{\mathrm{lat}}\,(\mathrm{slip}_{\mathrm{lat},i})\,N_i \end{cases} \tag{3.38}$$

上式中，f_i 是轮胎的整体摩擦系数。$S_{\mathrm{long}}\,(slip_{\mathrm{long},i})$ 是根据 $slip_{\mathrm{long},i}$ 计算在纵向上摩擦系数修正量的函数，$S_{\mathrm{lat}}\,(\mathrm{slip}_{\mathrm{lat},i})$ 是根据 $slip_{\mathrm{lat},i}$ 计算在侧向上摩擦系数修正量的函数，N_i 是悬挂施加给轮胎的压力。

车辆系统每帧会通过射线检测来模拟悬挂。从悬挂的受力点开始，沿悬挂的运动方向做射线检测，检测到的长度归一化到悬挂的最大最小行程之内，这个归一化后的长度，记为 J_i。对于悬挂，车辆系统会给出弹回强度 S_i 和阻力系数 D_i 来描述悬挂的特性。那么悬挂给轮胎的压力 N_i 可由下式计算得到：

$$N_i = M_i + S_i J_i + D_i \frac{\mathrm{d}J_i}{\mathrm{d}t} \tag{3.39}$$

上式中 M_i 为分摊到第 i 个悬挂上的车辆的质量。

在获得 $F_{long,i}$ 之后，可以获得动力系统中 Tt_i 的数值：

$$Tt_i = F_{long,i}\, \mathsf{r} \tag{3.40}$$

车轮系统每帧都会通过迭代算法，计算动力系统和轮胎系统的各个未知量。经计算，得到了 $\omega_{eng}(t+\Delta t)$、$\omega_i(t+\Delta t)$、$F_{long,i}$、$F_{lat,i}$、N_i 之后，就可以确定对车辆刚体施加的力和力矩。车辆刚体受到的线性力为：

$$\boldsymbol{F} = \sum_i \left(\boldsymbol{F}_{\mathrm{long},i} + \boldsymbol{F}_{\mathrm{lat},i} + \boldsymbol{N}_i \right) \tag{3.41}$$

车辆受到的力矩为：

$$\boldsymbol{\tau} = \sum_i \left(\boldsymbol{F}_{\mathrm{long},r} + \boldsymbol{F}_{\mathrm{lat},r} + \boldsymbol{N}_r \right) \times \boldsymbol{R}_r \tag{3.42}$$

其中 $\boldsymbol{R}_i$ 为第 i 个车轮受力点相对车辆质心的偏移量。当车辆系统模拟完车辆的状态之后，可以根据计算出来的角速度和悬挂行程，来计算车辆的车辆姿态，并把结果反馈给动画系统，做车辆的动画表现。

3.5 破碎系统简介

破碎效果是物理引擎的重要应用。在一些游戏大作中，破碎效果极大地增强了打击感和震撼力，是 3A 作品不可或缺的特性。一些游戏甚至以破碎效果为主要玩法之一，例如《彩虹六号：围攻》。

物理引擎中，破碎效果的模拟，往往会作为一个比较独立的系统，这是因为物理引擎一般是模拟刚体的运动。刚体是理想化的模型，它不会因为碰撞发生形变，更加不会破碎。所以，破碎过程的模拟，就不能把物体作为刚体，而应该有一套独立的系统——破碎系统。

破碎系统需要解决的核心问题，是如何把一个刚体变为若干个其他刚体，也就是碎片。一般的做法是，物理引擎模拟物体的撞击，当撞击发生时，物理引擎计算出撞击的位置和冲量，将这些信息交给破碎系统，破碎系统判定是否破碎，如果破碎，用碎片去代替原来的刚体。然后，破碎系统将控制权交还给物理引擎，由物理引擎继续模拟碎片的运动。

一个刚体破碎成若干的刚体，需要两个方面的计算：刚体质量属性的计算和刚体形状的切割。这些计算的消耗比较大，不适合在游戏中实时进行。目前主流的破碎系统，都是事先做好刚体的分割，在游戏运行的时候，会根据情况，决定哪些碎片出现，哪些碎片不出现，这样达到描述物体不同破碎状态的效果。

在分割刚体时，刚体质量属性的计算，包括了所有模拟刚体运动时，需要的质量属性，如质心、质量、转动惯量等。刚体形状的切割，为了减少模拟时的计算量，一般使用平面来切割刚体，使得切割出来的形状比较简单。平面切割可以递归进行，获得比较好的效果，如图 3.15 所示。

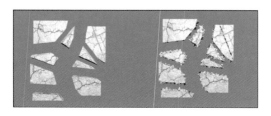

图 3.16　切割边界细节

在获得了预先切割的刚体后，游戏运行时可以通过对碎片的组合，来产生很多不同种类的破碎模式，只要能参数的破碎模式足够多，那么玩家就很难发现碎片是被预先切割的，从而得到比较好的效果。这种方案的原理如下，先按照破碎层级来组成一个树状结构。在这个结构中，父节点碎成子节点，子节点可以继续破碎。根据需要，来设定破碎的层级。当一个破碎条件触发时，根据触发点的位置和冲量大小，来决定破碎的程度。同时将相邻的子节点粘合在一起，这样来获得一个最接近真实情况的分割，如图 3.17 所示。

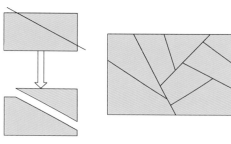

图 3.15　平面递归切割

使用平面来切割刚体的形状，计算较简单，同时有利于生成的结果也是简单的形状。简单的刚体形状，有利于计算刚体的质量属性。但是，如果对用于渲染的形状，也只是用平面来切割，那么效果不会很好。所以，破碎系统除了要切割刚体的形状外，还要切割用于渲染的形状。切割渲染形状的面，可以在切割刚体的面上，增加一些细节，同时带上纹理和 UV 坐标，用于产生切割面的材质。如图 3.16 所示，左边是物理切割的结果，右边是渲染切割的结果。由于渲染形状的面数可以比刚体的形状更多，因而能用更丰富的细节来表现切面。

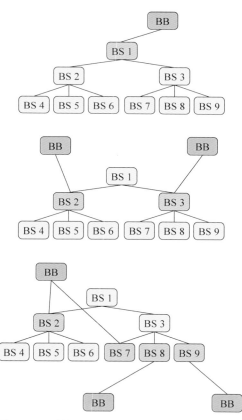

图 3.17　破碎结构树

3.6   布料系统简介

布料模拟是游戏引擎中比较重要的一种物理效果，它主要用来模拟人物的衣服随着人物运动而飘动的效果。布料的物理性质和和刚体差异巨大，因而不使用前面讲述的专注于刚体模拟的物理引擎。在工程实现上，布料的模拟由单独的布料系统来完成。布料系统负责布料运动的模拟，并让布料能受到外部的力的影响。

布料系统一般使用弹簧质点模型来描述布料，如图 3.18 所示。

弹簧质点模型将布料划分为很多网格，如图 3.18 中的黑色网格所示。网格的每个顶点为质点，其质量为 m。所有质点的质量之和，即为整块布料的质量。为了不让布料散开，表示布料的这些质点之间，使用弹簧约束连接。当两个质点的距离过远时，约束会施加力，将它们拉近；反之，约束会施加力将它们推远。

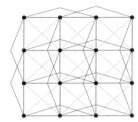

图 3.18　布料弹簧质点模型

一般布料中的弹簧约束分为三类。第一类是连接网格上相邻两个质点的约束，如图 3.18 中黑色直线所示，这类约束叫做结构约束。结构约束保持布料上各个质点的距离，宏观上的效果是控制布料的拉伸性的。第二类约束是连接网格对角点的约束，如图 3.18 中橙色直线所示，这类约束叫做切变约束。切变约束保持了布料各行或者格列质点之间保持平行，宏观上控制布料在被拉扯时，发生切变的程度。第三类约束是连接两个不相邻质点的约束，这两个质点之间仅隔了一个质点，如图 3.18 中蓝色折线所示。这类约束叫做弯曲约束，宏观上控制布料弯曲的难度。

设弹簧质点模型中的第 i 个质点的位置为 x_i，它的速度为 v_i，那么有：

$$F_{i,j} = -\left[k_{i,j} \left(\left\| x_i - x_J \right\| - l_{i,j} \right) + d_{i,j} \left(\frac{\mathrm{d}\, x_i}{\mathrm{d}t} - \frac{\mathrm{d}\, x_J}{\mathrm{d}t} \right) \cdot \left(\frac{x_i - x_J}{\left\| x_i - x_J \right\|} \right) \right] \frac{x_i - x_J}{\left\| x_i - x_J \right\|} \quad （3.43）$$

上式中，$k_{i,j}$ 为第 i 个质点和第 j 个质点之间的弹簧约束的胡克系数，$d_{i,j}$ 为阻尼系数。综合考虑第 i 个质点受到的所有约束和外力，可以得到：

$$m \frac{\mathrm{d}^2 x_i}{\mathrm{d}t^2} = \sum_j f_{i,J} + mg + f_{i,\mathrm{ext}} \quad （3.44）$$

上式中，mg 为质点受到的重力，$f_{i,\mathrm{ext}}$ 为质点受到的外力。对布料的质点解上述的微分方程，就可以得到质点的位置，从而确定布料的状态。

在模拟布料时，如果需要表现布料和玩家躯干发生碰撞，不会穿插的效果，需要在布料系统中描述角色的碰撞形状。如图 3.19 所示。

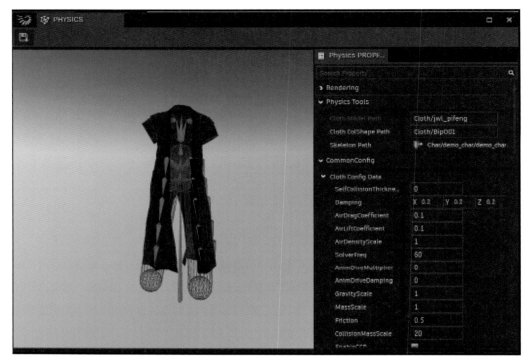

图 3.19　布料系统角色碰撞形状示意图

为了计算效率，碰撞形状一般为了简单的几何体，如球体、胶囊体、长方体，当布料模拟时，发现质点和碰撞形状交叉时，就认为发生了碰撞。这个时候，需要纠正质点的位置并给质点施加合理的外力，这样就能得到布料和物体碰撞之后的效果了。

如果需要角色在运动且布料能有被角色动作牵扯带动的感觉，那么就需要让布料系统和动画系统进行结合。一般的做法是选取布料上的一些质点，和角色的动画骨骼绑定在一起，让这些质点的运动跟随动画。其他没有绑定的质点，依然按照布料的方程进行模拟。实践中，会引入一个系数来表示质点的运动，并显示有多少比例的运动在跟随动画。在布料和角色接触的部分，这个系数设置为 1，让布料和角色一起运动，忽略物理计算的结果。当布料的质点不和角色接触，且原理角色时，这个系数设置为 0，让布料的运动完全符合物理计算的结果。在这两类质点之间的点，这个值应该逐渐由 1 过渡到 0，这样能让动画和布料的过渡更加自然。

参考文献

[1]　David M. Bourg. Physics for Game Developers[M]. O'Reilly Media, 2001.

[2]　Grant Palmer. Physics for Game Programmers[M]. Apress, 2005.

[3]　Christer Ericson. Real-Time Collision Detection[M]. Morgan Kaufmann, 2005.

[4]　Nvida. PhysX SDK 3.4.0 Documentation[EB/OL].

　　https://docs.nvidia.com/gameworks/content/gameworkslibrary/physx/guide/Manual/GeometryQueries.html, 2018.

[5]　Daniel S. Coming and Oliver G. Staadt. Kinetic Sweep and Prune for Collision Detection[M]. Workshop On Virtual Reality Interaction and Physical Simulation, 2005.

04 游戏中的动画系统
Animation System

游戏开发很重要的工作就是塑造角色，我们通过动画系统来表现角色的动作和行为，角色在游戏场景中跑动、跳跃、战斗、交往等种种行为都需要通过动画系统来表现，动作的真实感会直接影响游戏的品质。高品质的角色动画首先需要有高品质的动画数据，动画数据可以利用专业的动作捕捉设备对专业演员的动作表演进行捕捉获得。在动画数据基础上，需要有功能强大的动画系统支持，例如完成角色动作融合过渡，与当前场景进行适配等处理。角色的动作背后，有着非常复杂的逻辑系统，角色什么情况下播放什么动作，如何播放这些动作，一个行为较为复杂的角色，通常会有数千个动作。此外，动作还与相应的声音、特效、事件等有所关联，因此，如何对角色的动作进行编辑、管理也是一个较大的挑战。

动画系统是游戏引擎中必不可少的重要系统，动画系统组成通常分为运行时 (runtime)、动画导出工具 (exporter)、动作行为编辑器 (Action Behavior Editor)（图 4.1）。

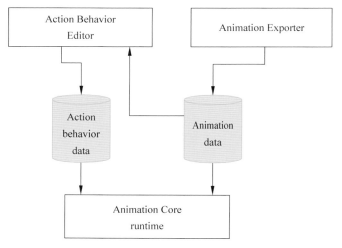

图 4.1　动画系统组成示意图

动画的概念比较广泛，如关键帧动画 (KeyFrame Animation)、变形动画 (Morph Animation)、精灵动画 (Sprite Animation) 等，限于篇幅，本章只涉及游戏中最重要的角色骨骼动画，从骨骼动画的原理开始，讲述游戏中各种动画技术的应用，侧重游戏开发实战。

4.1 骨骼动画

骨骼动画在游戏中的应用是在可编程 GPU 出现后开始流行起来的，2002 年微软推出 DirectX 9.0 支持可编程管线，使得 GPU 蒙皮容易实现，骨骼动画的效率得到极大的提升，此后游戏中的角色动画基本都使用骨骼动画来实现。

在此之前，游戏中的角色动画使用顶点关键帧动画 (Key Frame Animation) 技术实现，其原理很简单，存储模型每个顶点的动画关键帧，在游戏运行中，播放这些关键帧。这种技术实现较为简单，但有很明显的缺点：

（1）存储容量较大，因为要存储每个顶点的关键帧数据，如果动画时间较长，顶点数目较多，将耗费大量的存储空间；

（2）修改模型顶点网格，需要重新生成动画数据；

（3）动作融合过渡容易引起模型网格变形。

骨骼动画通过定义一套骨骼，将模型顶点用蒙皮技术附着在骨骼上，通过骨骼运动带动顶点网格运动，能很好地克服顶点关键帧动画技术的缺点。骨骼动画只需要存储骨骼的运动信息，骨骼数量相对模型顶点数量要少很多，通常一个角色的顶点数量大概为 1 万左右，而骨骼数量为数百根。而且骨骼以树状结构组织，每根骨骼只记录相对父的运动信息，这使得骨骼数据容易被压缩。骨骼动画技术能够将模型造型和动画分离，同一个动画可以应用于不同造型的模型，游戏中角色通常会有多套造型的衣服和裤子，都可以使用同一个动画。骨骼动画容易实现动作融合，能减少模型网格的变形。

4.1.1 骨骼定义

骨架 (Skeleton) 由骨骼 (Bone) 以树状结构组织而成，骨架定义了一套 3D 空间层级结构，每一根骨骼都是一个正交的 3D 空间，骨骼之间存在父子层级关系。图 4.2 展示了一个简单的骨架系统，A 为根骨骼，B 为 A 的子骨骼，C 为 B 的子骨骼，C 有两个子节点 D、F，而 E、G 则为末端骨骼。为了形象地显示骨架系统，我们通常将两个骨骼坐标原点间，用一个类似骨头的柱状体连接。但实际上，骨骼是一个坐标系，而不是通常意义上的一块骨头，这需要特别注意。

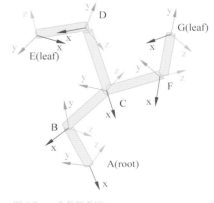

图 4.2 一个骨架系统

骨架系统以树状结构组织，带来很大的好处，当我们对父骨骼进行操作，例如绕某个轴旋转一定角度，则其所有的子骨骼都会受到这个操作改变空间中的位置。这在编辑骨骼动画时非常方便，当我们抬起角色的上手臂时，他的肘部、手腕、手指都会跟随上移。此外，这种结构也有利于减少动画文件尺寸，例如，一个跑步动画中，手指骨骼一直保持相对父骨骼静止，则无须存储手指骨骼的动画数据。

游戏中的人物角色通常以 Biped 骨骼系统为基础制作骨架，Biped 骨骼系统适用于双足类动物。图 4.3 为 3ds Max 中创建的 Biped 骨架。

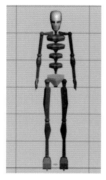 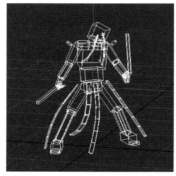 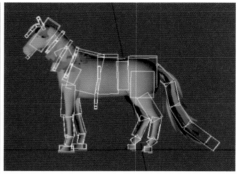

图 4.3　在 3ds Max 中　　图 4.4　左：Biped +Bone 骨骼制作角色，右：基于 Biped 骨骼的马匹
　　　　创建的 Biped
　　　　骨骼系统

在 Biped 骨骼基础上，可以添加 Bone 骨骼制作角色的衣服飘带，裙摆等部件。Biped 骨骼系统不但适合制作双足人形骨骼，也可以稍加变形制作四足类动物骨骼，通过修改四肢、颈椎、腰椎、尾巴等部位的骨骼数量，biped 骨骼可以变形为马匹、老虎等四足类动物，如图 4.4 所示。

将 Biped 骨骼数据导出成 xml 格式数据，我们将得到一系列的骨骼坐标系数据：

```
<bone>
    <name>biped</name>
    <transform>
        <row0>-0.000001 0 -1</row0>
        <row1>0 1 0</row1>
        <row2>1 0 -0.000001</row2>
        <row3>0 1.024683 0.043569</row3>
    </transform>
    <bone>
        <name>biped Pelvis</name>
        <transform>
            <row0>0 -1 0.000001</row0>
            <row1>0.000001 0.000001 1</row1>
            <row2>-1 0 0.000001</row2>
            <row3>0 0 0</row3>
        </transform>
```

```
<bone>
    <name>biped Spine</name>
    <transform>
        <row0>0.999999 -0.000001 0.001381</row0>
        <row1>0.000001 1 0.000004</row1>
        <row2>-0.001381 -0.000004 0.999999</row2>
        <row3>-0.072886 0 -0.00045</row3>
    </transform>
    <bone>
        <name>biped Spine1</name>
        <transform>
            <row0>0.978052 0.000001 0.208362</row0>
            <row1>-0.000001 1 0</row1>
            <row2>-0.208362 0 0.978052</row2>
            <row3>-0.205251 0 -0.000258</row3>
        </transform>
        <bone>
            <name>biped Neck</name>
            <transform>
                <row0>0.88513 0.002437 -0.465337</row0>
                <row1>-0.002142 0.999997 0.001163</row1>
                <row2>0.465339 -0.000033 0.885133</row2>
                <row3>-0.338521 -0.000055 -0.018729</row3>
            </transform>
            ...
        ...
    ...
</bone>
```

这里的 name 为骨骼名称，transform 字段为 4×3 的矩阵数据，记录了该骨骼相对父骨骼的变换矩阵。从前面的章节我们了解到 3D 空间坐标变换的数学原理，并知道如何通过矩阵在两个坐标系之间进行变换。每一根骨骼对应的变换矩阵是相对父空间的，该矩阵记为 M_i，则骨骼空间的任意点可以用 M_i 变换到其父空间：

$$p \cdot M_i = p' \qquad (4.1)$$

如果需要将父空间的点变换到骨骼空间，则需要计算 M_i 的逆矩阵 M_i^{-1}，通过如下公式将父空间的点转换到骨骼空间：

$$p' M_i^{-1} = p \qquad (4.2)$$

如果我们将某个骨骼空间记为 i，变换矩阵记为 M_i，其父空间为 $i-1$，变换矩阵为 M_{i-1}。以此类推，则最顶级骨骼空间为 0，变换矩阵为 M_0，那么将骨骼空间中的点变换到模型空间的矩阵为：

$$M_i \cdot M_{i-1} M_{i-2} \cdots M_0 \qquad (4.3)$$

记为 $M_{i\,\text{to model}}$，对其求逆，则可得到从模型空间变换到骨骼空间的矩阵 $M_{i\,\text{to model}}^{-1}$。

4.1.2 骨骼动画

/动画数据生成

在时间轴上，每隔一小段时间编辑每一根骨骼的关键帧姿态，当连续播放的时候，骨骼会形成运动，即为骨骼动画。骨骼动画需要借助于 3D 动画软件如 3ds Max、Maya、MotionBuilder 等专业软件来制作，3ds Max 的制作过程如图 4.5 所示。

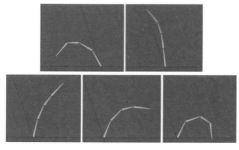

图 4.5　3ds Max 中制作骨骼摆动关键帧

美术人员可以通过 3D 动画软件手工编辑骨骼关键帧，也可以利用一些 3D 动画插件自动计算骨骼运动。例如，当制作完角色 Biped 骨骼动画后，可以用 SpringMagic 自动计算角色身上飘带的运动，减轻手工编辑的工作量。

手工编辑骨骼关键帧制作难度较大，对制作人员专业要求较高，且不易获得真实的骨骼运动，比较成熟的解决方案是使用动作捕捉获得骨骼动画数据。动作捕捉基于真实的演员进行动作表演，在演员身体关键部位设置跟踪器，通过几十个甚至上百个摄像机对运动进行捕捉，从而获得真实的骨骼运动数据。在 3A 级游戏大作中，普遍大量使用动作捕捉获得真实的角色动画，如图 4.6 所示。

图 4.6　动作捕捉现场

专业的动作捕捉设备非常复杂且昂贵，捕捉过程繁琐，后期修整工作量也比较大，动作捕捉成为游戏开发中成本较高的一项内容。随着 AI 技术的发展，从视频中获得骨骼动画数据的技术也在被研究，如果技术成熟，将大大降低动作捕捉成本，并提高工作效率。

/动画数据采样

当制作完成一段骨骼动画后，我们需要将动画数据从 3D 动画软件中导出成动画文件供游戏使用。动画数据采样就是按照一定的频率，读取每一根骨骼的运动数据。这个过程也可以称为"塌陷"，即 3D 动画软件以矩阵形式提供骨骼最终的运动姿态。如图 4.7 中所示，上面的曲线为骨骼原始的运动曲线，在 3D 动画软件中，可能是用数学曲线公式描述的，如果对其进行采样存储，则需将其简化成一系列的关键帧，游戏中则通过插值还原运动曲线。

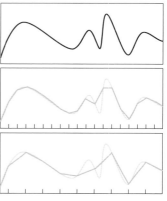

图 4.7　不同采样频率结果差异

采样频率通常可以选择 24 帧 / 秒、30 帧 / 秒、或 60 帧 / 秒，采样频率越高，动画细节保留越多，当然动画文件尺寸也会越变大。

由于存储的是骨骼相对父的变换信息，因此采样误差会积累，父骨骼的误差会传递给子骨骼，导致末端骨骼误差变大。

/动画数据文件

假设有 M 根骨骼，动画时长为 T，共有 N 个采样点，采样点之间时间间隔均匀，每根骨骼存储相对父的变换矩阵，因此我们记录了如下数据：

Bone 1: M_{t1} M_{t2} M_{t3} …… M_{tn}

Bone 2: M_{t1} M_{t2} M_{t3} …… M_{tn}

Bone 3: M_{t1} M_{t2} M_{t3} …… M_{tn}

……

Bone m: M_{t1} M_{t2} M_{t3} …… M_{tn}

当在游戏中播放动画时，从上面的数据中对每根骨骼进行插值，计算出每根骨骼相对父的变换矩阵。但是矩阵并不适合插值运算，变换矩阵可以分解成缩放 (Scale)、旋转 (Rotate) 和平移 (Translate) 3 个分量，每个分量都比较容易进行插值，而且，按分量存储后，数据也容易去冗余和压缩。缩放数据 (Scale) 记录了 x、y 和 z 三个轴上的缩放值，平移数据 (Translate) 是一个三维向量，记录了骨骼坐标系原点在父空间的平移量，旋转数据 (Rotate) 则记录了骨骼坐标系相对父骨骼的旋转。

表达坐标系的旋转有多种形式，可以使用矩阵、欧拉角以及四元数。由于四元数有着优异的数学特性，便于插值运算，通常使用四元数来存储骨骼旋转数据。四元数使用 4 个参数记录，记为 (x, y, z, w)。

图 4.8 以图形化形式展示关键帧数据，每根骨骼都有 R、T 和 S 数据通道，上部分的图片展示了直接采样后的数据，每根骨骼的 RTS 通道关键帧数量都是相同的，数据量较大；而图片的下部分则展示了经过去除冗余和压缩后的关键帧分布情况，数据量大大减少。

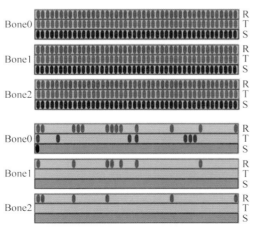

图 4.8　以 RTS 形式存储动画数据

/ 关键帧插值

将变换矩阵分解成缩放 (Scale)、旋转 (Rotate) 和平移 (Translate) 分量后，我们对每个分量进行插值运算，将插值运算后的结果重新组合成变换矩阵。

缩放分量为三维向量，代表 x、y 和 z 三个轴上的缩放值，缩放分量使用线性插值，若前一个关键帧缩放数据为 S_i，时间为 T_i，后一个关键帧缩放为 S_{i+1}，时间为 T_{i+1}，关键帧时间差为 ΔT，若当前时间为 T，插值后的缩放值将为：

$$S_{i+1} \cdot (T-T_i) / \Delta T + S_i \cdot (T_{i+1}-T) / \Delta T \quad (4.4)$$

平移分量也是三维向量，使用上面相同的线性插值方法进行插值运算。在实际的动画数据中，缩放和平移数据有变化的情况很少，因为大部分的骨骼大小和长短是不会变化的，骨骼大部分的数据是旋转。

如图 4.9 所示，旋转数据不能使用线性插值，而应该使用球面插值，使用四元数表示旋转，可以用四元数的插值公式进行运算。微软的 DirectX Math 是一套成熟的、高效率的数学库，提供了四元数相关的各种操作函数，也包括了四元数的插值函数：

```
XMVECTOR    XMQuaternionSlerp
(FXMVECTOR Q0, FXMVECTOR Q1, float t);
```

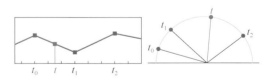

图 4.9　线性插值与球面插值示意

/ 骨骼动画姿态还原

骨骼动画姿态还原是指骨架播放动画，在某一时刻还原动画中骨架的姿态。首先，对每一根骨骼进行插值，得到每根骨骼相对父的变换矩阵。如图 4.10 所示，t 时刻从动画数据中，对每根骨骼的 SRT 数据进行插值，得到插值后的 SRT 数据，然后得到变换到父空间的矩阵。

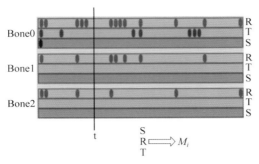

图 4.10   t 时刻对骨骼进行插值运算

接下来，需要计算每根骨骼变换到模型空间的变换矩阵，即

$$M_{i\text{ to model}} = M_i \cdot M_{i-1} M_{i-2} \cdots M_0 \quad (4.5)$$

其中 M_{i-1}，M_{i-2}，…，M_0 为父骨骼变换到模型空间的变换矩阵，如果我们从根骨骼遍历处理，子骨骼可以利用父骨骼计算好的变换矩阵，节省计算量。当我们计算出 t 时刻，每根骨骼变换到模型空间的矩阵后，我们能够计算出每根骨骼坐标系原点在模型空间的位置：

$$\text{origin pos} = [0, 0, 0, 1] \cdot M_{i\text{ to model}} \quad (4.6)$$

每根骨骼绘制一个圆柱体连接到父骨骼坐标原点，即可绘制出 t 时刻的骨架姿态。

这个过程如图 4.11 所示。

动画制作   导出动画文件

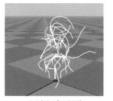

运行时还原

图 4.11   从 3D 动画制作软件到游戏运行时

/ 蒙皮原理

在实际游戏中，我们并不会看到骨骼的运动，

骨骼的存在是为了驱动模型网格动画。要将骨骼的运动转换为模型网格的运动，就需要确定模型网格顶点与骨骼之间的关系，这种模型网格顶点与骨骼之间的绑定关系即为蒙皮。当确定了顶点和骨骼的绑定关系后，顶点在骨骼空间的相对位置就确定下来了，骨骼更新后，可以计算出新的顶点位置，骨骼的运动将带动模型顶点运动。

在图 4.12 中，假设模型空间中有一个点 P，与骨骼绑定，绑定关系发生在时刻 t_0，这时的骨骼姿态通常称为 TPose。P 点与骨骼 i 绑定后，P 相对骨骼 i 的位置就确定下来，记为 P_{local}，在此后的骨骼运动中，P_{local} 始终保持不变。

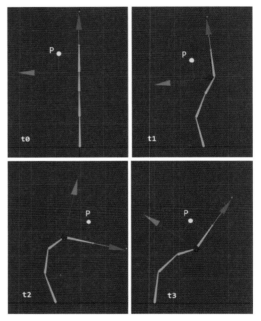

图 4.12   模型空间的顶点与骨骼绑定

为了计算出 P_{local}，我们需要计算时刻 t_0，模型空间变换到骨骼空间的变换矩阵，在前面 1.2.5 节中我们已经推导出从骨骼变换到模型空间的矩阵 $M_{i\text{ to model}}$，对其逆即可得到 $M_{i\text{ to model}}^{-1}$，因此：

$$P_{\text{local}} = P \cdot M_{i\text{ to model}}^{-1} \quad (4.7)$$

在任意时刻 t，骨骼发生运动，P 点跟随骨骼运动，骨骼变换到模型空间的矩阵为 $M_{i\text{ to model }(t)}$，那么 P 点在模型空间中新的位置为 P_t：

$$P_t = P_{\text{local}} \cdot M_{i\text{ to model }(t)} \quad (4.8)$$

将 P_local 代入上式：

$$P_t = P \cdot M_{i\,\text{to model}}^{-1} \cdot M_{i\,\text{to model}\,(t)} \qquad （4.9）$$

并且记：

$$M_{i\,\text{anim}\,(t)} = M_{i\,\text{to model}}^{-1} \cdot M_{i\,\text{to model}\,(t)} \qquad （4.10）$$

那么，利用

$$P_t = P \cdot M_{i\,\text{anim}\,(t)} \qquad （4.11）$$

即可求解任意时刻 t，P 点的运动状态，其中 $M_{i\,\text{to model}}^{-1}$ 是在蒙皮时确定的，在动画过程中保持不变，可以视为一个常量矩阵。

如图 4.13 所示，如果顶点只与一根骨骼绑定，在骨骼连接的关节处，网格过渡会比较生硬。因此，通常会为每个顶点指定多个影响骨骼，并确定每根骨骼的影响权重，使得关节连接处的网格变形更为平滑。

图 4.13　硬蒙皮和软蒙皮效果

在关节复杂的部位，顶点蒙皮的骨骼越多，蒙皮效果越好，但考虑到运行时计算效率，以及 GPU 寄存器数量限制（为了提升蒙皮计算速度，会使用 GPU 来完成蒙皮运算），通常每个顶点受 4 根骨骼影响。因此，每个顶点需要记录 4 根骨骼的索引 b_0、b_1、b_2、b_3，以及 4 根骨骼的权重信息 W_0、W_1、W_2、W_3。由于 W_0、W_1、W_2、W_3 之和为 1，实际上只需存储 W_0、W_1 和 W_2，剩下的 W_3 可以在运行时计算。

当顶点受到 4 根骨骼影响，首先我们按上面的方式计算出顶点单独受某根骨骼影响的结果：

$$P_{0t} = P \cdot M_{0\,\text{anim}\,(t)}$$
$$P_{1t} = P \cdot M_{1\,\text{anim}\,(t)}$$
$$P_{2t} = P \cdot M_{2\,\text{anim}\,(t)}$$
$$P_{3t} = P \cdot M_{3\,\text{anim}\,(t)}$$

然后根据权重信息插值，最终顶点在模型空间的位置为：

$$P_t = P_{0t} \cdot W_0 + P_{1t} \cdot W_1 + P_{2t} \cdot W_2 + P_{3t} \cdot W_3$$

/ 蒙皮制作过程

蒙皮的制作是一项要求较高，且较为烦琐的工作，蒙皮的质量会直接影响模型的动画效果，特别是在复杂的关节处，需要仔细设置每个顶点受哪些骨骼影响，且合理分配骨骼之间的影响权重（参见图 4.14）。

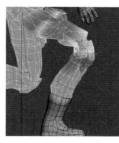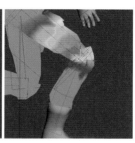

图 4.14　通过调整骨骼权重修复蒙皮缺陷

3D 建模软件会提供专业的蒙皮工具，加快美术人员的制作效率。通常会提供笔刷工具方便美术人员刷权重信息，不同颜色代表不同的骨骼权重。通过可视化，美术人员能够细致地调整顶点权重。

1.3.3　角色换装系统

如图 4.15 所示，游戏中，一个角色通常有多套服装，如果你的游戏角色支持动态更换服装，就需要建立一套换装系统。为了保持换装过程中动作连贯，换装过程中应该保持骨架不变，只更换蒙皮的 Mesh 网格。

对于角色骨架，通常有两种做法，一种是建立一个大而全的骨架，包含了所有的装备骨骼，然后基于这套大而全的骨架制作动画。其优点是运行时适配比较简单，缺点是骨架的骨骼数量较多，动画文件较大。另一种做法是，将骨架分为主体骨架及多个子骨架，运行时动态拼接。优点是结构较为灵活，动画文件尺寸较小，缺点是管理较为复杂，需要管理子骨骼的动画播放。

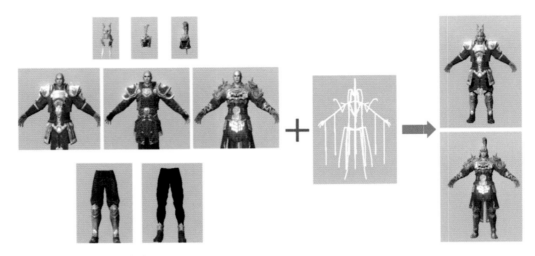

图 4.15　角色多套装备组合换装

/ 骨骼蒙皮实现过程

当美术制作完骨架和模型网格后，就要进行蒙皮操作，将模型的顶点与骨骼绑定。蒙皮完成后，每根骨骼的 $M_{i \text{ to model}}^{-1}$ 矩阵就会确定，这个矩阵是与蒙皮时骨骼姿态相关的。同一套骨架可能会对应多套模型，每套模型在蒙皮时，骨架摆出的姿态可能不同，因此骨骼的 $M_{i \text{ to model}}^{-1}$ 矩阵应该与模型一起存储。假设导出一个带蒙皮的模型，该模型蒙皮用到骨架中的一部分根骨骼，该模型应该存储用到的骨骼信息，见表 4.1。

表 4.1　骨骼信息表

骨骼编号	骨骼名称	模型到骨骼空间变换矩阵
0	Bone i	$M_{i \text{ to model}}^{-1}$
1	Bone c	$M_{c \text{ to model}}^{-1}$
2	Bone b	$M_{b \text{ to model}}^{-1}$
…	…	
m	Bone f	$M_{f \text{ to model}}^{-1}$

将用到的骨骼按一定顺序排列，每根骨骼有一个序号，该模型中的顶点蒙皮用到的骨骼就可以记录序号。每个顶点需要记录的信息为：

- 模型空间中的三维位置 (x, y, z)
- 第一根骨骼序号
- 第二根骨骼序号
- 第三根骨骼序号
- 第四根骨骼序号
- 第一根骨骼权重
- 第二根骨骼权重
- 第三根骨骼权重

运行时，骨架运行动画后，得到每根骨骼变换到模型空间的矩阵 $M_{i \text{ to model} (t)}$，根据前面推导的公式：

$$M_{i\,\text{anim}\,(t)} = M_{i\,\text{to model}}^{-1} \cdot M_{i\,\text{to model}\,(t)} \tag{4.12}$$

$$P_t = P \cdot M_{i\,\text{anim}\,(t)} \tag{4.13}$$

需要计算好每根矩阵的 $M_{i\,\text{anim}\,(t)}$，由于顶点数量较多，如果使用 CPU 进行蒙皮运算 $P_t = P \cdot M_{i\,\text{anim}\,(t)}$，效率较低，而且每帧需要更新顶点数据到 GPU 显存也会造成性能损失。如果利用 GPU 并行架构来完成蒙皮计算，则能获得很大的性能提升，因此骨骼蒙皮计算都是放在 GPU 中运行（参见图 4.16）。

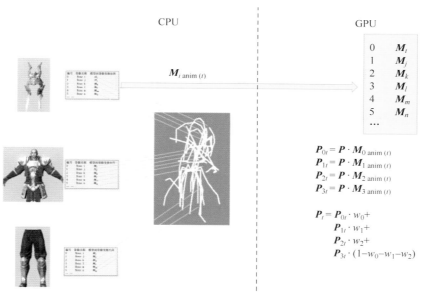

图 4.16　CPU 与 GPU 分工图

图 4.16 中，角色模型分为帽子、上身、腿部三部分，CPU 先对整体骨架播放的动画进行插值运算，得到每根骨骼的变换矩阵 $M_{i\,\text{to model}\,(t)}$，然后逐个部分进行渲染。例如帽子部分用到骨架中的一小部分骨骼，帽子模型中记录了这些骨骼的 $M_{i\,\text{to model}}^{-1}$ 矩阵，将 $M_{i\,\text{to model}}^{-1}$ 与 $M_{i\,\text{to model}\,(t)}$ 相乘得到 $M_{i\,\text{anim}\,(t)}$，并将这些 $M_{i\,\text{anim}\,(t)}$ 传输到 GPU 的寄存器中。GPU 从顶点数据中获得该顶点受到哪 4 个骨骼影响，以及 3 个权重信息，然后进行蒙皮运算，得到蒙皮后模型空间的新位置。

4.1.4　动作融合

前面的章节阐述了在骨架上播放动画的原理和实现过程，但实际游戏中，角色播放动画的情况要复杂很多。在某一时刻，骨架上可能同时播放多个动画，例如角色从 idle 动作过渡到 run 动作的过渡期间，骨架上会同时播放 idle 和 run 的动作。另外，骨架的不同部分也可能同时播放不同的动作，例如角色持枪跑动时，头部骨骼可能在播放说话的动作，上半身骨骼在播放持枪动作，下半身骨骼在播放跑步动作。动画数据是基本素材，动作融合是加工手段，只有通过巧妙精心的动作融合才能产生具有真实感的动作效果。本节将讲述动作融合的原理及各种融合技巧。

/ 动作融合原理

通常情况下，动作融合发生在骨骼局部空间，对任意骨骼 i，若有 n 个动画同时播放 A_1，A_2，$\cdots$，A_n，这 n 个动画的播放时间进度为 t_1，t_2，$\cdots$，t_n，且权重分布为 r_1，r_2，$\cdots$，r_n。融合结果的计算方法为，

对每个动画 A 根据时间进度 t 插值出该骨骼的缩放、旋转和平移数据 (SRT)，对 SRT 根据权重分布 r 进行插值，得到最终的 SRT 数据：

$$S = S_1 \cdot r_1 + S_2 \cdot r_2 + \cdots + S_n \cdot r_n$$
$$R = R_1 \cdot r_1 + R_2 \cdot r_2 + \cdots + R_n \cdot r_n \qquad (4.14)$$
$$T = T_1 \cdot r_1 + T_2 \cdot r_2 + \cdots + T_n \cdot r_n$$

其中 S 和 T 为线性插值，R 为球面插值。当得到了每根骨骼的 SRT 数据后，剩下的骨架姿态还原和蒙皮计算与 4.1.3 节描述一致。

在骨骼局部空间进行动画融合，非常容易将多个动画融合到一起，不会出现骨骼畸形、拉裂的现象，因为一般的动画不会缩放或拉长骨骼，只是对骨骼进行旋转，多个动画融合后，骨骼的长度和缩放能够保持不变。但有的情况下，则需要在模型空间进行动作融合，例如在上下半身融合情况下，上半身（腰部以上）骨骼播放攻击动画，其余骨骼播放跑步动画，如果在骨骼局部空间进行融合，上半身骨骼的面向会受臀部骨骼的晃动影响。为了保持上半身攻击动画的方向，需要在模型空间进行动作融合。

模型空间的动作融合，需要分别计算每个动画应用后在模型空间的骨架姿态，然后根据每根骨骼的融合权重信息计算骨骼在模型空间的最终变换矩阵 $M_{i\,to\,model}$。模型空间动作融合后，骨骼长度可能会发生变化，导致骨架畸形，因此一般要避免在模型空间进行平移插值。

/ 动作层

角色在播放多个动作时，有时候新播放的动作需要结束之前的动作，例如人物从站立到跑动时，跑步动作会结束站立动作。有时候，新播放的动作需要与现有动作共存，例如人物站立时突然受击，播放完受击动作后，需要恢复成站立动作。为了方便骨架管理多个动画的播放逻辑，可以使用动作层结构。我们为骨架定义多个动作层，在每个动作层里，新加的动作会结束旧的动作，可以定义一个过渡时间来完成新旧动作更替。动作层之间相互独立，互不影响，层之间具有优先级排列，优先级高的层里面的动作优先表现，如图 4.17 所示。

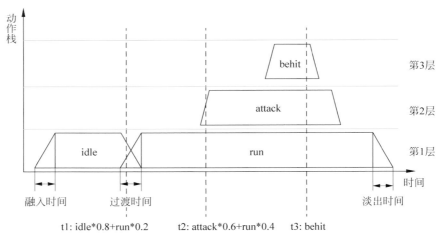

图 4.17　动作层示意图

图 4.17 中，骨架定义了 3 个动作层，第一层播放站立 (idle) 和跑步 (run) 动作，第二层播放攻击 (attack) 动作，第三层播放受击 (behit) 动作。当角色从 idle 进入 run 动作时，有一个过渡阶段，例如在 t1 时刻，idle 和 run 进行融合过渡，idle 占 80%，run 占 20%。在 run 动作运行

过程中，骨架在第 2 层播放了一个 attack 动
作，attack 动作有一定的融入时间，在 t_2 时刻，
骨架最终姿态将由 60% 的 attack 和 40% 的
run 融合而成。接着，骨架在第 3 层播放了一
个受击动作，在 t_3 时刻，骨架将完全表现为
behit 动作，虽然 attack 和 run 没有影响骨架，
但播放逻辑正常运行。

/ 上下半身融合

上下半身融合是动作融合中比较难处理的一种
融合，通常表现为角色跑动中上半身播放攻击
或者受击动作。该动作融合通常有如下几种
方法：

1. 骨骼空间动作融合

在骨骼空间进行融合是一种较为简单的处理方
法。首先，控制上半身动作只影响腰部以上骨
骼，腰部以下的骨骼都播放跑步动作，这样能
实现上半身播放攻击动作，下半身播放跑步动
作。在骨骼空间融合一个较大的问题是，上半
身肢体的方向容易被跑步动作影响，跑步时，
盆骨的晃动会影响上半身的旋转。因为骨架是
以树状结构组织的，人形骨骼系统的组织关系
如图 4.18 所示。

```
▾ biped
  ▾ biped Pelvis
    ▾ biped Spine
      ▾ biped Spine1
        ▾ biped Neck
          ▸ biped Head
          ▸ biped L Clavicle
          ▸ biped R Clavicle
    ▾ biped L Thigh
      ▾ biped L Calf
        ▾ biped L Foot
          └ biped L Toe0
        └ biped LCalfTwist
    ▾ biped R Thigh
      ▾ biped R Calf
        ▾ biped R Foot
          └ biped R Toe0
        └ biped RCalfTwist
```

图 4.18　人形骨骼组织结构

如图 4.18 所示，腰部骨骼 biped Spine 的父
骨骼为盆骨 Pelvis，而 Pelvis 完全受到跑步
动画控制，Pelvis 会影响上半身的朝向，使得
攻击方向发生偏离。

图 4.19 中，左边为角色跑步动画，中间为角
色攻击动画，右边为跑步和攻击动画融合后的
效果，上半身方向发生严重的偏离。

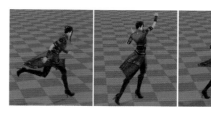

图 4.19　受 Pelvis 影响，上半身方向偏离

2. 模型空间动作融合

为了修正上半身受 pelvis 旋转影响产生的偏离，
我们需要在模型空间恢复上半身旋转。首先，
对腰部到根骨骼的骨骼链计算攻击动画影响的
结果，得到腰部骨骼在模型空间的旋转信息并
记录下来，接下来在骨骼局部空间做跑步和攻
击动作融合，然后根据记录的腰部骨骼在模型
空间的旋转信息纠正腰部骨骼的旋转，恢复腰
部做攻击动画时的朝向。结果如图 4.20 所示。

图 4.20　在模型空间旋转融合

3. 分量动作融合

上面介绍的骨骼局部空间融合与模型空间融
合，都达不到非常理想的融合效果，上半身动
作表现比较僵硬，这是因为攻击动作没有影响
根骨骼 biped，根骨骼 biped 完全由跑步动
作控制。根骨骼的运动对骨骼的整体动画效果

影响非常大，单独播放攻击动作，可以看到根骨骼会有明显的位移和旋转。如果让攻击动作影响根骨骼，可以看到上半身的动作效果好很多，因此，有必要让攻击动作影响根骨骼的运动。如果进一步分析多种不同的攻击动作，会发现不同的动作对根骨骼的控制方式有较大的差异，有些攻击动作具有较大的上下起伏，有些攻击动作有明显的旋转。如果在根骨骼上，按一定的比例融合跑步和攻击动作，还是很难达到理想的融合效果的。

分量动作融合是在骨骼的 6 个自由度（XYZ 轴的平移和旋转）分别进行动作融合，每一个自由度的融合比例都可以不同，因此可以做到非常细致的影响融合效果。例如，攻击动作有较大的起伏和 yaw 旋转，可以控制根骨骼 Y 轴的平移与旋转受到攻击动作影响多一些，XZ 轴的平移和旋转受跑步动作影响多一些。

但是修改根骨骼会影响腿部骨骼 (Thigh/Calf/Foot) 的运动，使得下半身的跑步动作受到影响，产生踏步不稳的问题，这需要用到反向动力学 IK(Inverse Kinematics) 恢复 Foot 节点位置，IK 方法将在后面的章节介绍。

图 4.21 为使用分量动作融合的效果，根骨骼的 Y 轴旋转和平移同时受跑步和攻击动作影响，其他分量只受跑步动作影响。

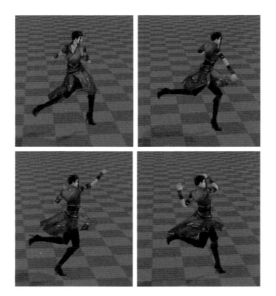

图 4.21　使用分量动作融合的效果

动作融合效果的好坏取决于融合时各种细节的处理，融合时机是一个非常重要的考虑。例如角色在跑动中突然跳跃，这时需要从跑步动作过渡到跳跃动作，假如跳跃动作第一帧是右脚踏地起跳，角色当前姿态并不是右脚踏地状态，如果两个动作过渡融合，腿部融合结果会非常奇怪；如果等到右脚踏地时再融合起跳动作，融合的过渡效果会比较顺畅自然。等待可能会带来响应延迟的问题，为了减少延迟，可以增加左脚起跳的动画（或者使用动画镜像处理），增强响应灵敏度。

当骨骼同时播放多个动画时，需要考虑动画之间的同步，一个典型的例子是，角色从 walk 动作过渡到 run 动作，腿部骨骼同时播放 walk 和 run 动画。由于 walk 和 run 动作的播放进度不同，而且动作长度也不相同，当 walk 动作可能是左脚踏地时，run 动作可能正好播放到右脚踏地，这样融合出来腿部的效果会非常奇怪。为了解决这个问题，需要对两个动作进行同步处理，即保证两个动画播放的进度能够同时到达左脚着地，或者右脚着地。我们需要在 walk 和 run 动画中，标记左脚踏地和右脚踏地的时间点，播放的时候，以融合比例最大的动作为参考，调整其他动作的播放进度。

如图 4.22 所示，walk 和 run 动作都标记了左右脚踏地的位置点，假设 walk 动作融合比例较大，为主要动作，walk 动作按正常速度播放，run 动作的播放进度参考 walk 播放进度确定。为了方便计算 run 的播放进度，我们引入同步轴的工具，将 walk 动作的进度转换成同步时间，然后再将同步时间转换成 run 动作的进度。

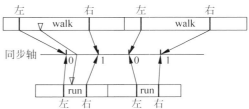

图 4.22　动作同步示意图

左右脚踏地同步对角色移动的融合效果非常重要，融合时，所有的移动动作都需要标记踏地时间点，为了减少编辑工作，踏地时间点可以利用程序自动计算，通过分析脚踝和脚趾骨骼的运动曲线来获得。

/ 动作叠加

动作叠加是在当前骨骼状态下，叠加平移、旋转和缩放量。与前面描述的动作融合不同，动作融合是骨骼在两种动作的 SRT 中进行插值，插值结果处于两者的中间状态，而动作叠加是加法操作。动作叠加可以实现一些动作融合无法达到的效果。例如，要实现角色上半身从左边转向右边看的动画效果，如果使用站立动画与转向动画融合，角色不能转向最大的角度，因为融合后骨架为两者的中间姿态。此外，如果角色的站立姿态发生变化，例如手上端着武器，融合后，手部的姿态也不正确。动作叠加能很好解决这个问题，我们只要从转身动画中获取骨骼的叠加分量，叠加到角色当前姿态上就可以，无论角色的站立姿态有何变化，都能实现很好的转身效果。

叠加动画通常有下面几种应用：

（1）实现面向指向，例如角色朝某个方向看，或者端枪指向目标。可以做一个腰部从左边转向右边的动画，动画的帧数与角色的指向方向之间可以建立一个映射关系，从转向动画中提取匹配的动作帧，将腰部骨骼的转向增加量，叠加到当前持枪站立的动画姿态上。图 4.23 为持枪站立动作与转身动作叠加后的结果。

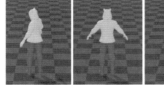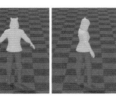

图 4.23　转身动作（左图）与持枪动作（中图）叠加后的效果

（2）实现面部骨骼说话效果，将面部骨骼说话的动画以叠加方式融合，能够与任意状态的面部骨骼姿态融合。

（3）实现一些有规律的抖动效果，比如玩家所在区域发生震动，可以使用叠加方式融合一个震动动画，无论角色走路和跑步，都能呈现出身体抖动的效果。

4.1.5　动作编辑与管理

前面的内容讲述了动画系统的基本原理，在实际的游戏开发中，角色的动画表现与行为逻辑是紧密关联的。角色的每个动画都对应着相应的逻辑，游戏内容越丰富，对动画细节要求越高，所需的动画数量就越多。在制作精良的 MMO 或动作游戏中，一个角色的动作数量可达数千个。以角色基本移动为例，角色的动作可以分为多个阶段：待机阶段、待机到跑步过渡阶段、跑步阶段、停步刹车阶段等。其中的每一阶段都可以细化出很多动画需求，以跑步阶段为例，可以根据不同速度细分出慢步走、疾走、小跑、疾跑；根据不同的运动方向细分左转弯、右转弯、180°转弯动作；根据不同的地形条件需要增加上坡、下坡动作；根据人物持有的武器类型，需要空手、短武器、长武器等。如果想把基本移动的动画效果做到极致，可能需要数百个动画。由此可见，动作的编辑与管理非常复杂。

商业引擎动作编辑管理

在早期的游戏开发中，由于角色的动作表现比较简单，通常是使用脚本逻辑来管理动画播放的。客户端引擎会提供基本的动画操作接口供脚本调用，如动画的加载、播放、停止等，脚本逻辑调用这些接口实现角色的动画播放。例如，玩家按下 W 键时，播放跑步动画，松开按键停止跑步动画，回到待机动画，角色的行为逻辑和动画播放都在脚本中实现。随着角色的行为逻辑越来越复杂，对动画的细节表现要求越来越高，脚本逻辑实现的方式已经无法满足要求，主要存在以下弊端：

（1）开发效率低下，每个功能的实现，需要程序、策划和美术共同参与完成。以实现角色攻击效果为例，策划需要制定动作规范，包括动画的表现、时长、命名等信息；美术完成动画制作，并导入到项目资源中；程序需要将策划填写的表格导出成脚本数据，然后编写逻辑，需要等到程序写完代码后，才能看到实际的运行效果。在这种情况下，策划、美术和程序三种角色紧密耦合在一起，使得制作、修改流程变的冗长，效率低下。

（2）提升效果表现困难，当需要改进动作表现的时候，无法做到所见即所得。一方面由于制作过程冗长，改进的成本很大；另一方面，效果的提升需要程序员通过脚本实现，会遇到很多代码结构的限制。

（3）运行时执行效率较低，脚本逻辑一般选用动态语言（如 Python、Lua），其执行效率较低，使用脚本实现大量的动画细节，会影响游戏运行性能。

因此，游戏开发逐渐摒弃这种实现方法，而是利用角色动画编辑器，对动画表效果进行编辑，脚本程序只关注上层的逻辑实现，而策划和美术则实现动画细节表现。

为了让策划和美术能够完成动画表现的制作，引擎需要提供角色行为编辑器，能以所见即所得的方式编辑角色行为的动画效果。目前主流的游戏引擎，例如 UnrealEngine4、Unity 3D，以及专业的第三方动画系统，例如 Morpheme、Havok，都对动画编辑提供了不同程度的支持。UnrealEngine4 是目前应用最为广泛的商业引擎，它的动画系统较为成熟，从角色骨架、动画资源的导入，到角色逻辑的控制，以及动画表现的制作，都提供了比较完善的支持。

Blueprint 是 UnrealEngine 独特的游戏脚本系统，提供了可视化的编程环境，使得不懂编程的人也能进行逻辑开发。在 UE4 动画系统工作流程中，Player Controller Blueprint 主要处理玩家的操作输入；Character Blueprint 接收到输入信息后，会决定角色要做出什么行为，例如是奔跑还是跳跃；Animation Blueprint 则实现具体的动画细节表现，计算出每帧骨骼姿态。Character Blueprint 负责更上层的逻辑，而 Animation Blueprint 则专注具体的动画表现。

Animation Blueprint 中有两个主要的部分：AnimGraph 和 EventGraph。AnimGraph 包含了状态机、混合空间、动画节点，可以最终产生骨骼姿态；EventGraph 主要用于更新 AnimGraph 中所需的变量。

UnrealEngine4 通过强大的可视化编辑器，使得策划、美术和程序可以共同参与动画功能的实现，非常方便对动画细节表现进行扩展，所见即所得的编辑方式大大提升了开发效率。

NaturalMotion 公司开发的 Morpheme 与 Euphoria 是目前市面上最为专业的动画系统。Morpheme 和 Euphoria 可以作为中间件与游戏引擎整合，其客户包括 Sony、EA、Konami、Capcom 等著名的游戏公司，应用的游戏有《荒野大镖客》《侠盗猎车手》《地平线：黎明时分》《杀戮地带》《铁拳》《合金装备》等 3A 大作。

Morpheme 提供了一套可视化的动画编辑工具，包括状态机、融合树以及各种功能节点，支持真实的 IK 和物理计算。Morpheme 提供的编辑功能非常强大，用户可非常方便控制动作融合，并实时预览生成的效果。

Euphoria 是一套实时动画生成引擎，利用该引擎创造出的 3D 人物拥有真实的骨骼、肌肉，它能够依照人体工学、生物力学原理，使人物产生极为逼真的动作，并对环境产生即时反应。Euphoria 可以让制作人员不必提前编排角色的反应，而是由动画引擎通过计算动作力度等多重变量来决定游戏中的人物模型将会如何反应，因此每次的计算结果都会有所不同。Euphoria 的代表作品是 Rockstar 公司出品的《侠盗猎车手》和《荒野大镖客：救赎》。其中《荒野大镖客：救赎》开发历时 8 年，耗资约 8 亿美元，于 2018 年 10 月发布，是迄今为止游戏开发技术的巅峰之作，尤其是动画效果表现，树立了一个新的标杆。Rockstar 对 Euphoria 进行了深度改造，加强了人物和动物的物理效果和反应。举个例子，如果玩家正在骑马，而这时马被敌人枪械击中，那么玩家有可能会被击落下马，被马镫缠住，甚至有可能被马压在身下。

/ 行为图（Behavior Graph）

上面介绍了商业游戏引擎的工作模式，它们都提供了一个可视化的编辑器，用户可以通过增加节点和连线实现想要的动画效果。我们把这种可视化编辑结果称作行为图（Behavior Graph，或简称 Graph），用户编辑后，保存成 Graph 文件，供游戏运行时调用。Behavior Graph 由很多种功能节点组成，每一种功能节点实现特定的功能，例如动画节点提供动画资源播放控制，融合节点实现多个动作融合，数学节点实现数学运算等，用户可以像搭积木一样，利用各种功能节点实现想要的动画效果。为了实现 Graph 与脚本逻辑之间交互，Graph 需要提供事件 (Event)、变量 (Variable) 和通知 (Notifier)，当脚本

逻辑状态发生变化，例如玩家按下跳跃键，进入跳跃状态，脚本需要给 Graph 发送跳跃事件 (Event)，让 Graph 的状态跳转到跳跃分支，播放跳跃动画。同时，脚本还可以通过变量 (Variable)，控制跳跃的速度、高度。Graph 使用通知 (Notifier) 告诉脚本状态变化，例如跳跃落地后，通过 Notifier 告诉脚本完成跳跃（参见图 4.24）。

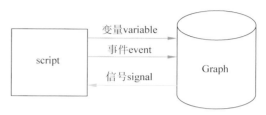

图 4.24　Graph 与脚本逻辑交互

/ 逻辑与表现分离

要实现动画细节可编辑，其中的关键是要将逻辑和细节表现分离开来。在完全使用脚本实现的模式下，逻辑和表现混杂在一起，提升动画细节表现比较困难，如果能将动画表现的部分提取出来，使用编辑器进行编辑，就比较容易扩展动画的细节。对于一个游戏功能来说，需要划分哪些事情是脚本应该做的，哪些事情是可以通过编辑 Graph 实现的。一般来说，脚本应该负责的事情主要有：

（1）处理用户的输入；

（2）管理角色状态的变化，脚本中可以管理一个状态机，处理角色各种状态的转换，但不实现状态的具体表现，具体的动画表现在 Graph 中实现；

（3）处理 Graph 发来的 Notifier，即处理 Graph 的运行反馈，例如 Graph 播放一个挥砍攻击动作时，会在合适的动画帧通知脚本做伤害结算。

Graph 中主要实现角色的动画、特效、声音的播放，以及实现对角色的位移控制。以发射一个飞行火球击中敌人的过程为例，脚本需要处理的工作有：

（1）创建火球对象；

（2）为火球加载对应的 Graph；

（3）处理火球击中事件。

脚本中只要处理上层的逻辑即可，火球的飞行、击中判断交给 Graph 去实现。在 Graph 编辑器中，可以通过驱动类型的节点，编辑火球的飞行轨迹和飞行过程中的旋转。通过在火球上附加碰撞检测节点，可以在飞行过程中实现碰撞检测，判断是否击中目标后，还可以定义击中目标后火球的爆炸表现。

通过这种方式进行内容开发，可以大大提高开发效率。首先，效果表现从脚本中剥离后，脚本实现的逻辑更简单健壮，容易维护；其次，策划不需要等待脚本功能实现后才开始编辑 Graph，他们可以预先在编辑器中制作出火球的飞行效果；再次，使用所见即所得的编辑，能快速改进，容易做出高品质的效果表现。

逻辑与表现分离的基本的原则是：

（1）脚本尽量开放，让 Graph 编辑有更大的空间。一方面，脚本实现的功能越少，脚本结构越健壮稳定；另一方面，Graph 可以控制的东西越多，策划和美术发挥的空间就越大。

（2）脚本和 Graph 尽量减少耦合。脚本通过 Event、Variable 和 Notifier 与 Graph 通信，将 Graph 看成一个黑箱，不依赖 Graph 中的编辑结构。脚本和 Graph 应该是一种弱关联，应该避免 Graph 内容修改影响脚本逻辑。

/ 状态机（StateMachine）

状态机是 Graph 中最常见也是最重要的一种结构，角色在游戏中经常进行各种状态的切换，例如从站立待机切换到奔跑，从战斗切换到死亡，从飞行切换到游泳等等，状态机很适合描述这种变化。状态机由状态节点 (Node) 和连线 (Transition) 组成一个图状结构，每个节点定义了一种角色的状态，通过连线互相连接。连线具有方向性，定义了节点过渡的条件、动作过渡时间等信息。任何时刻，只有一个节点处于激活状态，只有处于激活状态的节点才能

接收事件 (Event)，执行状态转移。图 4.25 为一个状态机结构。

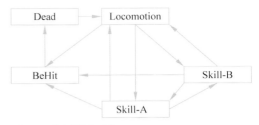

图 4.25　状态机结构示意

图 4.25 中，包含了移动 (Locomotion)、技能 A(Skill-A)、技能 B(Skill-B)、受击 (BeHit)、死亡 (Dead) 共 5 个状态，连线定义了哪些状态之间可以转换。例如，当角色处于 Locomotion 节点时，受不同的事件触发，可以过渡到 BeHit、Skill-A 或者 Skill-B，而 Dead 状态只能过渡到 Locomotion。

状态机可以支持多层嵌套，即状态机节点也是一个状态机。例如上面的例子中，Locomotion 节点处理移动，其内部也可以是一个状态机，包含待机和奔跑状态，而待机内部又可以是一个包含站立、蹲下的状态机，跑步状态内部可以是一个包含空手跑、持枪跑、的状态机（参见图 4.26）。

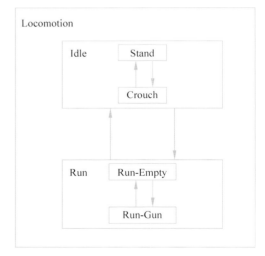

图 4.26　状态机嵌套

状态机的一个缺点就是，当状态节点比较多，且节点之间的转换较多的时候，Graph 可能会变得非常复杂，如图 4.27 所示。

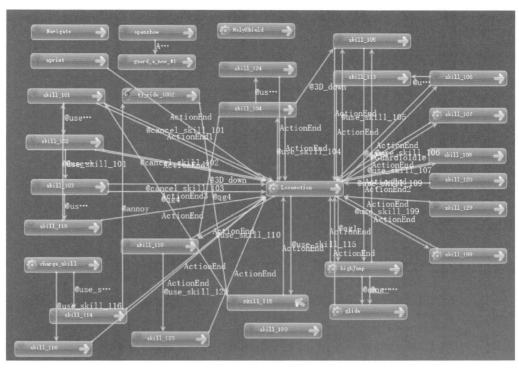

图 4.27　一个复杂状态机示意

当状态机变得很复杂的时候，很难进行管理和维护。想要改变这种状况，一方面可以对结构进行调整，利用状态机多层嵌套，让结构更简单易读；另一方面可以在运行时使用动态连线技术，即编辑的时候不进行节点间连接，运行时通过跳转功能实现节点间过渡。

4.2　程序动画

程序动画是指运行时对骨骼的变换矩阵进行修改，以达到改变骨架姿态的目的。程序动画不必依赖于动画资源，可以通过一些参数，灵活修改当前骨骼姿态，能够与当前的环境实现交互，具有动作融合控制不可比拟的优点。程序动画应用场景很多，以下为一些应用场景：

- 控制风车的旋转，根据环境风速参数调节旋转的速度；
- 控制花草树木随风摆动；
- 使用魔法后，角色腰部变粗，手臂变大；

- 角色在不平坦地形移动时，腿部弯曲姿态能够匹配地形的起伏；

- 角色盯着某个目标观察时，调整骨骼姿态；

- 开车时，让角色的手部能握紧方向盘。

程序动画的实现方法分正向运动学（Forward Kinematics，FK）和反向运动学（Inverse Kinematics，IK）。FK 是在骨骼局部空间修改骨骼姿态，对父骨骼的修改会影响子骨骼的姿态，例如修改腰部骨骼的旋转，所有腰部骨骼的子骨骼，如脖子、头部、肩部、手臂都会受到影响。IK 则是先确定子骨骼的位置，然后反算出父骨骼姿态，例如需要调整手臂，让手握住门把手，手掌和肩膀的位置是固定的，需要反算出肘部关节的位置。

程序动画通常和动作融合配合使用，一般先做动作融合，然后使用程序动画对骨骼姿态进行调整。例如要表现角色开门的过程，可以先让角色播放预制好的开门动画，游戏运行时由于角色站位偏差，手掌可能无法对准门把，然后应用 IK 调整手臂和手腕的姿态，使得手掌能抓住门把。

4.2.1 正向运动学应用

正向运动学修改父骨骼变换矩阵，影响所有子骨骼的运动姿态。以控制风车旋转为例，我们需要为风扇的转轴骨骼施加一个旋转矩阵。对骨骼变换矩阵的控制，可以分解为缩放、旋转、平移控制。其中，缩放和平移矩阵为：

$$
\begin{pmatrix} S_x & 0 & 0 & 0 \\ 0 & S_y & 0 & 0 \\ 0 & 0 & S_z & 0 \\ 0 & 0 & 0 & 1 \end{pmatrix} \quad \begin{pmatrix} 1 & 0 & 0 & 0 \\ 0 & 1 & 0 & 0 \\ 0 & 0 & 1 & 0 \\ T_x & T_y & T_z & 1 \end{pmatrix} \tag{4.15}
$$

旋转可以使用四元数表达，或者使用欧拉角旋转矩阵表达，绕 X、Y、Z 轴旋转 θ 角的变换矩阵分别为：

$$
\begin{pmatrix} 1 & 0 & 0 & 0 \\ 0 & \cos\theta & \sin\theta & 0 \\ 0 & -\sin\theta & \cos\theta & 0 \\ 0 & 0 & 0 & 1 \end{pmatrix} \begin{pmatrix} \cos\theta & 0 & -\sin\theta & 0 \\ 0 & 1 & 0 & 0 \\ \sin\theta & 0 & \cos\theta & 0 \\ 0 & 0 & 0 & 1 \end{pmatrix} \begin{pmatrix} \cos\theta & \sin\theta & 0 & 0 \\ -\sin\theta & \cos\theta & 0 & 0 \\ 0 & 0 & 1 & 0 \\ 0 & 0 & 0 & 1 \end{pmatrix} \tag{4.16}
$$

由于矩阵的乘法不满足交换律，因此要小心处理矩阵之间的乘法顺序，不同的顺序会导致不同的变换结果。

计算出骨骼所需的修改矩阵后，要考虑该矩阵是乘在动作融合计算后的矩阵之前还是之后。以对骨骼旋转为例，如果旋转是绕自身坐标系进行的，应该乘在已有结果之前；如果旋转是绕父坐标系，应该乘在已有结果之后。例如，图 4.28 中要控制风车叶片进行旋转，根据建模时的骨骼布局，绕 X 轴旋转可以控制叶片旋转，因此根据旋转角度构造一个绕 X 轴旋转的矩阵 M，将这个 M 乘在该骨骼变换矩阵之前，即可实现控制叶片旋转动画。

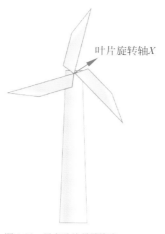

叶片旋转轴X

图 4.28 风车叶片骨骼姿态

4.2.2 反向运动学应用

反向动力学的应用情况是，已知末端骨骼要到达某个位置，求解父骨骼的姿态。例如要将手掌移动到门把的位置，需要求解肩膀和肘部骨骼的旋转量。通常 IK 求解有以下三种方法。

/ 三角解析法

三角解析法适合求解骨骼数量 3 根的情况，通过使用三角函数求解出骨骼的旋转。首先，考虑只有 2 根骨骼的情况。

如图 4.29 所示，C 为父骨骼，P 为子骨骼，要求将 P 移动到 P' 位置，需要求解 C 骨骼的旋转。C、P、P' 三点构成一个平面，通过叉乘可计算出平面的法向量 N，因此可以通过 N 和夹角 a 构造一个旋转矩阵，将该矩阵应用于 C 骨骼变换之前即可。

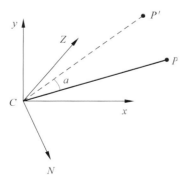

图 4.29 根骨骼 IK 示意图

如果是 3 根骨骼，情况要复杂一些，如图 4.30 所示，B 为 C 的父骨骼，需要通过旋转 B；C 骨骼，使得末端 P 骨骼到达 P'。通过三角解析求解，C' 位于以 K 为圆心，r 为半径的圆周上，要得到合理的 C' 位置，需要添加约束条件。如果是手臂 IK，可以定义肘部抬起的角度，如果是腿部 IK，可以参考角色朝前的方向。确定 C' 位置后，可以计算出 B 和 C 骨骼的控制旋转矩阵。

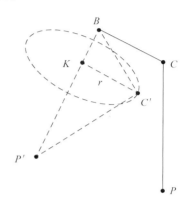

图 4.30 根骨骼 IK 示意图

三角解析法的优点是求解精确，运算速度快，但只能处理 3 节骨骼的情况。在人形骨架 IK 求解中，所幸的是最常用的手臂和腿部 IK 求解都满足这个条件，即便骨骼数量超过 3 节，也可以通过一些处理，简化成 3 节骨骼 IK 求解。例如，当手掌要抓住某个点，为了使动作更加协调，需要让上半身都参与移动，即需要调整从根骨骼到手腕整个骨骼链（超过 7 根骨骼）。我们可以先对手掌和目标点的距离进行评估，决定躯干节点需要做多大的调整，首先对躯干节点进行粗调，使得腰部和肩膀做一定的弯曲和旋转，让手掌更容易到达目标。这部分参数可以根据经验设置，只要看上去较为自然就可以了，在现实中，不同的人，在不同的状态下，这种情况下的调整也是有差别的。在粗略确定了肩膀的位置后，剩下的求解可以使用三角解析法完成手臂姿态的调整。

/ 循环坐标下降法

通 过 迭 代 求 解 循 环 坐 标 下 降 法（Cyclic Coordinate Descent，CCD）能够解决多根

骨骼链的 IK 计算。其算法思路比较简单，从末端骨骼开始遍历到根骨骼，每根骨骼都调整旋转，让末端骨骼指向目标点，完成一次遍历后，如果末端离目标还有一定距离，继续遍历一次，直到末端骨骼足够接近指定位置。通常情况遍历 3~5 次就可以达到较小的距离误差。以 4 个关节骨架为例，CCD 的运算过程如图 4.31、图 4.32 和图 4.33 所示。

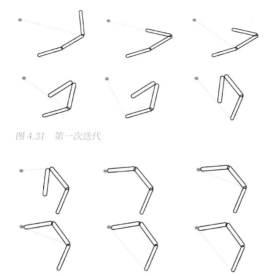

图 4.31　第一次迭代

图 4.32　第二次迭代

图 4.33　第三次迭代后的结果

/ CCD

CCD 适用于多关节的 IK 求解，如机械手臂、链条、多枝节动物，过多次的迭代可能会引起性能问题，因此需要控制迭代次数。

4.2.3　性能分析及优化

动画运算是计算密集型的任务，当场景中存在数百角色需要动画运算时，会对程序性能造成较大的冲击。因此，动画系统优性能优化非常重要。

对任何一个系统，优化性能最重要的事情是做性能分析，找出造成性能瓶颈发生的地方。发现问题往往比解决问题更重要，在做优化之前，切忌去猜哪些地方造成性能卡顿，而应该用科学的方法先找出程序的哪些部分计算比较耗时。在有了性能分析数据的情况下，才能比较有效率地完成优化任务。不同平台下，通用的性能分析工具很多，在 Windows 下可以使用 VisualStudio 自带的性能分析工具，或者 Intel 出品的 VTune，具体使用方法这里就不再赘述。

一般情况下，动画系统的优化方法有如下几种：

- 排除不在视野范围内的角色的骨骼更新运算，该方法能大幅减少动画计算量（参见图 4.34）。通常情况下，出现在相机范围内的角色只占少数，如果一个角色在相机范围之外，计算骨架姿态对游戏画面并没有什么贡献。对于相机范围之外的角色，只要更新动作播放逻辑就可以，比如更新动作的播放进度，调整动作间的融合比例。在一个角色一帧的运算中，逻辑更新运算的计算量很少，大部分的运算消耗在更新骨骼姿态上，即骨骼 SRT 插值运算和矩阵运算，停止更新骨骼姿态会带来较为明显的性能提升。

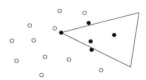

图 4.34　只有在相机范围内的角色需要更新骨骼姿态

- 调整更新频率：如果游戏以 60fps 运行，将动画更新频率降低到 30fps，能够节省一半的计算量。但是，调整更新频率会对动作流畅性带来影响，我们可以根据与相机距离远近来动态调整更新频率，当与相机距离达到一定长度时，开始降低角色更新频率，距离越远，更新频率越低。合理调整参数，可以让玩家难以察觉动作更新频率的下降。当然，也要考虑角色体大小，有些大体型

Boss 虽然离相机比较远，但降低更新频率还是可能被玩家察觉，因此对不同角色需要不同的配置。

- 骨架姿态结果缓存：游戏中的角色大部分情况下都在播放少量的几个动画，比如站立待机，或者跑步，因此存在很多重复的运算。如果我们能将循环动作中每帧的结果缓存起来，就能够节约大量的运算。缓存骨架姿态结果需要耗费较多的内存，可以划定一个固定大小的内存池，只缓存常用的动画结果。

- 骨骼 LOD：当角色离相机较远时，使用低精度的骨骼。这需要配合模型 LOD 使用，离相机较远时，使用低精度的模型和骨架，减少骨骼数量，节省运算量。这种方法需要为角色额外制作 LOD 模型，会带来一定的制作复杂度。

- 使用 GPU 计算人群动画：当有成百上千个相同类型的角色需要渲染时，通常使用 Instance 技术批量渲染以提高绘制效率。使用 Instance 渲染时，如果要每个角色动作各不相同，无法在 CPU 中为每个角色

更新骨骼动画，然后将骨骼数据传到 GPU 中。这时，需要预先计算好骨骼播放动画后的姿态，将每一帧骨架的姿态存储在贴图数据中，在 GPU 中完成骨骼动画计算，利用 GPU 强大的并行能力，加速动画计算性能。该技术具体的实现可参考 NVIDIA 出版的 *GPU Gems3* 中的 Animated Crowd Rendering 章节。

参考文献

[1] Epic Games.What is Uneral Engine 4[EB/OL]. https://www.unrealengine.com,2019-03-05.

[2] Epic Games. Unreal Engine 4 Documentation[EB/OL]. https://docs.unrealengine.com/en-us/,2019-03-05.

[3] Unity Technologie.Unity Real-Time Development Platform[EB/OL]. https://unity3d.com/,2019-03-05.

[4] CSR Racing. Morpheme & Euphoria[EB/OL]. https://www.youtube.com/watch?v=0Pm0Cvm0zdI,2019-03-05.

[5] Havok. Havok Products[EB/OL]. https://www.havok.com/products/,2019-03-05.

05 特效
Visual Effects

5.1 理解游戏中的"特效"

5.1.1 章节序言

通过前面章节的计算机图形知识的学习，我们已经基本窥探到计算机图形渲染的基本方法和流程，在此之上我们就可以构建一个像模像样的虚拟世界。计算机图形学的基础渲染元素是由三角片元组成的，在此之上辅以 UV、材质以及蒙皮动画，我们可以构建出世界中的大部分元件，例如地形、植被、建筑、人物模型及动作等。

而这些以 Mesh 为基本单位的绘制单元有一个共同特征，就是都是在三角片元的基础上，由美术通过 3D 建模软件，以雕刻或者程序化的方式生成的静态模型和预制动画。在游戏引擎的运行时，他们是相对静态的。而对于真实世界而言，有太多的物理现象变化恰恰无法用静态的模型去表达，如云彩、火焰、浓烟、闪电等。所以聪明的游戏人创造了各式各样的计算机视觉特效技术流动（Visual Effect）来表现虚拟世界中各式各样动态的渲染效果。

在这一章我们会通过一些特效的基本构成概念，以粒子系统作为主要出发点来介绍特效系统的整体构成。章节会分别介绍粒子系统的构成、粒子系统中的各种经典渲染类型的原理及其在游戏中的应用，并总结粒子在游戏中的多种挂接方法；然后会对一些特殊类型的特效，例如材质、后处理等进行介绍；最后会介绍目前在业界前沿的一些特效技术运用，展望游戏引擎特效技术后期的发展方向。

特效技术是对于渲染技术的更上层运用。了解特效的原理和制作方法，可以更加开拓程序同学的视野，有利于我们更全面地理解计算机图形学中的基本概念，也便于在后期的工作中设计和实现各种特化的渲染效果。

5.1.2 理解特效

特效是个很泛的领域名词，它最早被用于在影视领域用来描述视觉图像中的一些特殊显示效果与制作技术。特效是 Special Effect 的英文缩写，一般有 SFX、SPFX、FX、VFX 等多种。而在游戏领域，特效也概括了一大类渲染效果及相关技术。这类技术独立于引擎固有的渲染管线，通过粒子、材质、模型动画、音频等各种方式提供一种特定的试听效果表达。在业界一般会把特效美术称为"特效师",国外目前独立出的一个新的美术门类 Visual Effect Artist 也是特指特效美术。

在游戏工业中,可以看到各式各样由 Visual Effect Artist 研发的游戏特效,这些特效目前已经成为实时图形渲染中重要的一部分,为玩家的游戏沉浸体验,提供了必不可少的调味料。

例如在图 5.1 中,特效师使用 Sprite 粒子来表达爆炸的火花和火星,通过两种不同的特效发射器来构建出一个动态的爆炸过程。在图 5.2 中,主角的奥林匹斯之链移动过的轨迹会自动构建出一条"刀光"来,用来表现武器的力量感。在图 5.3 中,通过一个特殊的后处理效果,对屏幕边缘进行了 UV 扭曲变色以及对特定物体进行描边来达成了一种特殊的猎魔人能力视野效果。

图 5.2　突出武器运动轨迹的刀光效果(《战神 3》 *God Of War 3*, 2010 年索尼 SantaMonica 工作室开发)

图 5.3　使用后处理效果的"猎魔人"视角特效(《巫师 3: 狂猎》 *Witcher 3 Wide Hunt*, 2015 年 CD Project Red 开发)

图 5.1　爆炸时所使用的粒子效果(《神秘海域 3》 *Uncharted 3*, 2011 年顽皮狗工作室开发)

可见特效所指的不是固定一种渲染类型,而是一类**拥有动态行为、动态效果,用来传达一种特定的美术表现所使用的计算机绘制技术**。而在这些技术当中,粒子系统(Particle System)是特效最为重要的一部分。

5.2　粒子系统

粒子系统是特效最重要的组成部分,大家在游戏中看到的特效,绝大部分是使用粒子系统制作的。粒子系统最早被运用于 1982 年的电影《星际迷航 2》的离线渲染影视制作,后面当计算机硬件性能达到一定程度后被广泛应用到计算机图形中。目前所有游戏引擎的特效系统基本都是建立在粒子系统之上的。

我们来看一下粒子系统最初的定义:

"A particle system is a collection of many many minute particles that together represent a fuzzy object. Over a period of time, particles are generated into a system, move and change from within the system, and die from the system."—William Reeves, "Particle Systems—A Technique for Modeling a Class of Fuzzy Objects," ACM Transactions on Graphics 2:2 (April 1983), 92.

粒子系统本身是由一个大量粒子本身自变化产生的一个局部系统。表象上来说粒子本身就是一个可以最终拿来绘制的绘制单位，而本质上来说，粒子是包含了一系列状态的数据对象，这些对象的结构描述了粒子的所有状态信息，例如当前的位置、旋转、速度、生命周期、颜色等。一个粒子系统内部的数百乃至数万个粒子，随着时间，被游戏引擎逻辑不断地更新，形成一个动态的效果。以 NeoX 引擎中定义的粒子结构体为例（做了部分简化），每个粒子在运行时可能都是一个这样的结构体对象：

```
struct SPRITE
{
    /** 自旋转 **/
    float m_orig_degree;
    float m_spin_delta_random;    // 自旋转速度随机修正值
    float m_cur_spin;             // 当前的自旋转速度，包含 m_spin_random 的修正
    float m_total_angle;          // 累积旋转的角度

    float m_lifespan;             // 生命周期时长
    float m_life_time;            // 当前生命时间
    float m_life_percent;
    float m_scale[3];             // 粒子当前放缩
    Vector3 m_localpos;           // 局部坐标位置

    Vector3 m_vel;                // 当前速度
    Vector3 m_last_pos;           // 上一次位置
}
```

我们举一个经典的燃烧火焰的特效，可能大家在很多游戏中见到是图 5.4 的样子。

图 5.4　一个简单的火焰燃烧效果

那么这样一个特效是怎么通过粒子系统产生的呢？燃烧本身我们可以理解成火焰可以被拆解成一个个的小粒子，每个粒子都会从火焰的内焰处燃烧出来，然后随机地往火焰周围的一个方向进行变化。如果我们把每个粒子表现为一个圆点，那么这些小的粒子发射后一段时间可能是图 5.5 的样子。

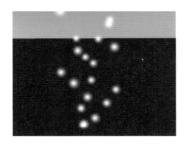

图 5.5　点粒子发射

这个过程就是粒子系统需要做的第一步，使用粒子发射器（Emitter）不断发射符合条件和规则的粒子。粒子的数量越多，模拟的效果就会越好，但因为粒子的更新是有一定性能开销的，一般我们并没有很夸张到发射无数个颗粒粒子。游戏开发中，会使用一些美术预制的贴图，贴到面片上来表示一个粒子的样子。例如我们使用一个灰度的火焰贴图放到一个面片上，如图 5.6。

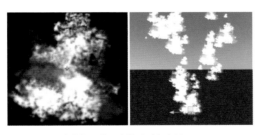

图 5.6　每一个火粒子使用火的贴图来表现

这样的一些粒子就变成了一片片的火焰，这个简化可以减少实时运算的粒子数。当然仅此还是不够的，实际的火焰是在运动的。我们将每个粒子抽象成每一部分火焰，那么火焰的运动规律表现在效果上就可以拆分为粒子本身位置运动以及亮度变化的过程。因此我们就可以每一帧对所有粒子按照一定运动规律进行逻辑更新，对每个粒子的大小和透明度也做一定程度的衰减，这样粒子的运动就可以更加像“火”

的行为了。更新的行为有多种多样，例如加速度、角速度、碰撞、噪声扰动、大小变换、颜色变换等，每个粒子系统都可以根据自己模拟的自然现象来选择不同的粒子行为，这些行为我们将其称为驱动器。

当最后这些粒子被画到 FrameBuffer 上时，由于是半透物体，我们还会为他们设定特殊的 AlphaBlendState。例如火本身是自发光物体，所以一般美术会将其设定为 Additive 的 AlphaBlend 方式，这样不同的火粒子叠加，内焰粒子聚集，层数叠加厚，火显得更旺。外焰火的粒子分散开来，显得就会弱一些。当然真正的火焰会有对应的颜色变化，所以美术给原先黑白的火焰灰度图染上了颜色。经过发射器参数的调配，以及一些渲染参数的设置，最终火焰本体的效果就出来了，具体呈现为图 5.7 中的效果。

图 5.7　最终的火的效果

和场景管理一样，粒子本身也是一个多层级结构，一般一个粒子系统也会由多个子粒子系统组成。所以对于火焰，美术可能还会为它加上烟雾的子粒子系统以及弹跳的火星子粒子系统。这些粒子系统都拥有不同的发射器参数和驱动器行为，以及最后渲染效果的不同类型，最后几个子粒子特效系统组成一个最终的粒子特效资源（参见图 5.8）。

图 5.8　火焰、火星、烟雾等多个符合的粒子特效系统

这个就是一个火焰粒子发射器的组成过程。可以看到，粒子系统的构成从原理上来说都可以被拆分为发射器、驱动器和渲染器三个大部分。每一种游戏引擎会在这个基础上会包装设计自己的编辑器层，但是在底层的逻辑都是一致的。

5.2.1 发射

发射器（Emitter）在粒子系统中起到的作用是按照一定的规则行为来发射粒子。一般在编辑器中，发射器会被设计为一系列参数的形式来使用，用户通过这些参数，来驱动代码中的行为，让运行时的粒子发射器随时间不断生成粒子对象。发射器一般具有下文中介绍的几个重要组成部分。

/ 发射器形状

发射器本身会有一个世界空间的 Transform 以定义整个特效系统在场景中所属的位置，当然这个位置可以被挂接在任何位置。固定了这样一个 Transform 之后，引擎内的发射器逻辑就会随着时间不断地产生粒子。那么粒子从哪儿产生呢？一般的发射器逻辑都会定义多种形状，粒子会从这个形状上来随机地产生粒子，例如球形、六边形、锥形、条形等。图 5.9 显示了在 Unity 中不同形状的粒子发射器。

图 5.9　在 Unity 中不同形状的粒子发射器

/ 发射器随机器

粒子特效之所以能模拟虚拟世界各种形式的效果，最大的原因就是每个粒子具有随机性，这个是美术预制的 Mesh 资源所无法提供的。每

一次爆炸火星、水滴飞溅等效果，每一个粒子都有其生成的唯一性，而这些唯一性在数据上就反馈到发射器生成这些粒子时的一些随机属性生成（参见图 5.10）。

图 5.10　在 Unity 上设置粒子初始发射大小的随机属性

一般的编辑器会将这种随机性定义为一个范围内的伪随机数发生器。用户通过在编辑器层指定一个范围，粒子发射器发射粒子时就可以将这个属性在这个范围内进行随机生成。

例如图 5.11，我们想发射一个五彩缤纷的粒子，只需要定义粒子的初始颜色在 R，G，B 三个通道上进行 0~1 的随机选取即可。

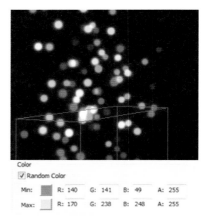

图 5.11　定义粒子发射的随机颜色值

2.1.3　粒子的发射空间

当我们需要把粒子系统被挂接在一个运动的挂接点上时，就需要正确地选择粒子的发射空间以达到我们想要的效果。想象一下我们在玩家手持的一个火把上挂接了一个火星的粒子特效，如果我们没有选择粒子的发射空间，那么一些编辑器内粒子就会默认被发射到发射器所在的局部空间。这个导致的问题是，粒子将会随着发射器挂接点的 Transform 进行变换，表现上就会出现我们发射的粒子会被火把拉着走的情况，这个显然是不符合常理的。

所以对于这类粒子，我们需要设定"发射在世界空间"的属性。这样粒子发射后，就会脱离粒子发射器，变成一个世界空间的粒子，后续的更新也会在世界空间进行，就不会出现这种跟着火把走的情况了。局部空间发射或者世界空间发射的使用情况各有不同，当然我们需要根据具体的使用情境，来针对性地设定粒子系统的行为。

/ 粒子的生命周期

生命周期也是粒子发射器发射粒子的一个重要属性。粒子在发射后，会随着存活的时间不断累积其生命时间，直到达到生命周期时，粒子将会被回收。这个设定便于粒子系统不断地回收粒子，以避免不断地发射后，粒子系统需要更新的数量过多而导致消耗过大。同时各种参数的变化曲线，也是以粒子的整个生命周期来进行安排的。其中，NeoX 粒子的生命周期及变化如图 5.12 所示。

图 5.12　NeoX 粒子在其生命周期的 Alpha 值和颜色变化

当粒子被发射出来之后，驱动器就会接管粒子的更新工作。在游戏的每一帧里，归属于粒子系统的每个驱动器都可以对粒子系统当前存活的所有粒子进行更新操作。

在大部分引擎中，驱动器的实现是一个链式结构。即根据用户编辑器的需求，将对应功能的驱动器放入链中，当粒子系统进行更新时，对于链上的每一个驱动器依次进行遍历更新。每一个驱动器都接受整个粒子系统中的粒子信息，选择部分属性进行更新修改，然后输出粒子系统的信息给链上的下一环。这个更新过程如下图 5.13 所示。

图 5.13　驱动器更新过程

每个游戏引擎都有类似于驱动器的不同组件，仅仅是叫法不太一样，例如在 Unity 和 Unreal 中叫 Module，而在有些的引擎的编辑器中（例如 Cocos2D、BigWord、NeoX），可能并看不到驱动器的存在。这些引擎在早期设计时，驱动器并没有这么复杂，一般由加速度、生命周期控制、曲线控制等组成就已经可以满足大多数需求，所以在引擎设计时这些也是固化在代码里存在的，每种功能如果有必要就以动态分支的形式选择开启或者关闭。当代引擎美术效果要求越来越高，这些固化的功能越来越不能满足美术的需求，所以才采取了模块化的设计方法，让架构以及使用都更加灵活。

驱动器的形式很多，图 5.14 和图 5.15 列举一些在游戏编辑器中常见的驱动器类型，可以看到，绝大部分都是围绕着粒子本身的属性变化而设计的，例如旋转、大小随时间的变化，颜色、序列帧贴图随时间的变化，以及粒子本身的加速度、和场景产生的碰撞等等。当然除了这些通用属性驱动器外，还可以针对特殊的需求，设计很多特殊的驱动器来达到特定的更新效果。例如风场驱动器，可以让粒子在场景的特定场景位置得到加速度或者减速度。

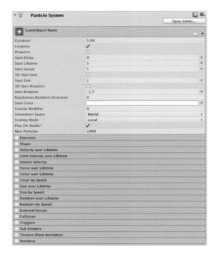

图 5.14　Unity 的粒子特效系统

图 5.15　Unreal 中的 Cascade 特效系统

5.2.3　渲染器

粒子系统中的粒子在经过驱动器的更新管线后，还只是一系列的数据，它们还并没有真实的表现形式。这些粒子数据，最终会由渲染器来负责转化为屏幕上真实的渲染图元。这个过程如图 5.16 所示。渲染器的形式很多，我们将在 5.3 节再详细讲解游戏中常见的几种粒子渲染类型。

驱动器1　　驱动器2　　驱动器3　　驱动器4　　…　　　　渲染器

图 5.16　驱动器和渲染器的关系

每个渲染器类型都会将所有的粒子数据转换为一系列的 Vertex Buffer Stream，以及对应的材质和贴图，最后每帧渲染到画面上。现今的引擎都是可编程渲染管线，除了材质系统本身默认提供的 Shader 模板，用户一般都可以对粒子系统的渲染 Shader 进行自定义。

延伸阅读：有兴趣的读者可以补充阅读可汗学院的粒子系统线上教程：https://www.khanacademy.org/computing/computer-programming/programming-natural-simulations#programming-particle-systems，通过动手编码加深理解粒子系统发射更新过程。

5.3　粒子特效类型

在这一节，我们将介绍在游戏引擎中常见的几种粒子渲染类型，包括 Sprite、Mesh、Model、Trail 等。每一种特效形式都是对于粒子属性的一种视觉表达，同样一种粒子发射器和驱动器组合，配合不同的渲染器，可以呈现出截然不同的效果。

5.3.1 Sprite Particle

Sprite 又被称为精灵，是一种 2D 图形上用来表示变换贴图的动画元素。在 2D 游戏的年代里，这种技术是 2D 动画的主要表现形式。在粒子系统中，Sprite 也是最常用的一种粒子类型。图 5.17 为《超级马里奥》使用 Sprite 渲染类型的效果。

图 5.17　Sprite 面片 和 Sprite Texture（《超级马里奥》Super Mario Bros. 1988 年任天堂开发）

在粒子系统中使用的 Sprite，分为静态的和动态的两种。Sprite 本身如图，是由两个三角形面片和其顶点的 UV 坐标所构成的绘制单元，UV 坐标将 Sprite 的像素着色映射到 Sprite Particle 对应贴图的一个区域内。如果粒子本身贴图不需要变化，那粒子的 UV 分布将从（0,0）到（1,1）覆盖整个贴图区域；而如果粒子本身贴图是在不断变化中的，那么 Sprite 的 UV 就会随着时间进行变换，例如当 Sprite 使用一张 4 乘 4 的贴图时，UV 分布如图 5.18 所示。

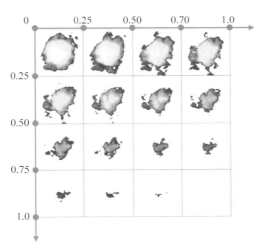

图 5.18　Sprite Texture 的 UV 分布

Sprite 的 UV 随着时间变化是由引擎内的更新逻辑决定的。当然这种 UV 坐标切换产生的动画效果，对贴图本身提供的帧率要求是比较高

的。那么由于贴图尺寸有限，帧率和每帧的尺寸就成了相克的两组数据。同样的贴图尺寸下，如果减少帧数提升每帧分辨率，那么特效可能就会产生比较明显的闪烁和跳变；如果增加帧数，降低每帧的分辨率，那么每一帧的精度就会过低，产生明显的马赛克。总之 Sprite 贴图的大小会成为效果的最大瓶颈。

针对这个问题，大部分引擎都设计了 Frame-Blend 的参数，这个参数的含义是为 GPU 的 Shader 提供一个在序列帧上、相邻两帧间的过渡。这样配合两套 UV，一套 UV 对应上一帧的贴图对应区域，一套 UV 对应下一帧的贴图对应区域，就可以使用这个 FrameBlend 参数通过线性插值的方式在序列帧之间进行过度。这个小技术也被大量用来改善电视机图像的帧过渡不平滑问题，在粒子上可以大大提高序列帧 Sprite 的顺滑程度，其效果如图 5.19 所示。在 FrameBlend 的基础上，近两年又发展出了基于 Motion Vector 的 FrameBlend 技术 [1]，通过预烘焙的形式为序列帧准备一张对应的流动 FlowMap，在 Blend 的过程中同时进行流动，可进一步增强序列帧的效果（参见图 5.20）。

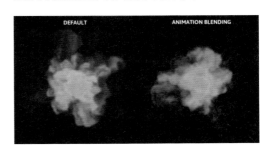

图 5.19　FrameBlend 效果展示

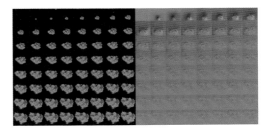

图 5.20　MotionVector FrameBlend 序列帧贴图

理解了 SpriteParticle 的基本原理之后，很自然的，Sprite 对应的各项渲染属性都可以对应

到粒子的原先属性上。包括放缩、旋转、位置、透明度等参数，可以在 Sprite 渲染时通过顶点数据的方式传到 Shader 层进行着色。

因为 Sprite 本质上是一个面片，所以在绘制时，一般都会设置为面朝摄像机的形式，以免产生穿帮，这种绘制形式和渲染 Billboard 所用的方法是一致的。另外为了优化效率，绘制时同一个 Sprite 粒子系统内的所有 Sprite 会被合并填充在同一个 VertexBuffer 内，通过一次 DrawCall 提交绘制到 GPU。

5.3.2　Mesh Particle

Sprite 作为最基本的粒子类型，被大量地运用在各式各样的自然现象模拟上。但是面片有其天生的弱势，无论是否使用 Billboard，面片粒子的体感都是很差的，随着摄像机的变化，会很容易看得出破绽。所以近几年来，特效美术开始使用预制的 Mesh 来制作特效。对于特效系统整体而言，仅仅是把面片更换为 Mesh，其他大部分的逻辑基本相同。为了能够快速渲染大量的 Mesh Particle，引擎会使用 Hardware Instancing 来优化渲染性能。

Mesh 粒子适用于构成其他复杂或形态特殊的特效，如闪电、溅起的水滴以及火。Mesh 粒子一般会结合自定特效材质来使用，可以有效降低特效系统的 overdraw，增加多方向的体感。图 5.21 为美术 Mesh 粒子制作的一个冲击波效果。

图 5.21　左图为使用 Mesh 粒子制作一个冲击波效果　右图为组成的 Mesh 组件主要为十字交叉面片和球体

Mesh 粒子本身 Mesh 的制作需要一定的建模经验和观察力，对于技术提出了较高的要求。近年来出现了一些利用传统离线渲染技术的模拟来制作 Mesh 的技术，Houdini FX 就是这样一个软件，它最早被运用在电影工业的特效上。由于其本身就是基于程序化构建资源，所以近年来被运用在游戏特效、大世界构建等各个方面。图 5.22 为在 Houdini FX 中通过流体模拟构建的一个水花 Mesh，使用这个 Mesh 可以模拟各种液体的飞溅效果。

图 5.22　使用 Houdini FX 制作的液体 Mesh，结合 MeshParticle 制作泥浆溅起效果（图片引自参考文献 [2]）

Mesh 粒子和 Sprite 粒子也同样有一些限制，例如需要公用一个材质，材质内每个粒子的随机属性会被限制在几种。并且大多数引擎都不能直接支持 Mesh 粒子的蒙皮动画，简单的 MeshParticle 动画可以借助 Vertex Shader 动画制作，而在 Mesh 粒子上支持蒙皮动画就需要使用顶点纹理采样的技术了[3]。

5.3.3 Model Particle

相对于 Mesh 来说，Model 本身会提供更丰富的功能，但同时性能上也更加厚重。引擎中的模型粒子系统，会将引擎本身的模型对象，作为一个粒子的形式进行发射。这种开放带来了功能上的解放，由于本身渲染还是由引擎本身的模型渲染系统进行，所以可以支持诸如蒙皮动画、挂接等高阶功能，也可以运用独立于特效系统外的模型材质系统（也就是不需要使用特效系统来配置材质了）。图 5.23 是使用 ModelParticle 制作的效果。

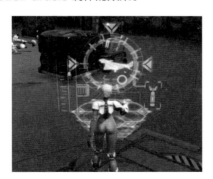

图 5.23 使用 ModelParticle 制作特效（《无尽战区》，2016 年网易游戏 Inception 工作室开发）

Tips 美术经常提到的"模型驱动"是指什么？

为了精确地定位一些模型特效的相对位置，美术会在 3ds Max 里制作一些只有挂节点而没有实际 Mesh 的模型。这些模型以模型特效的形式导入到编辑器中，然后在其挂点上挂接上用于显示的模型，美术习惯将其称为"模型驱动"，以达到定位各个子特效的目的。

当然模型粒子的性能开销也是十分可观的，仅仅只能依赖于引擎的运行时来做一些合批处理以减少性能开销。由于其功能十分强大，所以很容易变成了美术最喜欢使用的全功能模型特效版本。

NeoX 引擎中的模型特效是被美术广泛滥用的一个特性，并且在模型特效上层，还有一个更加"易用"的特效系统：资源粒子，它可以将任何一个特效系统文件，作为当前粒子系统的一个粒子进行发射。当然因为各种复杂原因，这些发射出来的粒子里的渲染对象也是不保证可以合并的，并且发射过程因为涉及到多个粒子系统及发射器对象，更新和发射性能上是无法保证的。理论上其仅适用于少数使用现有粒子系统无法达成的必要效果，并且需要严格控制发射的资源粒子数量。

但是并不是每个美术都有这种性能意识，复杂的层级关系很容易不知不觉做出效率很差的特效。所以，没有程序主导控制的特效制作，性能上将是一个噩梦。引擎工程师开发的这些"易用"的功能，其实都是一把把双刃剑，虽提高了开发效率，但如果没有正确使用，对性能影响可能非常大。这些功能的开发有其开发的历史原因，但是作为程序往往会忽略这些双刃剑的问题，只有在项目真正遇到性能瓶颈时才发现已经太晚。

5.3.4 Trail Particle

除了预制的面片或者 Mesh 类型的粒子之外，还存在有一类特殊的粒子，那就是条带形特效。这类特效之所以特殊是其表现看来是一个整体的条带形 Mesh，但是生成过程却是通过一系列粒子行为来发射记录的。一般我们在引擎中看到的"Trail""Beam""Blade"等类型的特效大多都是这一类特效，只是每个粒子之间的绘制方法不尽相同，篇幅有限本节会重点介绍 BladeTrail。条带形特效最重要的作用是用来制作游戏中的"刀光"，例如将刀光运用到极致的"刀魂"和"战神"。

刀光一般用来表现高亮度物体快速地挥舞过后在视觉上的残留，以及在挥舞过程中可能产生的高亮粒子，就像大家在夜晚舞动烟花棒一样地，这个特效主要为了解决计算机渲染的一个重要缺陷"连续性"。计算机画面仅能够每秒渲染一定数量的画面，对于高速运动的物体来说，其实在屏幕上投射到人眼中的采样只有几帧，并无法表现连贯的轨迹感。所以条带很好地弥补了这一点，通过特效的方式将物体运动的轨迹强调出来。

刀光的制作一般分为三种。第一种最简单，就是直接通过特效贴图的绘制方式，将刀光以贴图的形式绘制后附着在一个面片上，效果如图 5.24 所示。这种方式最原始，但是很有效，比较适合在动作极其快速时使用。但因为本身不是 Mesh，变化也十分有限，并且因为有效像素较少，所以存在大量的 overdraw。

图 5.24　直接使用贴图和 QuadMesh 的形式绘制刀光

第二种是美术通过 3ds Max 等建模工具，在角色动作的基础上，通过插件去计算出一个和动作对应的条带来。如图 5.25 所示，这种方式大量地被使用在游戏中，主要优点是美术可以完全控制 Mesh 的变化以及条带的采样数量，表现效果上有保证。但是因为需要每个动作人工去进行制作，并且到了游戏中还需要重复设置材质校对效果，所以开发效率上较低。

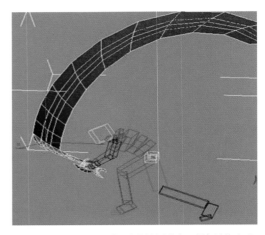

图 5.25　在 3ds Max 中使用插件创建角色刀挥舞过的动画

第三种方式，就是以粒子的形式自动发射的"刀光"粒子特效。对于上面的这个人物模型来说，可以看到，刀光的运动过程中，会产生一段段的分片。这些分片本身是建立在一个曲线的一些端点之间的，那么这些端点，就是条带的粒子发射器中需要发射的粒子。

而发射器在哪儿呢？发射器就在"刀"上面。我们只需要将刀光发射器挂接在一个挂接点上，就可以根据位置方向信息，逐帧发射出这个端点的粒子出来。当然仅仅是位置还不够，刀光的特性是会随着刀挥过和经过路径的亮度而随着时间慢慢淡化消失，这个也是通过类似粒子的半透明渐隐的方式来实现的。刀光的 UV 运动方式也是比较特殊的，刀光上每个粒子端点对应的 UV 值也会随着时间不断变化，所以会营造一种刀光在流动的感觉。

刀光本身是由粒子位置组成的曲线端点，通过曲线插值的方式变为曲线，然后再通过 Mesh 挤出形成的一个条带型 Mesh。挤出的方向一般是刀光发射时，挂接点的 z 轴朝向。刀光本身插值的算法大多是使用 Hermite、Bezier 样条曲线的相关变种方法，例如常用的 Cardinal、Catmull-Rom 样条曲线。其中 Cardinal 是在游戏内较为常用的一种样条曲线，它本身属于 Hermite 样条曲线的一种特殊形式，假设用当前两个端点相邻的端点来计算样条曲线的两个控制端点，详细推导过程可查

看参考文献 [4]。假设用 P_0 和 P_1 代表当前需要进行插值的曲线段，P_{-1} 和 P_2 为相邻的两个端点，那么曲线的四个控制点就是：

$$P(0) = P_0$$
$$P(0) = P_1$$
$$P'(0) = a\,(P_1 - P_{-1})$$
$$P'(1) = a\,(P_1 - P_0)$$

很多引擎中使用的 Catmull-Rom 样条曲线（参见图 5.26）是 Cardinal 样条曲线在 Tension Factor=0.5 的一个特例，其变换矩阵定义如下。其中，$P(t)$ 代表样条曲线采样点，t 代表采样点从 P_0 到 P_1 之间插值的比例。

$$P(t) = \begin{bmatrix} t^3 & t^2 & t^1 \end{bmatrix} \begin{bmatrix} -1 & 3 & -3 & 1 \\ 2 & -5 & 4 & -1 \\ -1 & 0 & 1 & 0 \\ 0 & 2 & 0 & 0 \end{bmatrix} \begin{bmatrix} P_{-1} \\ P_0 \\ P_1 \\ P_2 \end{bmatrix}$$

（5.1）

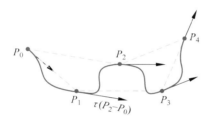

图 5.26　Catmull-Rom 样条曲线

需要注意的事，当我们应用 Catmull-Rom 等相关曲线在刀光特效中可能会遇到一些特殊问题：

曲线本身的端点是基于原先挂接点采样的，采样率即是游戏的帧率，那么当挂接点的动画过快时，可能出现发射的粒子过少，导致样条曲线的效果较差。如图 5.27 左所示，较少的采样点产生的曲线已经可以明显看到方形的效果。这时有种办法是通过调整 Cardinal 样条曲线的 Tension Factor 来达到特殊的差值效果（图 5.28），或是在 Hermite 样条曲线的基础上重新设计控制点的计算方式。

这两种方法都可以一定程度上缓解问题。还有一种更根本的方法是增加采样率，即使在帧率较低的情况下，仍然保持固定帧率对目标动作进行采样，这个可以根本性地解决采样点过少

的问题，但会存在一定开销。当然过快的动作本身就不适用于程序生成刀光，也可以换用美术工具内预制 Mesh 的形式进行制作。

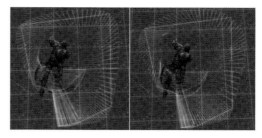

图 5.27　由于动作过快整个一圈刀光特效，实际上只有很少的几个采样点（《无尽战区》，2016 年网易游戏 Inception 工作室研发）左图标准 Catmull-Rom 样条曲线；右图改善后的样条曲线

$\tau = 0.2$　　$\tau = 0.5$　　$\tau = 0.75$

图 5.28　不同的 Tesion Factor 的效果，中间为 Catmull-Rom 样条

还有一个容易遇到的问题就是挂接点本身和样条曲线的脱节，产生这个问题一般有两个原因：

- 第一，动作的更新具有延迟性。当前特效更新时，如果挂接点所在动作当帧仍未更新，那么特效就会先发射当前粒子，然后在这帧的后半段动作又更新到了下一个位置，这就会出现特效的挂接永远会落后于动作一帧的情况，具体如图 5.29 所示。

图 5.29　《天下 3》（网易游戏 2017 年研发）早期出现的刀光和挂接点可能出现的不同步问题

- 第二，由于样条曲线的构建是基于相邻端点的，对于开始和结束端点而言，使用 Catmull-Rom 等样条差值计算控制点时，需要补充额外的"虚拟端点"以保证在曲线的两端都可以正确的生成样条曲线控制点。

5.3.5 更新陷阱

在粒子系统的渲染过程中，有一个很大的逻辑陷阱，那就是游戏的更新帧率。

一般引擎中粒子的更新在 CPU 进行，其本身会随着主线程的 Tick 更新来更新所有粒子系统的变化。那么当游戏帧率较低时，特效系统的更新频率也会随着更新速率的降低而降低发射以及更新、渲染频率，这时引擎内部依赖于帧率的发射器、驱动器的逻辑都可能会出现问题。

例如之前在《天下 3》中遇到的一个经典 bug，玩家反馈手上的武器特效在人比较多的场景时，会变得非常"大"。这个特效的样子如图 5.30。

图 5.30 《天下 3》（网易游戏 2017 年研发）人物武器特效

后来通过查引擎才发现是由于周围紫色的 Trail 特效所使用的驱动器所造成的，这个驱动器叫做"磁力 Magnet"。发射 Trail 粒子有一个固定速度，"Magnet"驱动器会将粒子的速度不断修正为一个球的切方向，从而会表现出一种围绕着一个球飞行的 Trail 形式。特效的设计是美术在 60fps 的编辑器里制作的，当帧率很低时（玩家说人很多），每一帧内先更新的切向速度产生的位移就会变得比原先长很多；而引力的作用仅是每一帧改变切向空间的速度，这时就会产生粒子越飞越往外，轨迹球显得越大的显示问题。

这类问题在游戏中很容易产生，所有和帧率相关的逻辑都可能会发生类似 Bug。例如在 Unity3D 里，粒子系统的重力计算是和帧率直接相关的。有时不仅仅是低帧率下的问题，现今已经出现高于 60 帧的显示设备，例如 120Hz 刷新率的 iPad Pro，错误的更新逻辑也可能会使得在高帧率下产生一些 Bug。不同引擎的实现对于多帧率的适配可能都不一样，当遇到玩家反馈此类问题时，可以多尝试使用不同帧率来尝试定位问题。同时游戏玩法的逻辑，应当尽量不强依赖于特效系统的表现。

同时当我们在设计和开发相关引擎更新逻辑时，也应当尽可能地考虑和兼容各种帧率下的正确性，仅仅在一个默认的开发帧率下进行测试很容易产生意想不到的隐坑。

5.3.6 GPU Particle

随着 GPU 可编程管线进入 Geometry/Compute Shader 阶段，粒子的实现方式又出现了新的实现方式：GPU 粒子，顾名思义 GPU 粒子和传统粒子系统的区别就是将粒子的产生、发射、更新等全部拿到了 GPU 来做。GPU 本身的架构就是多流水线并行式运行，并且流水线数量远多于 CPU 的物理核数，相对于 CPU 有较大并行优势。并且 GPU 对于浮点运算的支持更完善，渲染也更加快速，带宽利用率更高。图 5.31 是一个典型的例子。

图 5.31 Unreal 4 GDC Gpu Particle Demo

图 5.32 演示了一个基本的 GPU 粒子系统更新渲染的流程。

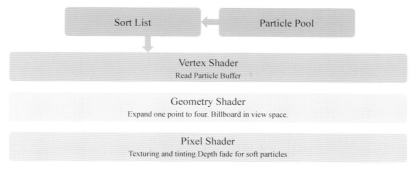

图 5.32　GPU 粒子渲染流程（图片引自参考文献 [5]）

GPU 粒子相对传统 CPU 粒子系统主要有四大优势，下文将作详细说明。

/ 高度并行化

现代桌面 GPU 的流水线是数以千计的，对于每个独立的粒子而言，可以很好地利用 GPU 并行的优势进行更新，这是 CPU 所无法替代的。这也就可以理解为什么在 GPU 粒子出现后，才真正出现了数十万粒子级别的特效系统。对于现代游戏来说，CPU 本身承担的功能过于繁重（AI、物理、逻辑、渲染），而 CPU 一旦发生瓶颈，GPU 就会由于提交速率下降而得不到充分利用，所以优化过重的 CPU 负载是目前游戏开发的一个趋势。

传统 CPU 粒子管线会将粒子的发射、更新、拼装 VertexBuffer 等操作全部在 CPU 端进行，并且由于 Buffer 每帧都需要更新，会占用较大的 CPU-GPU 带宽。这个问题在 GPU 粒子系统上得到了明显缓解，所有以上工作全部移植到 GPU 端进行，操作的内容全部位于显存，也可以将带宽让给更重要的渲染资源。图 5.33 展示了两者间的区别。

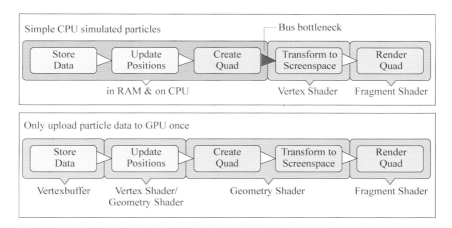

图 5.33　传统的 CPU 粒子模式对比 GPU 粒子模式（图片引自参考文献 [6]）

/ 粒子行为可编程管线

传统的 CPU 粒子行为是完全模块化固化下来的，对于美术来说，可以操作的仅仅是部分参数以及模块的拼装而已。但是 GPU 粒子出现后，每个粒子的行为变得可以定制化。发射器想从一个具体的上线后的游戏发射粒子，也可以在不修改游戏引擎的基础上变更已有的粒子发射行为，或者优化已有粒子系统性能。

从另一个角度来看，可编程管线对于性能的优化也有一定的优势。CPU 粒子的一般更新方式会把各种可能的功能排列组合都罗列在引擎中，使用动态分支的形式来决定其中一定功能的开关，这样会带来一定的负面性能开销。为了适配不同的功能，是否增加顶点输出流的元素个数也变得很纠结。其核心原因是因为 C++ 引擎是需要预编译的，而 GPU 可编程管线因为本身 Shader 是可重编译的，所以更新逻辑本身可以在 Geometry/Compute Shader 编译这层进行再优化，这个也满足引擎逻辑可热更迭代的趋势。

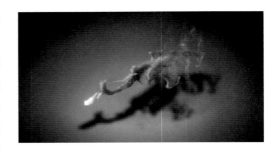

图 5.34　使用 VectorField 影响 GPU 粒子烟雾特效

/ 丰富的自定义碰撞行为

GPU 粒子除了提供传统的一些碰撞功能，例如 Mesh、高度图、虚拟平面等，还提供了一些高阶的碰撞功能，例如体素数据（Voxel Data）、深度图（Depth Buffer）碰撞等。图 5.34 是其中的一种效果。这些原先就存储于 GPU 端的数据结构也可拿来作为粒子的行为参数，丰富粒子的驱动行为以及渲染效果。

/ VectorField 支持

GPU 粒子的灵活性还体现在各种特化的行为驱动器上，VectorField 就是其中一种。通过将场景中的粒子影响数据化为 3D 纹理的形式，我们可以使得 GPU 粒子受到真实世界更多的影响，例如粒子可以受到场景内的风场影响，在特定的不同地方得到风的加速。

总体来看，目前手机的 GPU 也已经全面进入了 OpenGL ES 3.0 标配时代，OpenGL ES 3.1 和 Vulkan 的普及也指日可待。相信在未来几年移动平台的 GPU 粒子也会成为开始越来越流行，成为特效粒子系统的主流。

5.4　挂接和触发

在以上几节中我们介绍了特效的原理以及基本的特效渲染概念，本节将讲述如何在实际的游戏系统中运用一个特效，也就是如何去"挂接"和"触发"一个特效。

的挂接和模型的挂接很相似，我们可以使用下文中的几种形式进行挂接粒子。

/ 世界空间挂接

世界空间挂接一般用于粒子单独作为一个行为物体时的挂接方式，即粒子本身不依赖于任何别的物体，单独存在于场景中。美术在场景编辑器上直接摆放特效，就是在通过这种方式进行挂接。场景特效将作为场景的一部分，在加载对应 Level 时进行特效触发，并挂接到世界空间播放，如图 5.35 所示。

5.4.1　挂接空间

对于粒子特效系统来说，整个特效系统对外表现是一个完整的资源对象形式，所以特效系统

图 5.35　使用世界空间挂接方式挂接的一个场景火特效（《战国志》，网易游戏 2018 年研发）

/ 模型空间挂接

模型空间挂接是指相对于世界空间，将特效挂接到一个场景中物件的子空间中，例如游戏中常见的玩家脚底光圈特效就是以这种方式进行挂接的。或者对于一个模型和特效组成的场景预制件，也相当于将特效挂接在了预制件的局部空间内，如图 5.36 所示。

图 5.36　使用模型挂接的方法在 NPC 脚底挂接的光圈（《战国志》，网易游戏 2018 年研发）

/ 模型骨骼挂接

骨骼挂接也是在游戏中极为常用的一种挂接形式，通过编辑器或者脚本，我们可以将特效本身挂接于某根骨骼上，这样特效本身就会跟随骨骼的运动进行更新。例如常见的刀光条带特效，就是挂接在刀的骨骼上的，如图 5.37 所示。

图 5.37　使用骨骼挂接的方式挂接在手部骨骼上的特效发射器（《战国志》，网易游戏 2018 年研发）

/ 模型挂接点挂接

骨骼空间和模型子空间挂接其实都属于子空间挂接。还有一种更加灵活的形式，就是自行在这些子空间内再定义一个子空间，这种方式就是挂接点。

在编辑器中，通过定义一些挂接点，以及其附属的信息，我们就可以定义一个灵活的挂接点空间。例如相对于脚底光圈特效，我们想在人的头顶也加类似的提示类特效，那么就可以用人的子空间原点 + 高度正方向偏移的方式定义一个头顶挂接点。

例如人的手部骨骼直接用来挂接特效，可能会出现位置不正，甚至穿模的问题。这时我们也可以定义这么一个挂接点，使其在手部骨骼的空间内通过挂接点的变换矩阵再顶一个挂接点子空间。使用这个经过变换过的挂接点，作为子空间来挂接特效，如图 5.38 所示。

图 5.38　使用武器上的挂接点来挂接特效（《战国志》，网易游戏 2018 年研发）

/ 屏幕空间挂接

除了以上几种世界空间及子空间的挂接方式外，我们还可以将特效挂接在一些其他渲染单元上。屏幕特效就是将特效本身以一个单独的 RenderStep 进行渲染，通过一个单独的相机，可以让特效有一种贴合屏幕的效果，如图 5.39 所示。

图 5.39　将 3D 特效挂接在屏幕空间（《战国志》，网易游戏 2018 年研发）

除了屏幕特效外，一些引擎还支持直接将特效作为 UI 的一部分，直接挂接到 UI 原件上。

/ 自定义挂接类型

在实际的游戏制作中，有时以上的所有挂接方法也不一定能满足玩法的需求。例如我们需要这样一个挂接点：它挂接在模型的某个骨骼上，但是却仅受到骨骼的位移影响，而不被骨骼的放缩和旋转所影响。或者是我们需要将特效整个挂接在某个挂接点上时，呈现出 Billboard 的形式，也就是特效整体始终面向摄像机。对于这些特殊情况我们就需要通过脚本或者引擎来自定义挂接类型了，部分引擎提供在引擎中扩展挂点逻辑的可能性。例如 Bigworld 引擎中就将挂点本身抽象成了一个 MatrixProvider 的形式，Matrix 本身也是一个 MatrixProvider，MatrixProvider会提供一个公用的虚函数用于获取当前的 TransformMatrix。除了内置的 MatrixProvider 之外，用户可以通过继承来自定义自己的 MatrixProvider，来重载其获取 TransformMatrix 的函数，以此来定义自己的挂接行为。

如果引擎本身不支持类似行为，还可以通过脚本刷新的形式，每帧通过逻辑将新计算的挂点Matrix 更新到引擎中。当然脚本 Tick 性能较差，实际使用中这种写法需要尽量避免。

5.4.2　特效触发

当特效被正确挂接到相应的位置后，那么接下来要发生的就是触发特效了。在游戏逻辑中特效的触发方式有很多种，下面列举最常见的几种形式：

/ 动作触发

动作触发是最常见的一种触发方式，所有引擎的动画编辑器都会有在动画轨迹上挂接特效的功能。这种触发方式可以很灵活地将动作的帧事件和对应的特效触发结合起来，是动作和特效美术的主要工作方式。

触发的编辑方式主要是指定关键帧和特定挂点，以及触发的相关逻辑：激活后是否一直播放，动作结束后是否将特效停止删除等等。图 5.40 展示了模型动作触发形式。

图 5.40　通过模型动作触发一个技能特效（《战国志》，网易游戏 2018 年研发）

/ 脚本触发

游戏中还有相当一部分逻辑是通过游戏脚本程序触发的。例如图 5.41 中的开枪特效，由于特效挂接效果的不确定性，一般虽然是由脚本挂接，但是挂接的位置、挂点信息等会先行在模型编辑器里准备好，然后通过脚本来调用固定挂点，触发挂点上的挂接特效。

图 5.41　通过脚本触发枪口特效（《神秘海域 4》Uncharted 4，2016 年顽皮狗工作室开发）

/ 角色场景交互触发

还有一类特效是由人和场景之间交互所产生的。这种触发逻辑一般是由游戏的底层逻辑定义的，例如人走在沙土上脚底溅起的烟尘、走过水坑溅起的水花、子弹打在铁板上时产生的弹孔等，如图 5.42。

图 5.42　角色涉水时，脚底产生的水花特效挂接（《战国志》，网易游戏 2018 年研发）

/ 环境事件触发

游戏环境系统本身也大部分由特效构成。例如月亮、雷电、云层、雨水、雨水溅起的水花、风沙、烟雾等，这些被调试好效果和参数的环境特效组件，会受整体环境系统的逻辑影响，被触发、变化，产生丰富的一整套环境系统效果，如图 5.43 所示。

图 5.43　着天气变化的雷电、雨水、月相等环境特效（《战国志》，网易游戏 2018 年研发）

5.4.3　其他特殊类型

除了粒子特效外，还有一些本身是属于特效系统外的资源，但是由于特效系统制作的便利性，他们会随着特效系统一起进行编辑和挂接。

/ 音效

音效一般对于引擎来说也是一个特殊的美术资源，对于 2D 音效，需要决定的只有其播放时间及相关播放参数。而对于 3D 音效来说，就和一个普通特效更像了，需要指定和位置相关的挂接参数。声画的触发，需要在资源播放上完美同步，所以特效编辑器以及动作挂接就是触发音效的最佳位置。

音效本身的挂接方法和特效基本完全一致，所以在此不再细说，具体可以参考音效章节。

/ 相机特效

为了体现游戏的打击感，一般的动作类型游戏，都会在受击或者攻击命中时，给予一个"特效震屏"的效果以强调重量感。这个效果的触发，一般也是设计成一个子特效的形式挂接在特效系统中的。

/ 后处理特效

5.2 节会介绍的后处理特效，也会作为一个子特效的形式挂接到特效系统中。在一些强调美术效果的主机游戏中，这种形式的挂接十分常见。英雄绝技释放后，天昏地暗，后处理参数驱动的配合和特效、音效需要天衣无缝，如图 5.44，特效编辑器是一个完美的演绎优化这个效果的地方。

图 5.44　在角色特殊技能中挂接径向模糊和变色等后处理特效（《无尽战区》，2016 年网易游戏 Inception 工作室研发）

/ 物理力场

除了特效渲染系统外，现代游戏还有一个平行的物理系统在后台不断运作。一般游戏逻辑中，会针对玩家的行为设计一些和物理世界交互的"力"。这种力场的触发如果单纯使用脚本来进行，容易有不易调试且和动作、特效脱离的情况，所以将物理的力场挂接也设计到特效系统中会是一个好的选择。

/ 逻辑挂接

如果我们把粒子系统提供的触发时机和挂接点作为一个通用结构的话，那么其实我们可以通过回调来做任何随特效的触发类事件，例如特效爆炸瞬间产生的客户端攻击盒伤害结算等。

总结如下，可以说在游戏引擎中添加任何一种形式的触发、挂接，无论是否是一个具体可见的资源，都应该首先想到是否适合集成到粒子系统中、作为一个子粒子系统存在。这就是因为特效系统围绕着挂接和触发设计的一系列编辑器功能和引擎功能，是引擎内资源管理管线中最全面的系统。也就是说，只要想设计一个灵活的、在某时某地做一件事情的编辑器，就应该想到特效系统。

5.5　材质及后处理特效

除了粒子特效这一类通用的特效形式外，还有很多的效果并不是由粒子的运动来表现的，而是通过像素和顶点的 Shader 编程魔法：材质特效。传统美术大多从固定管线开始开发游戏，粒子特效和模型是他们经常依赖的特效类型。但是要表现一些更复杂的效果，这些特效往往表现得力不从心。例如水流、烟雾流动、大面积连续的火等，这些形式的特效，如果要使用传统的粒子类特效，那么势必面临一个堆量的问题，美术连续叠加多层特效来达成动态，但是效率和效果仍然无法满足要求（参见图 5.45）。

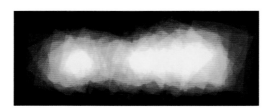

图 5.45　调试模式下观察一个 Overdraw 很严重的特效

进入可编程管线之后，Shader 帮助开发者很好地解决了这个问题，它是从像素和顶点的动态上、通过一些模拟技术来解决了这类特效的制作问题。

粒子特效的运动是由粒子的动态行为形成，那么材质特效的运动可以说是由顶点、像素，两者的动态行为形成的。

那么像素是如何"动"的呢？这源于计算机图形学的一个基础元素变化：UV。UV 在实时图形管线中代表当前顶点对应的纹理坐标，顶点到像素的变化过程中，会插值形成每个像素对应的纹理坐标。纹理坐标的取值范围为 0~1，以映射到一张完整纹理的区域，如图 5.46 所示。

图 5.46　一个简单 Sprite 的 UV 分布

我们知道 UV 有 Clamp、Wrap、Mirror 几种不同的采样地址模式，每个采样模式都为了处理超出 0~1 区间之后，UV 怎么被重新映射回 0~1 区间的问题。Wrap 模式最为简单常用，美术制作中常用的 Tilling 技术就是使用 Wrap 模式。例如当我们将上面这个面片右下角的 UV 坐标修改为（3，3），那么得到的效果将会如图 5.47 所示。

(0, 0)

(3, 3)

图 5.47　一个经过 Wrap 模式横向纵向各 Tilling 后的 Spritea

UV 的 Wrap 模式将两个坐标按照如下公式进行处理：

$$U' = \text{fmod}\,(\,U\,)$$
$$V' = \text{fmod}\,(\,V\,)$$

（5.2）

这样每个相邻整形范围的区域都会被映射为一个完整的图像采样区域。那么如果我们把左上角的和右下角的两个定点做成一个动画的形式呢？例如对于 U 轴上两个分量，如果随着时间每帧一起累加的话，那么对于插值后的每个像素，像素所采样到的贴图像素就会向原先的右方移动，那么整个渲染后的面片就会感觉到贴图向左边移动的效果。整个过程如图 5.48 所示。

(0.2, 0)　　　　　(0.5, 0)　　　　　(0.8, 1)

(1.2, 1)　　　　　(1.5, 1)　　　　　(1.8, 1)

图 5.48　随着 UV 坐标的 U 分量增加，产生的 UV 流动效果

这就解释了所谓的 UV 流动是如何通过 shader 的采样做到的。以上的 Shader 如果使用 Splendor 材质编辑器表示的话，应该像图 5.49。

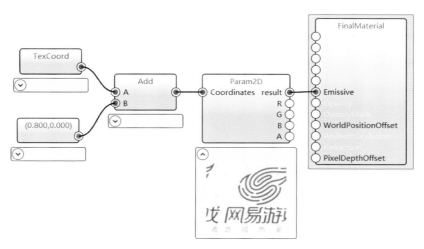

图 5.49　在 Splendor 中实现一个基本的 UV 流动材质

如果我们将 UV 的增量从一个 Uniform 常量，变成一个贴图会怎么样呢？上面的材质的每个像素，都会有一样的 UV 增量偏移，如果使用了贴图作为这个 UV 偏移，那么每个像素对应到的偏移就会不一样，这样就会产生一些图 5.50 中意料之外的效果。

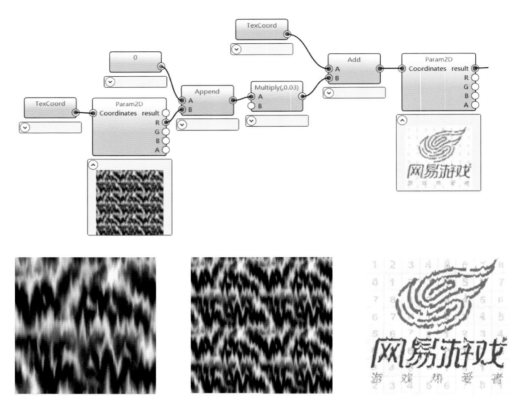

图 5.50　使用 Noise 来扰动原先像素的 UV 坐标，达到贴图采样的扰动效果

如果在此之上再对这张用于 UV 偏移的贴图（一般称为 DistortMap）本身 UV 的动画，那么不均匀的扰动本身也会形成一个动画，这样就是平时美术经常使用的空气扭曲模拟了。大部分的火焰类的特效就是使用这个简单的技术制作的，可以再添加额外的一张 UV 偏移图以及相应的Mask，就可以制作出一个火焰类材质特效（参见图 5.51）。

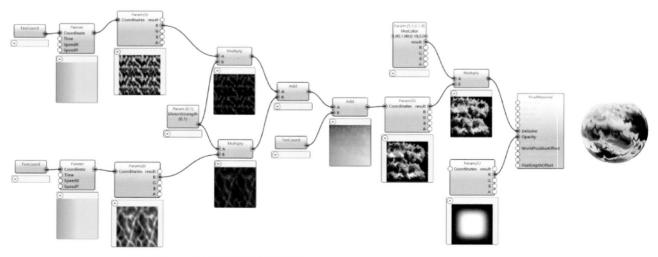

图 5.51　一个火焰的燃烧扰动特效材质

UV 采样概念是材质的核心基础之一，深入理解 AddressMode 以及各种 FilterMode，对于理解美术的各种制作方式，或者是排查渲染 Bug 都有十分重要的作用，建议多使用 Shader 或者材质编辑器做一些尝试来加深理解。

/ Flowmap

FlowMap 属于 UV 技术的进阶效果，顾名思义这个技术是通过一个称为 FlowMap 的图来表示图片中的每一个像素流动的方向。FlowMap 因为涉及动画，以及一些视觉连续插值，实际的理解也是结合实际案例会更容易一些，建议有兴趣的读者可以搜索网上的特效案例。

总体来看，特效材质是一种特殊的 Shader 上的特效形式，它本身和粒子系统是两个层面上的技术，粒子系统每个粒子的渲染都可以应用上材质特效来提升效果。材质特效可以用来解决仅靠运动无法达成的动态效果，对于水流、气态等模拟更加真实。材质本身是作用在 Vertex 和 Pixel 着色阶段的，所以单层面片就可以包括足够丰富的效果，同时消耗的 GPU 性能也更少，避免了过多 Overdraw。很多的贴图也可以通过材质计算的数学公式来进行模拟，并用来减少贴图占用，包括贴图、顶点色、位置和曲线等各类输入信息，也可以用来组合创造出各式各样的定制效果。图 5.52 展示了《战国志》中使用 UV 类材质结合 PBR 制作的特效角色材质。

图 5.52 使用 UV 类材质结合 PBR 制作特殊的特效角色材质（《战国志》，网易游戏 2018 年研发）

篇幅有限本节介绍两种比较常见的特效材质技术，详细的制作方法，建议有兴趣的同学可以阅读参考文献中的 [7]。

5.5.2 后处理特效

我们到此介绍的所有特效都是发生在世界空间的，有时因为玩法及美术需求，可能需要用到一些特殊的全屏表现形式，如图 5.53 和图 5.54 所示。

这类效果的制作方式和特效材质的制作本质上没什么区别，主要使用 UV 相关技术，配合原始的画面 ColorRenderTarget 以及 DepthBuffer 上恢复的像素世界位置来做特殊的着色效果。

后处理特效本质上还是后处理管线上的一个特殊后处理。开发需要由程序或者特效软件相应的后处理材质 Shader，然后集成到引擎的可配置管线中，再辅以脚本的开关管理，确保自定义后处理仅在需要的时候被打开。

图 5.53　喝醉了之后的后处理效果，变色、镜头畸变、UV 扭曲（《荒野大镖客 2》Red Dead Redemption 2, 2018 年 RockStar 开发）

图 5.54　模拟电子扫描形式的游戏模式切换 - 马赛克的形式 渲染 3D 场景（UE4 官方 Stylized Demo, 2014 年 5 月发布）

5.5.3　使用 Splendor

特效的制作本身具有启发性，这个不同于传统的 Shader 开发，美术需要有一个可以不断确认效果、可以不断迭代的材质开发工具。目前大的商业引擎都提供节点型材质编辑器，甚至包括像神海这种 3A 的自研引擎项目，也开始为 Visual Effect Artist 提供类似工具以减少项目特效开发成本。通过限制指令数以及多平台交叉编译，可以同时最大程度保持性能和兼容性，目前互娱内美术已普遍使用自研的 Splendor 材质编辑器来制作 NeoX 和 Messiah 的材质特效、UI 材质以及后处理特效。了解并学习使用材质编辑器及其美术工作流程，对于我们把控项目资源、优化性能有着很大的意义。

5.6　特效动画

特效动画是指用以驱动特效系统的各项参数的外部数据结构。参数的驱动有两种形式：随机器和动画。前者被大量运用在粒子发射器的各项属性中，可以通过制定随机区间进行快速的属性随机定义。各种随机区间，就定义了每个粒子都具有不同的随机参数，也就表现出了截然不同的效果。

但是有一些情况是我们需要在游戏里人为控制的。例如整体特效的亮度，我们想让其随着一个正弦曲线的形式进行忽明忽暗的亮度变化，那么这种参数的行为就需要使用参数动画的形式来进行。

在特效系统中参数动画有两种方法：数学曲线、关键帧曲线。

5.6.1　数学曲线

数学公式是一种很好的数据结构，通过各类函数的组合，我们可以拼凑出各种类型的曲线形状。例如上面举的例子，其实就是一个比较简单的函数映射。如果我们想让特效的亮度值 L，在 0~1 的区间内以 2s 为周期做正弦变换，那么只需要使用如下的公式来构造即可：

$$L(t) = 0.5(\sin(t * 2\pi) + 1)$$

其中 t 为动画的时间，其会随时间递增，它一般就是指游戏的时间。通过以上函数就可以构造出一个如图 5.55 的曲线。

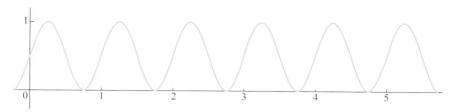

图 5.55　0~1 之间的区间内以 2s 为周期做正弦变换曲线

在实际使用中，我们可以在 C++ 或者 Shader 内使用函数来定义类似的曲线，然后根据时间参数，算得对应的值传给特效系统。

再比如我们在 FlowMap 的实现中，需要实现一个此消彼长的 Alpha 参数，这个参数由图 5.56 类似于锯齿波的一个曲线所构成。

图 5.56　FlowMap 中 Alpha 的参数变化示意图

对于类似的简单曲线，通过观察分解，都可以变成简单函数的线性组合的方式，例如这个曲线就可以通过 $f(x) = x$、$f(x) = frac(x)$、$f(x) = abs(x)$ 以及偏移和振幅放缩的形式组合而成（参见图 5.57）。

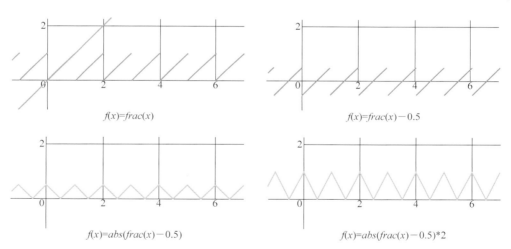

图 5.57　通过简单函数组合成需要的曲线形式

使用数学公式表达曲线拥有诸多优点，例如函数不需要额外的资源存储形式，并且函数本身是可以参数化的。当然对于过于复杂的函数，这种形式可能会显得不够用，这时就要借用诸如 Matlab 等更专业的曲线拟合工具了。在图形 Shader 中，这类曲线的应用十分广泛，在 HDR 的 Tonemapping 算法、PBR Shading 中都有应用。对于函数曲线的确认和调试可以尝试使用 https://www.desmos.com/ 在线曲线函数编辑网站。图 5.58 是一个具体的工具及制作效果展示。

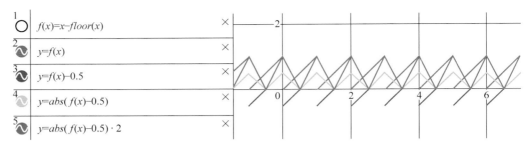

图 5.58　通过 desmos 工具简化的曲线函数制作

5.6.2　关键帧曲线

除了数学曲线之外，还有一种方便的方式是通过关键帧来定义曲线数据。关键帧是一种比较典型的曲线表达形式，在一般的游戏引擎中都会有对应的编辑器形式。例如图 5.59 所示的 NeoX 特效编辑器，对于部分属性，编辑器都提供了可变的曲线形式，对应的按钮都对应了一条多帧线性插值的曲线。当勾选"只取一帧"复选框时，整个曲线数据将退化成一个单独的值参数。

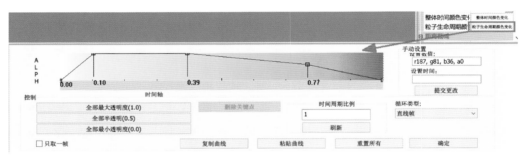

图 5.59　NeoX 中的曲线编辑器

当然曲线本身是一个纯粹的以时间为参数的函数，对于关键帧曲线也是如此。游戏引擎中的 Float 以及多维 Float 参数，理论上都可以用一个曲线来代替达成动态的行为。对于商业引擎来说，这个迭代更为彻底。例如 Unreal 的 Cascade 特效编辑器和 Unity 的特效编辑器，大部分的可用参数都是可以通过曲线来定义的，这为开发提供了极大的便利性。图 5.60 展示了 Unity Engine 4 的曲线编辑器。

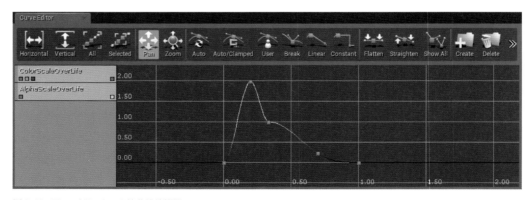

图 5.60　Unreal Engine 4 的曲线编辑器

关键帧之间的插值方式当然不仅限于线性插值的方式。引擎中定义的曲线关键帧除了值和对应的时间之外，还存在每个关键帧之间的插值方式。常用的插值方式如图 5.61 所示，包括 Constant、Linear、Sine、Cubic、Exponent、Hermite 曲线等多种。例如常见的 Cubic Interpolation 在 C++ 代码中，曲线的关键帧被定义为如下形式：

```cpp
template<typename T>
  struct CurveKey
  {
      float time;

      T val;
      T lh;        // left handle
      T rh;        // right handle
      int type;    // CURVEKEY_USER or TweenType
      int tag;     // user tag

      CurveKey()
      {
          ZeroMem(&val);
          ZeroMem(&lh);
          ZeroMem(&rh);
          type = CURVEKEY_USER;
          tag = 0;
      }
  };
```

大部分曲线编辑器的插值方式都大同小异，例如在 Unreal 引擎中可定义的几种曲线差值类型如图 5.61。

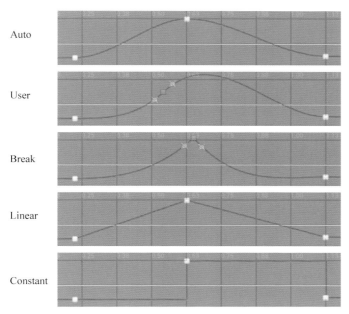

图 5.61　在 Unreal 4 中曲线编辑器支持的 4 种帧间插值类型

当然曲线本身对于引擎的意义还不止来为特效系统提供动画数据。对于游戏内的动态参数，只要类型是标量或者向量形式提供的都可以替换成一个关键帧的形式。例如对于骨骼动画来说就是一个典型的由 Translation、Scale、Rotation 三组向量的骨骼关键帧动画组成的，所以我们可以把这种思路拓展到图形系统中的各个参数中。例如我们可以通过参数曲线的形式来提供 24 小时天气系统中的各个参数随时间的定义（强度、颜色），也可以提供在打雷时，乌云随时间的闪烁变化（强度），还有像技能命中一个敌人时，镜头震动的幅度（向量、强度）。

例如在游戏《堡垒之夜》中，开发者巧妙地通过曲线定义了游戏中风格化的建筑"反弹"效果，以及组件消散所使用的曲线，如图 5.62 所示。

事实上，在 Unreal 引擎中，Curve 已经被拓展成了一个资源的形式，可以加载到游戏引擎中的任何变量上。Unity 也可以将 Curve 作为一个 Object 的属性存在，并通过编辑器进行编辑，以及在脚本中调用，如图 5.63 和图 5.64。我们在 Bigworld 尝试加过类似的功能，可以在脚本层调用曲线来驱动一些自定义效果逻辑，为开发提供了更大的灵活性，如果读者有兴趣可以在引擎中尝试类似的做法。

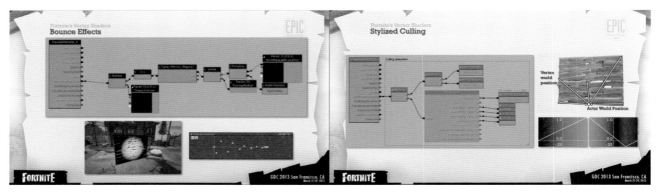

图 5.62　*The Inner Work of Fornite Shader-Based Procedural Animations GDC 2013*（图片引自参考文献 [8]）

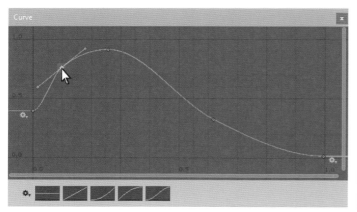

图 5.63　在 Unity 中将车辆动力模型参数提供给编辑器以曲线的形式编辑

图 5.64 在 Unreal 编辑器中创建一个 Curve 资源

5.7 性能优化

特效资源是引擎所有资源中性能最不容易掌控的部分。

之所以说不容易掌控，是因为相对于模型、地形等相对静态的资源，特效的开销随着时间可能会不断地变化。另外相对于别的渲染资源来说，特效是一个 CPU 密集型的资源，不同特效类型的内部逻辑，有很多都会和 CPU 性能相关，例如发射速率、使用的驱动器的复杂程度、是否有碰撞、渲染的更新等。

对于模型和地形，在制作时可以只给一些清晰的指标，例如面数、贴图大小，但是特效并无法仅仅依赖几个简单的参数，而需要使用更综合的标准来评定。

首先我们可以根据 CPU 和 GPU 两方面分别分析特效的开销，我们先来分析一下 CPU 部分的
开销：

- 粒子数量。对于粒子系统，粒子的发射、更新等都是在 CPU 端进行，所以粒子系统的粒子数
  量首先会较大程度影响 CPU 性能。

- 层次更新。特效系统本身是一个树形层级结构，由一个特效总结点，通过挂接的形式挂接和关
  联多个特效或者模型，如图 5.65。这为美术带来了制作的便利性，同样也带来了一些层次过
  深导致的更新性能问题。

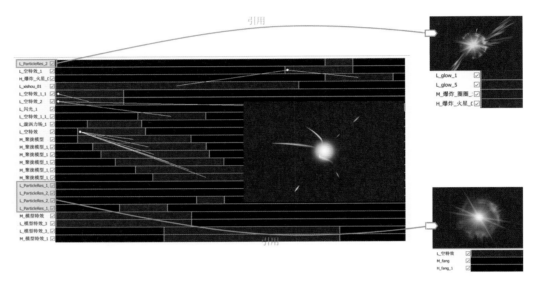

图 5.65　NeoX 内特效的多层级引用机制

- 模型特效开销。模型特效具有很强的定制性，但是由于可能存在 CPU 蒙皮等开销，所以过多
  的骨骼的模型特效可能对于性能会有负面的影响。在以往游戏的优化经验中，特效中的骨骼蒙
  皮开销也占较明显的比重。

- 特效资源解析。特效加载相对模型加载会更加复杂，因为存在层级关系，一个技能上挂接的特
  效可能涉及数十个文件的读取。以及相应的多张贴图和 Shader 编译，这些对加载线程会有负
  面的性能影响。

- 特殊驱动器。如果在粒子系统中使用了诸如碰撞等特殊的驱动器，每个粒子的开销将会增加。

其次是 GPU 部分：

- Overdraw。粒子特效多会使用 AlphaBlend 的渲染方式，Blend 本身因为涉及到 Buffer
  的读写，所以相对于 Opaque 的渲染，开销会有明显增加。同一个像素被多次绘制和
  AlphaBlend 覆写，我们称其为 Overdraw，这时候此像素的开销 = 每一层 Shading 的开销
  * 层数 + Blend 次数 * Blend 的开销。传统美术为了达到特效的动态随机性效果，可能会叠加
  很多层。对于这种问题，我们可以借助于引擎提供的 Overdraw 性能分析视图来分析当前粒
  子系统的 Overdraw 情况。

像素覆盖面积。之所以把这个问题和 Overdraw 分开，是因为两个都是因为像素开销的瓶颈，但是却容易混为一谈。有时即使没有 Overdraw 的情况，但可能会出现一些特效系统中非常大的面片，例如一个光晕，一个大片的烟雾等。由于这些粒子都是由一个个面片进行绘制的，所以每个面片绘制到屏幕上的每一个像素，都要经过平等的 Shader 计算，于是我们可以大概认为，一个 100px×100px 覆盖的面片，性能可能和 100 个 10px×10px 的特效性能相当（不考虑 Blend 以及面数的话）。因此在实际制作过程中，需要控制美术对这类大面片的使用，对于大面积的特效粒子，都应该想方设法采用 Mesh 的形式制作（降低 Pixel 压力，相对于 Mesh 的顶点数量，Pixel 的量级会高很多）。

这里有一个陷阱，是美术一般可以通过曲线来控制粒子随着生命周期的半透明度变化，如果制作不当的话，可能出现半透明曲线已经全部半透，而粒子生命周期没有消亡仍然在绘制的情况。对于这类问题，我们可以称其为无像素贡献绘制。这种问题极难发现，只有通过特效 Overdraw 视图才可能发现。

材质复杂度。进入可编程管线之后，粒子本身也会使用自定义 Shader 进行绘制，如果本身 Shader 的开销过大，那么特效的像素开销就会变得很明显。一般从量上来说，像素的着色数量是和场景非半透物体同样量级的，所以特效的材质复杂度应该远小于场景的着色复杂度。在项目实践中一般这个问题并不是特别大，只需要特别留意个别项目自定义材质的使用即可。在部分引擎中可以通过材质复杂度视图来检视当前场景中的材质开销情况，有部分项目组在 NeoX 引擎的基础上开发了类似的功能。在 UE4 中如图 5.66 所示。

图 5.66　在 UE4 中使用 Shader Complexity 的 View Mode 观察材质复杂度

面数。面数问题和模型是一样的。特效的面数越高，顶点着色的开销越大。尤其是当使用 MeshParticle 时，这个问题尤为重要。需要警惕美术通过粒子发射器的形式发射大量的 MeshParticle，导致面数超出性能预算范围的问题。

贴图尺寸。一个特效系统拥有多个不同子特效，这样一个特效一般会引用多张贴图。贴图对性能的影响有两方面，一方面是大贴图相对于小尺寸贴图的 Cache 利用率不高（实际测试仅有小于 256 的贴图采样才有明显效率提升）；另一方面过大的贴图缓存占用会导致贴图需要频繁地从显存中换入换出（桌面 GPU 情况下），拖慢带宽速度导致顿卡。并且过大的贴图占用对于手游来说也是致命的，而且在制作后期是极难压缩的。对于特效的使用，一个有效的方式是在立项初期规划特效贴图的分类标准，鼓励美术运用已有贴图，通过材质等方式对贴图染色等调整，来使贴图更加多样化。材质特效的使用也可以减少贴图的数量，通过贴图和材质参数的组合，可以变幻出无数种效果组合，大大减少了贴图种类的依赖。例如在某些运营端游中，通过善用特效材质和贴图复用，总共的特效贴图大小不超过 100MB，这是十分优秀的工程范例。

5.7.2　性能优化方法

因为特效制作有其性能的复杂性，所以特效的性能优化方法并不是一个局部单一的方法，是需要由技术、工具、流程多方便来保障的。

/ 技术优化

技术优化是指通过引擎工具以及底层技术，保障一些可优化模式可以在引擎层被透明地处理掉。这些可被技术优化的问题通常是比较单纯直接，可引擎内直接纠正的问题。当遇到开发中的性能问题时，我们一般会优先采用这种方法进行优化，因为这种方法对于人的依赖是最少的，也就最不容易出错。

1. Texture Trimming

特效的 Overdraw 是导致 GPU 性能下降的主要原因。对于美术制作的贴图，较难保证贴图的内容较好地贴合整个贴图区域，序列帧尤其如此。对于这种贴图，如果使用直接的绘制方式，那么会有大量的纯半透像素被浪费掉，如图 5.67。

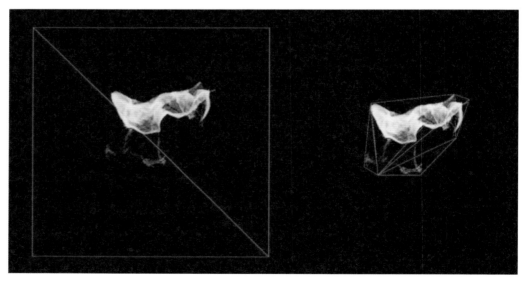

图 5.67　左图：一张像素利用率很低的贴图；右图：使用 TextureTrimming 方法创建代替 Quad 的 Mesh

TextureTrimming 就是一种针对这类贴图的自动优化方法。引擎工具在特效制作的保存过程中，会针对特效本身引用贴图的不透明区域建立一个单独的 Mesh 信息。粒子发射时，会使用这个 Mesh 替代原先的 Quad，这样就可以尽可能地减少 Pixel Shading 开销，多增加的顶点着色开销相对较小几乎可以忽略不计。

2. 合批 /Instancing

对于 Sprite 特效等特效来说，其对应的渲染器会自动对所有粒子进行合批。但是对于 Model 特效，或者是多层级的不同多级子特效，如果能利用管线本身进行自动的合批对于 CPU 的性能开销也是很有利的。

例如 NeoX 本身支持资源粒子的功能，错误的美术用法会将模型粒子作为资源粒子来进行发射，这样实际上一样的模型就会分布在不同的各个子粒子系统中，能不能合并将极大地影响特效绘制性能。

这种制作方式在美术中十分常见，例如图 5.68 中的一个箭雨技能，为了每个单独的箭可以有单独的模型、材质动画，他们会将箭本身作为一个特效系统进行制作，然后使用资源粒子的发射方式一次性发射多个。

图 5.68　使用资源粒子进行发射的 ModelEffect 特效（《战国志》，网易游戏 2018 年研发）

由于引擎合批的复杂性，并不能保证一切一样的模型、材质的模型特效一定可以被合批。所以需要多确认这类复杂特效的合批规则是否满足预期，如果出现问题需要对合批逻辑或者资源本身进行深入排查。

/ 资源检查

除了引擎层和工具层的技术优化外，仍然会存在一些资源无法被通过的检测逻辑覆盖。例如 Overdraw 以及特效的 CPU 开销等，这些性能标准的制定本身就存在一定复杂性。如何在编辑器层执行，就更是个困难的问题了。对于这类问题，我们会尝试在编辑器层为美术开发人员准备尽可能全面的性能检测工具，使其可以在开发期进行早期的性能自测。这个事情是很有必要的，越在资源管线的早期解决的问题，对整个项目组的开发人力的负面影响就会越小。

对于 Overdraw，引擎中一般可以提供针对性的 Overdraw 视图，使美术可以在制作的过程中检视特效的 Overdraw 水平。一般的做法会将特效中所有的 Shader 换成一个统一的 DebugShader，并且将 Blend 模式设置成 Additive。每一帧开始的时候 FrameBuffer 清零，DebugShader 只需输出固定的亮度，即可以在最终的 buffer 中检视每一个像素的 Overdraw

层数，例如比较典型的是我们会设置每次输出的颜色为（0.02, 0.02, 0）。这样当层数变多的时候，颜色就会从浅黄色慢慢变亮黄，直至变为纯白色。具体效果如图 5.69 所示。

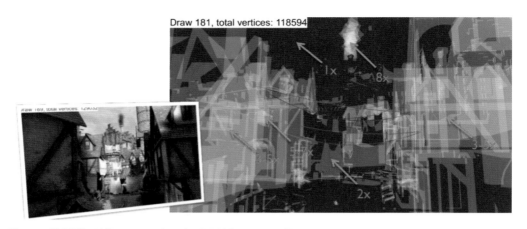

图 5.69　通过引擎工具的 Overdraw 视图来确认特效的 Overdraw 情况

当然这种性能视图模式仅仅通过人眼自测能达到的优化效果是很有限的，可能会漏过很多的测试点，同时也会因为开发人员的惰性优化而得不到彻底落实。那么还有一个方向就是对于项目组至关重要的性能标准点，给予更加强力的检测逻辑保证。对于不合标准的资源，在早期以自动的报错形式强提示，甚至使用 SvnHook 的形式阻挡问题资源上传到项目组版本库中，这样就可以提供更强力的保障。例如对于 Overdraw 这个用例，我们就可以通过设计测试工具的方法来进行 Overdraw 性能的更详细评定。

/ 流程保证

当然还存在一种以上两种方式都无法检测到的性能问题，那就是更复杂的上层游戏逻辑导致的特效性能问题。

以上检测工具都只可以检测到一个单独的特效的性能情况，包括 DP、面数、Overdraw、CPU 性能等。但是在游戏中，特效并不是以均等的情况均匀概率地出现在各个玩法里的。以我们熟悉的技能系统为例，以技能为单位，技能上的动作、法术场、攻击盒等逻辑元素上，都可能挂接特效。例如一个动作的不同阶段的多个帧上，可能会挂接多次特效触发；一个复杂特效还没有结束的时候，另外几个特效可能又被触发了。再如做了一个子弹特效，本身性能可能是达标的，但是策划的用法上，是做一个射速较慢的手枪，还是做一个弹幕的旋转机枪，所产生的性能开销又翻天覆地了。更复杂的情况是，这些各种挂接都会随着游戏逻辑的迭代变得越来越复杂，越来越不可预测，特效瞬发产生的顿卡更是影响动作游戏手感的大敌。

所以除了单独的资源监测，我们还需要针对于玩法的最终自动跑查，就像技能系统，需要一套能够评测"技能"这个玩法复合单位所产生的性能风险。以《无尽战区》的端游经验为例，因为本身偏动作要素，美术每次迭代所产生的性能风险，存在于开发的整个时期，即使今天测试通过的技能特效，可能在未来的某个阶段又变得不可用。针对这个问题可以由程序设计针对玩法的检测流程，设计相关流程以及开发对应的检测工具，由 QA 进行后续持续性的跟进和问题反馈。这个流程如图 5.70 所示。

设

计

根据某一方面的性能问题制定测试方法 → 配合QA开发自动化测试工具 → 制定检测标准

英雄技能对总体帧率影响及顿卡隐患

DP峰值变化
帧时间峰值变化
面数变化
平均活跃消耗
泄露风险

实

施

图 5.70　设计可以实施的特效性能测试和反馈流程

在《无尽战区》端游中，我们设计了一套 QA 可每周回归的测试标准，从性能风险的各个标准上设计了技能的评测标准，为 QA 开发了对应的测试工具以及制定性能预算标准，由 QA 每周进行测试回归，以及对问题特效的提单跟踪，从而在特效的优化上得到了较好的效果，具体如图 5.71所示。

顿卡	—帧耗时峰值的阈值是50000(μs)
dp过多	—DP峰值阈值50，DP活跃区累计10000
泄漏危险	—恢复稳定最大容忍时间15s
面数过多	—面片峰值3000，活跃区 平均阈值1000
总消耗过多	—帧耗时活跃区累计阈值(小技能)500,000,(大技能)900,000(μs)

1-沙亚

用例		概述		Frametime(微秒)变化			DP变化			Primitives变化		
	问题概要	技能持续	恢复稳定(s)	峰值变化	活跃区平均	活跃区累计	峰值变化	活跃区平均	活跃区累计	峰值变化	活跃区平均	活跃区累计
ML,ML,ML	顿卡,	1.4	0	73,132	2,329	219,017	19	4	664	278	160	21,624
MR,MR,MR	顿卡,	1.2	3	52,459	2,563	212,765	19	4	548	403	129	13,909
R	消耗过多,dp过多,面数过多,	20.0	0	26,298	807	1,100,426	19	7	15,946	6,371	5,609	10,326,844

1-沙亚-160001

用例		概述		Frametime(微秒)变化			DP变化			Primitives变化		
	问题概要	技能持续	恢复稳定(s)	峰值变化	活跃区平均	活跃区累计	峰值变化	活跃区平均	活跃区累计	峰值变化	活跃区平均	活跃区累计
R	消耗过多,dp过多,面数过多,	20.0	3	17,465	871	1,327,072	15	6	11,626	2,566	2,313	4,083,727

图 5.71　无尽战区中对英雄技能特效进行性能测试报告及测试标准

5.8 特效的未来

特效技术在快速地更迭发展着，每年的世界顶级开发者会议 GDC 上，我们都可以看到一些新兴技术的出现与应用。材质和 Shader 的开放，使得 Visual Effect Artist 的创意可以得到极大的释放。在这个技术和创意结合的过程中，会产生很多我们无法想像的酷炫特效技术。如果说展望一下今后的特效技术发展，那么以下两个技术方向上可能会有新的突破。

5.8.1 使用特效系统模拟真实世界的交互

在游戏开发过程中，由于技术以及开发量的原因，角色和场景的交互往往是很有限的，而真实世界中，各种物理现象之间的交互是随时随地在发生的。人从一个场景中走过，人的脚步、身体的碰撞、推开的空气等都会对身边的真实世界造成或多或少的影响。在近两年的一些 3A 游戏制作中，这种影响已经被发挥的越加淋漓尽致。例如 E3 的《对马之魂》(Ghost of Tsushima) 实机试玩演示中，角色和各种场景间的交互已经近乎真实。

那么如何在游戏内制作这类交互效果呢？不论是泥脚印，还是落叶的吹动，我们都可以看成是玩家对于游戏施加的一定"影响"，有了"影响"的数据，我们就可以利用图形 Shader 相关技术创造对应的变化。例如枫叶本身是由 GPU 粒子系统大量发射的例子，而"影响"本身是一个由人脚部产生的力场。又比《战神》主角在雪地里行走所留下的痕迹，雪地本身是一个由细分网格和 DeformMap 产生的变形网格表现，而"影响"是人的脚步在 DeformMap 上留下的一步步脚印。

可以看出，人对于世界的"影响"，本身也类似于一个物理现象的触发、更新和作用。这个影响本身和粒子系统的行为是很相似的，所以理论上我们可以尝试使用粒子系统来模拟这些影响。在2017 年 GDC 会议上顽皮狗工作室介绍了一种基于粒子特效的新制作方式 [9]：使用粒子系统作用的 RenderTarget 来模拟对于自然世界的影响。

这个非常巧妙的技术就是利用了粒子系统本身的特性：可灵活触发、更新、渲染。这个逻辑和人对于世界的行为影响是非常相像的，任何作用于这个世界的行为，都需要特定的挂接、触发、初始强度参数控制、随时间的更新逻辑以及多重影响下的累加。例如在图 5.72 中，我们走在雪地里的脚印可能随着积雪的过程逐渐掩盖，例如技能产生的风场也可能是转瞬即逝的。以往的实现

图 5.72　一种基于粒子特效的新制作方式（图片引自参考文献 [9]）

方式往往是通过引擎特定模块逻辑，或者是脚本的方式来接管这些特定行为的触发和更新控制，但是如果为每个这类系统定制同样的一些挂接、更新、渲染，以及优化所用到的剔除、Lod，显然是没有必要的。而如果将这些特定的"影响"，都作为一个粒子的形式绘制到一个中间数据结构上，那么这个问题就迎刃而解了。对现有的引擎做一些简单的改造，基本没有额外的代码量，就可以利用现有的特效编辑器及特效系统制作这类动态效果。

在 GPU 中最广泛使用的数据结构就是 RenderTarget。单层的 RenderTarget 等同于一个二维贴图，可以被映射到世界的二维平面上，就可以表达出而大部分的 2D 空间的影响行为。为了更新地优化，可以将 RenderTarget 始终维护在以玩家为中心的一个区域内更新，并且粒子的相关绘制也仅在这个区域所产生的视口内进行。摄像机为一个自上而下的正交相机，相机拍摄的内容就是主角周围发生的行为，这些行为将以特效的形式"绘制"到这张 RenderTarget 上。《神秘海域 4》中这个技术的运用相当广泛，从人物的脚印（图 5.73）、车碰撞后造成的 Morph 变形（图 5.74）、车开过的地面被压倒的植被等（图 5.75），都是基于同样的技术，区别只是最后这张 RenderTarget 被怎么用到 Shader 效果里而已。

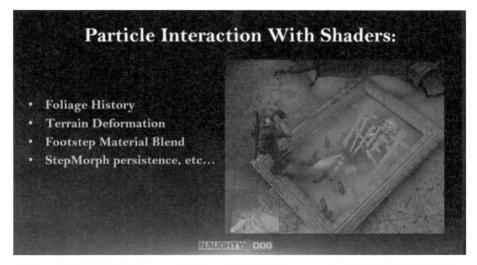

图 5.73　使用粒子来和物体的 Shader 进行交互（《神秘海域 4》Uncharted 4，2016 年顽皮狗工作室开发）

图 5.74　将汽车的碰撞以粒子的形式绘制到 RenderTarget 上，用以影响被破坏的汽车 Shader（蓝色通道）Uncharted GDC 2017（图片引自参考文献 [9]）

图 5.75　将汽车碾过的区域以粒子系统形式绘制在 RenderTarget 上，以此 RT 用来判断草是否被压倒 Uncharted GDC 2017（图片引自参考文献 [9]）

5.8.2　下一代可编程特效系统

从现阶段的特效制作方式来看，粒子特效系统还是以一些固定的组件式结构组合而成。例如 Unreal 的 Cascade，Unity 和 NeoX 的粒子编辑器，本质上还是将 C++ 上发射器以及驱动器的一些功能，以模块及参数化的方式提供给用户。特效的制作方式就是模块的拼装以及不同的参数设置。

这样的系统是有一定限制性的。例如模块是很难后期扩展的，因为绝大多数模块都是这样，比如在 C++ 中，功能模块的添加，或者现有模块功能的修改，都会引起编辑器和游戏的引擎 C++ 重编译。这对于需要快速迭代的上线项目是基本上不可能的。

另外模块的扩展因为涉及引擎代码，所以对于特效美术有较大限制。一些较为简单的逻辑调整依赖于程序调整，使得效果的迭代速度变慢。在以往的特效开发过程中，因为特效发射逻辑导致的逻辑变更需求非常多。

进入 GPU 时代后，这个问题似乎有了解法：GPU 粒子本身就是由 Shader 代码进行更新的，所以从前我们在 CPU 粒子上实现的各种功能模块，都可以以 Shader 代码的形式实现到 GPU 粒子对应的 GeometryShader 或者 ComputeShader 内，这样似乎就解决了这个问题。通过宏控制的方式，我们可以像传统 Shader 一样，对于不同类型的 GPU 粒子系统给予不同的更新逻辑组合。

但即使如此，仍没有解决逻辑功能可以动态灵活扩展的需求。无论是 GeometryShader 还是 ComputeShader 的开发都具有较大的专业性，非渲染方向程序员都不一定可以胜任复杂 Shader 模板的维护和扩展工作，更不用说美术了，所以扩展的任务又再次会落在了少数图形引擎程序员的肩膀上。这也就是为什么 GPU 粒子虽然已经出现了数年，但在当今引擎中仍然没有大规模运用的一个原因。

对于这个问题，两大商业引擎 Unreal 和 Unity 都设计了解决方案：下一代 GPU 可编程粒子特效编辑器的雏形，Unreal 在 2018 年的 GDC 大会上发布了最新的特效编辑器：Niagara（图 5.76），Niagara 本身官方的描述是这样的：

"This new tool puts more power into the hands of the artist, to create additional functionality without the help of a programmer. We take some inspiration from movie FX tools, and try to make the system as adaptable as possible, while keeping usability high and accommodating 90% of use cases."

"Niagara is Unreal Engine's next-generation visual effects system. It's a complete replacement for Cascade, but it will coexist with Niagara until Niagara's functionally has fully superseded the functionality of Cascade."

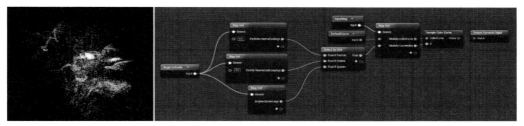

图 5.76　Unreal 4.20 Niagara 特效编辑器

Unreal 官方路线是计划将 Niagara 作为完全替换 Cascade 的下一代编辑器，不过因为开发方式的转变过大，这个过程我觉得还需要较长的一段时间。不过编辑器的目的很明确，就是需要能够适应 90% 的用户需求，从而让美术和普通的客户端程序员尽可能少的依赖于 C++ 引擎程序员。

Niagara 本身是基于 GraphNode 的形式进行开发的，它的一个很强大的功能就是可以通过纯 Node Graph 的形式来定义整个粒子的发射、更新、渲染的所有过程，并且可以任意地运用以各种形式提供的数据到粒子系统逻辑中，还可以使用动态输入将加速度、颜色、大小或方向等粒子属性与粒子速度、两个对象间的距离或骨架网格体上骨骼的运动等任意数据相关联。例如，我们可以将一个模型打碎成一堆粒子，也可以将贴图上的形状烧成无数个火焰的粒子。整个过程可以由用户在编辑器层独立定制，无须任何的 C++ 代码。Niagara 的结构构成如图 5.77 所示，与 Cascade 的使用区别可参见图 5.78。

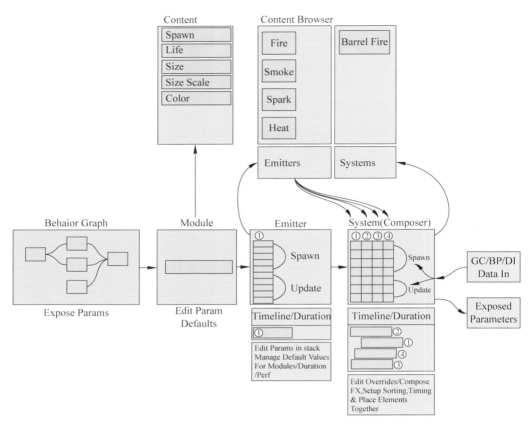

图 5.77　Niagara 的结构构成

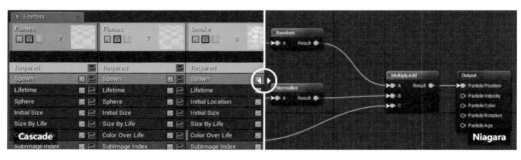

图 5.78　Niagara 和 Cascade 的使用区别

说到这里，性能可能是大家比较关注的问题。据官方文档描述，Niagara 的逻辑图最终是会被编译成字节码的形式存在于引擎中，并通过一个低消耗的解释器进行运行时执行。因为传统粒子编辑器是完全 Hard Code 的 C++ 模块形式，所以实际执行过程中也会因为虚函数和分支语句导致一些不可避免的 Overhead（因为大多数情况每个粒子可能只执行了一部分模块）。Niagara 的执行过程可以完全被执行在 CPU 端，或者执行在 GPU 端，这个对于用户是透明的。Unreal4 官方发布的 demo 展示了从横型上发射出 GPU 粒子（图 5.79）。

图 5.79　Unreal4 官方 Demo 展示使用 Niagara 从模型上发射出 GPU 粒子

2018 年 10 月，Unity 2018.3 版本发布了自己的次世代特效编辑器：Visual Effect Graph。和 Unreal 不同的是，Visual Effect Graph 更彻底地将整个逻辑设计设计成了类似于材质编辑器的 Node Graph 的形式。并且 Visual Effect Graph 的特效是基本完全 GPU 化的，并不提供对应的 CPU 版本，可以说迭代的更加彻底激进。

对于两个编辑器工具的具体使用方式篇幅有限不再赘述，感兴趣的读者可以下载 Unreal 和 Unity 的最新版本，通过官方文档尝试学习使用。

参考文献

[1] Klemem Lozar. Frame Blending with Motion Vectors[EB/OL].

http://www.klemenlozar.com/frame-blending-with-motion-vectors/, 2015.03.16.

[2] Andreas Glad. SideFX GDC 2017 booth presentation Volume to mesh workflows used in Battlefield 1[EB/OL].

https://vimeo.com/207921165, 2017.03.11.

[3] Bryan Dudash. GPU Gems 3 Chapter 2 Animated Crowd Rendering[EB/OL].

https://developer.nvidia.com/gpugems/GPUGems3/gpugems3_ch02.html, 2007.

[4] Jim Armstrong. Catmull-rom Spline[EB/OL]. http://algorithmist.net/docs/catmullrom.pdf, 2006.01.

[5] Paul Scharf. CPU vs GPU particles-from 20 to 200 FPS[EB/OL].

http://genericgamedev.com/effects/cpu-vs-gpu-particles-from-20-to-200-fps/, 2015.05.18.

[6] Gareth Thomas. Compute-Based GPU Particle Systems[EB/OL].

http://twvideo01.ubm-us.net/o1/vault/GDC2014/Presentations/Gareth_Thomas_Compute-based_GPU_Particle.pdf, 2014.03.18.

[7] Keith Guerrette. The Tricks Up Our Sleeves, A Walkthrough of the Special FX of Uncharted 3: Drake's Deception[EB/OL].

http://twvideo01.ubm-us.net/o1/vault/gdc2012/slides/Missing%20Presentations/Added%20March%2026/Keith_Guerrette_VisualArts_TheTricksUp.pdf, 2012.03.08.

[8] Jonathan Lindquist. The Inner Workings of Fortnite's Shader Based Procedural Animations [EB/OL].

http://twvideo01.ubm-us.net/o1/vault/gdc2013/slides/822154_Lindquist_Jonathan_The%20Inner%20Workings_final.pdf, 2013.03.26.

[9] Andrew Maximov. Technical Art Techniques of Naughty Dog: Vertex Shaders and Beyond[EB/OL].

https://www.gdcvault.com/play/1024103/Technical-Art-Techniques-of-Naughty, 2017.03.02.

06 音频
Audio

6.1 游戏音频总览

6.1.1 音频的作用

在如今的移动端市场的游戏中，音频的好坏似乎是不重要的。大多数注重数值结果的游戏，关闭了声音也没什么影响。很遗憾的是，国内不少手机游戏都是如此。

但是对于注重体验性的游戏而言，音频是非常重要的一部分，和渲染的作用一样，是构成游戏沉浸感的一部分，可以勾起玩家的情绪变化，提升游戏的沉浸感和游戏的环境氛围。比如陈星汉的《风之旅人》（图 6.1），有唯美的画面和音乐，加上精心的心流设计和情感曲线，成为一款划时代作品，其原声带成为游戏音轨首次获得格莱美音乐提名的作品。

图 6.2　《生化危机 7》（Resident Evil 7，2017 年 Capcom 开发）

除了提升游戏沉浸感、氛围感外，音频还可以帮助玩家进行各种游戏操作判断。音乐类游戏如《劲乐团》《节奏大师》自不用说，小到微信《跳一跳》游戏（图 6.3），音效对弹跳的预期远近提示，比起画面中跳人的形变提示更明显。

图 6.1　《风之旅人》（Journey，2012 年 Thatgamecompany 开发）

又比如各种主机游戏大作、VR 游戏，为了提升游戏的逼真度，而十分追求极致音效，典型的《生化危机 7 VR》（图 6.2）中的音效更是让游戏的恐怖感有巨大的提升，该游戏音效也获得了 2018 年最佳音效大奖。

图 6.3　微信小游戏《跳一跳》（2018 年深圳市腾讯计算机系统有限公司开发）

另外在第一人称射击中,听声辨位也是游戏重要的一部分,比如在《反恐精英》等第一人称射击竞技游戏中,高手和普通水平的差别,一部分就在于是否有一个好耳机和听声辨位的能力。

6.1.2　游戏中音频制作人员角色

早期游戏中的音乐、音效大多都是功能性的项目需求,一般由策划提需求,音效师和作曲家完成样本,程序在游戏中装配逻辑,策划验收即可,因此专职人员主要是作曲家和音效师。

随着音频在游戏中越来越受重视,各种音效、音乐的效果需要进一步挖掘,程序员、音效师和作曲家因此也需要了解更多音频引擎和音效的交叉知识,才能更好地配合。

一般情况下音乐的效果是由作曲家自主发起需求,而一些真实感的声音效果则可以由程序员或者音效师发起需求、并研究实现,因此专职人员将会多一个音频引擎和工具的程序员。

6.1.3　游戏常用音频引擎

游戏中常用的音频中间件有 fmod、wwise、OpenAL、DirectX audio(参见图 6.4)。

OpenAL 是一个跨平台音频 API,它不仅供音效设计师的编辑工具,而且还是完全免费,是程序和音频技术研究团队的一个很好的选择平台,它包含的知名游戏和中间件有:《毁灭战士 3》(Doom3)、《雷神之锤 4》(Quake4)和 Unreal 引擎等。

图 6.4　OpenAL 和 DirectX

fmod 是 PC 游戏时代最流行的音频解决方案,大量的游戏都使用 fmod 作为音频引擎。fmod 分为好几代 API,早期也是没有编辑工具,到了 fmod 4(即 fmod ex)时,有了fmod designer 编辑工具;后来 API 又升级到 5,编辑器改为 fmod studio(图 6.5)。

图 6.5　fmod studio 编辑器

wwise(图 6.6)则是后来发展起来的新音频引擎,其版本迭代更新速度更快。编辑工具更加强大和程序向,其集成的开发环境为音效师和程序员、策划之间的合作提供了更有效率的解决方案。在如今游戏音效效果越来越复杂且需要协作开发的趋势中,也有越来越多的游戏团队转用 wwise 作为音频引擎。

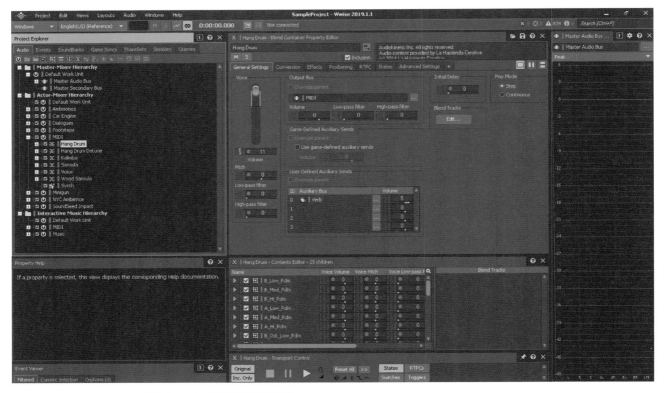

图 6.6　wwise 编辑器主界面示意图

6.2　基本技术和原理

6.2.1　声音和数字音频原理

现实世界中，声音和光一样，本质都是一种波，主要属性即频率和振幅，频率越快，人耳听到的音高越高。振幅则反映了声音的强度，标准测量方法是声音压强，用分贝（dB）来表示其强度的对数值。

而人耳听到的声音响度则比较复杂，除了明显和波振幅有关外，其实和频率也有关。人耳能听到响度的频率范围大约为 20Hz~20kHz，所以相同声压、不同频率的声音，人感受的响度也不同。图 6.7 展示了人耳等响线。

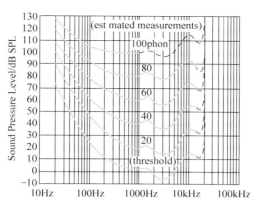

图 6.7　人耳等响线（图片引自参考文献 [1]）

另一个人耳感受的要素是音色，它是一个比较泛的概念，和不同频率、强度的波交织在一起的叠加方式、叠加时长等都有关，无法用简单的数学来表达，因此通过物理建模的方法实现数字乐器（另一种方法是大量采样现实乐器）是很多音源合成器公司研究的内容。

数字音频则是把自然界连续的波变化，变成离散的振幅数值保存，播放时离散的数值插值回波形，作为电流变化的值发送到扬声器即可（参见图 6.8）。

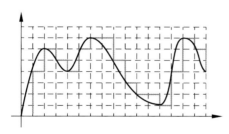

图 6.8　数字音频波动示意图

因为人耳能听到的最高频率是 20kHz，根据香农 - 奈奎斯特采样定理（Shannon-Nyquist sampling theorem），只要采样频率超过其 2 倍就能保证不丢失信号中的信息了，因此 CD 的采样率使用了 44100Hz。

6.2.2　音频术语

/ dB

前面已经提到了标准描述声音响度的单位是分贝（dB），另外 dB 也可以表示对数变化率，

原因是人耳对声音响度的感觉和声压对数成正比。在音频引擎（wwise）中，声音压强衰减率的也是用 dB 来描述的，而音效师使用的监听耳机，也是要求 dB 误差较小，没有经过修饰的效果。另一个值得注意的是数字音频中振幅一般都是使用 16 位整形来表示，因此其可表示的精度范围为 20×log10（65536）= 96dB。

/ wet/dry

声音传播时会与周围环境发生反射、衍射，再叠加原始的声音传到人耳里。

原始的声音称为 dry，经过多次反射 / 衍射后传来的声音称为 wet。wet 又可以区分出早期清晰的回声(echo)，以及晚期多次反射产生的混响(reverb)（参见图 6.9）。

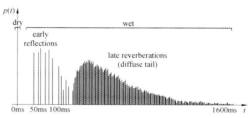

图 6.9　声音传播带来的回声和混响（图片引自参考文献 [1]）

/ DSP

DSP(digital signal processor，数字信号处理器) 以前是声卡的一个模块，现在都是在声音引擎中软处理，在声音引擎中实现各种效果的基础。

/ aux send

aux send 即 auxiliary send，辅助输出。声音数据流在声音引擎管线中，复制出额外分流进行特殊处理。比如真实感声音传播时，原始声音即 dry，处理混响效果时，分流出 wet 进行额外 DSP 效果处理。

/ bus

声音引擎中用来表示声音数据流线路图的名称。比如前面的 aux send 输出到 dry bus 和 wet bus，最后这个效果合并即 fx mix bus，整个声音引擎最终的数据流输出到 master bus 发给操作系统。

6.2.3 音频引擎的渲染管线（以 wwise 为例）

通过前面的基础知识和术语介绍，我们已经可以看到一个典型的原始声音（voice）是如何在音频引擎中进行处理并输出的，以 wwise 的处理管线为例（图 6.10）。

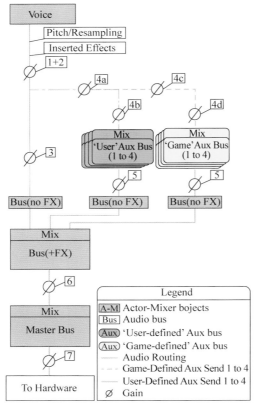

图 6.10　声部管线示意图（图片引自参考文献 [5]）

首先经过了 pitch/resampling 阶段，pitch 方面一般不需要保持速度的移调效果（比如汽车引擎声高低变化、多普勒效应等）会在这里处理，并会有一定消耗，无特殊效果则没什么消耗；resampling 方面则是把各种原始声音资源 decode 出来的不同采样率和精度，重新统一到声音引擎管线统一的采样率和精度中。

接下来经过一些 inserted effects，可以获得来自各个插件的各种声音处理效果，比如三维方位音效、dry、wet 的区分等，主要是声波过滤（filter）。

来到一个 voice 调节（gain）节点，可以理解为音量调节。在这个阶段根据前面 inserted effects 得到的结果，对这个声音的所有通道进行音量处理。通道比如立体声输出上就处理左右通道，如果是 5.1、7.1 输出上，则有更多通道区分处理。

分离出 dry bus 和 aux send 的多个 bus，分别处理效果以及独立的 voice 增益调节。对比 inserted effects 节点是 filter，这里的处理一般是声波混音（reverb）。

对当前声音的 dry bus 和多个 aux bus 效果进行 mix，并增益调节。

开始汇集多个声音，处理音效层次等效果的 mix，输出到 master bus。

总音量调节，输出到硬件（操作系统）。

6.2.4 音频硬件管线（以 Windows 为例）

最新 Windows 的音频，在 application 层提供了各种 API，然后来到操作系统的 Audio Engine，和硬件对接（图 6.11）。

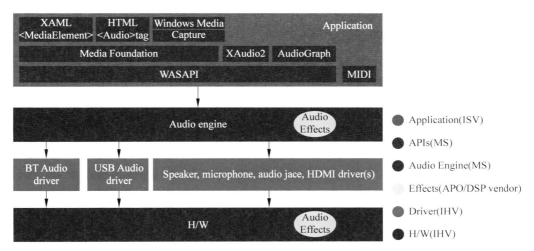

图 6.11　Windows 10 操作系统的 Audio 架构（图片引自参考文献 [6]）

Windows 的 Audio Engine（图 6.12）中有两个功能，一个是直接输出音频数据到音频设备驱动，用于实现声音工作站上的零延迟输出模式。在有此功能之前（Windows 7 或之前）需要通过比如 Steinberg 公司提供的 ASIO 实现，导致类似资源独占的效果，即只有该开启 ASIO 的应用程序有声音输出，其他应用程序则不输出。

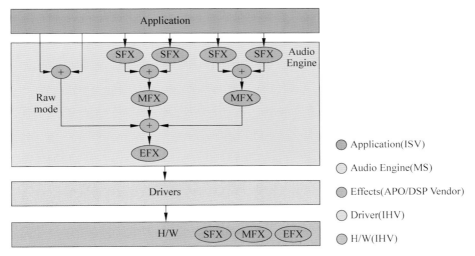

图 6.12　Windows 10 操作系统的 Audio Engine

另一个功能是有一套完整的操作系统层的音频管理，主要是抽象了一个 Audio processing object（APO）作为抽象的音频设备处理的接口。这样可以为不同作用范围的效果设备提供统一接口，有诸多音频流的效果 (stream effects，SFX，针对每个输入输出的音频流），诸多模式的效果（mode effects，MFX，针对多个输入输出的音频流），诸多总端的效果 (endpoint effects，EFX，针对某个扬声器 / 麦克风等硬件终端）。这些设备效果可以是软件实现的，或者专门硬件加速的；可以在输入流上，也可以在输出流上。

6.2.5 游戏中的音频资源组织

游戏中音频资源主要是音乐、音效和玩家实时通话的语音，按效果方面分类，主要为二维音效、三维音效。对于一些特殊的应用，可能有 midi 数字音乐资源。在完全需要声学模拟的情况下，声音资源还可能由程序化生成，即算法生成的声音。

具体的音频资源组织的话，大部分原始的音频素材，只会在音频引擎的编辑器中暴露给音效制作人员，而暴露给程序、策划等其他人员的一般是经过音频引擎封装的 event。event 在 fmod、wwise 等音频引擎中都表示了一个声音触发事件，比如可以触发一个音频素材的播放、触发多个音频素材按照某种概率比例随机播放（图 6.13）、根据前置条件触发一组素材中的其中一部分播放（图 6.14）等。这些最基本的规则提供了游戏声音最常用的随机性和交互性。

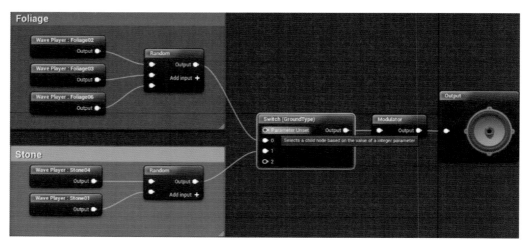

图 6.13　一个 event 触发一个随机选择原始音频素材的播放（使用 Unreal Engine 编辑器制作）

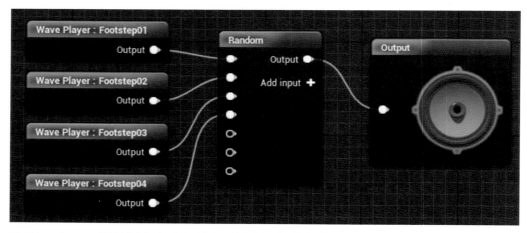

图 6.14　一个 event 根据外部参数（switch 参数），触发其中一组随机素材的播放（使用 Unreal Engine 编辑器制作）

最终音效师组织好游戏中的各种 event 后，交给程序和策划实现更具体的声音交互规则。一般的 event 分类有情景音乐、区域音乐、动作技能音效、界面音效、场景音效、角色对话的语音、多国语言的语音等（参见图 6.15）。

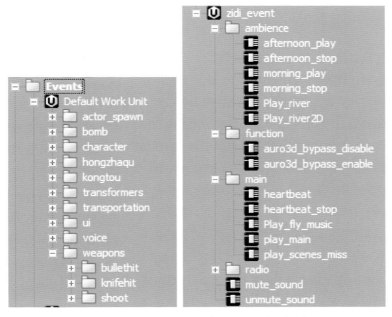

图 6.15　可播放的音效资源——event 的组织（使用 wwise 编辑器制作）

6.3　性能优化

6.3.1　最大发声数优化

同一时间的最大发声数是 CPU 影响的一个明显因素，在大多数音频引擎中，都会限制一个最大发声数来控制声音通道的最大处理数量。超出数量的情况下，会根据一定的优先级算法筛选掉不重要的声音，变成虚拟声音 (virtual voice)。

6.3.2　实时声音效果优化

实时声音效果的使用是 CPU 影响的最主要因素，不同的效果影响程度不同，需要我们了解其中的算法原理，或者通过调试工具确定是否消耗 CPU 资源。

一般情况下的三维音效效果，是非常简单地处理远近、左右声道强弱变化的算法，消耗很小。在一些高级效果下，比如混响、更多声道模拟输出时，则会有较多的运算消耗。

不过实时声音效果和实时图形学算法类似，有各种各样的妥协技巧。典型的技巧类似图形学常见的烘焙，声音引擎也有各种预渲染技术，来节省 CPU 的实时运算。典型的预渲染应用是混响效果，声音引擎的各种效果器一般都是预先提供好了混响的区域样本（教堂、小房间、大厅、空旷野外等），再实时地去卷积生成声音的混响效果。如果更进一步优化，就可以把具体的声音和具体的混响空间进行卷积的结果保存下来，实时游戏中只进行简单的插值替换。

另外一点是声音效果在音效的高/中/低配置的作用，通过前面对 wwise 音频引擎的处理管线介绍，实时声音效果主要就是增加了额外的 bus。在低配置下，音频引擎绕过这些额外的 bus 计算节点即可方便地去掉这些性能影响大的效果（参见图 6.16）。

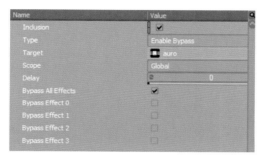

图 6.16　wwise 的 bypass 功能允许绕过一些效果器的 bus

包括素材资源的原始采样率、音频引擎实时输出的采样率。输出采样率设为 CD 音质（44100）或 DVD 音质（48000）就够了，而素材资源的采样率和实时输出的采样率一致时，是最节省计算的方式。但需要实现实时声音效果时，需要对素材资源的波形进行二次计算，会累积一定误差，可以视情况必要地增加素材资源采样率。

编码格式主要优化的是波形音频资源的存储，最原始的无压缩数据格式 PCM，其音频数据的存储大小即为：

$$采样率 \times 每个采样位数（一般即 16bit） \times$$
$$声道数 \times 时长 \qquad (6.1)$$

我们常见的 wav 音频文件内部即为 PCM 无压缩数据格式。无压缩的音频资源对存储空间占用较大，因此有了各种各样的压缩格式文件，比如常见的有 mp3、wma 以及开源的 ogg，游戏中需要在压缩比、解码速度、有损压缩的质量中取舍找到合适的平衡点。

除了 CPU 外，另一个主要的消耗是内存，节省内存最主要方法是流式读取音频资源。完全流式读取音频资源时，对声音反馈要求高的情况下，I/O 的延迟不能接受，则有预加载几百毫秒到内存中的方法来解决。

缓冲区则是音频管线的计算中、产生中间计算结果需要的内存空间，各种效果器应用的越多，则需要越大的缓冲区。

6.4　进阶音效技术

/ 节拍同步

在两段同样速度，同样拍子的音乐进行衔接时，对准节拍进行过渡能起到更好的音乐效果。一般情况下作曲家需要在对第一段音乐的每个节拍点处布触发器，只有时间线到达触发器时，才开始过渡到第二段音乐。图 6.17 是《量子特攻》的节拍同步效果。

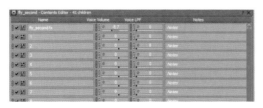

图 6.17　《量子特攻》(cyber hunter, 网易游戏 2019 年研发) 中的节拍同步效果，每个音乐小节都分割开

对于程序化生成的音乐，甚至可以反过来，制作一个节拍发生器，通过节拍发生器触发的节拍事件，来播放一个节奏音符。典型的节拍发生器可以参考 iOS 系统上的 garage band 软件（图 6.18）。

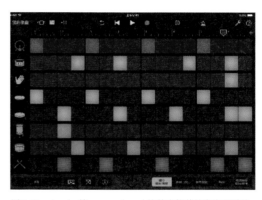

图 6.18　Apple 的 garage band 软件中的节拍发生器系统

/ 不重复的音乐

作曲家会把音轨按音乐的组合元素分开导出，每个组合元素有很多种随机选择，但不影响整体的音乐气氛，各个元素由此组合起来，可以做到不重复音乐的效果。一个典型的例子是爵士乐，其旋律大多数会比较随意，但和低音部和弦严格对位，因此旋律的部分按照乐器分开成鼓组音轨、钢琴音轨、萨克斯音轨等。每个乐器都有多个和低音部一致对位的可挑选音轨，因此游戏中播放该背景音乐时，鼓组音轨库、钢琴音轨库、萨克斯音轨库里面分别随机挑选出一个和低音和弦配合，组成了一段随机的音乐，如图 6.19。

更进一步的，随机音轨的是否播放与响度，还可以和游戏场景相关联起来，实现更丰富的区域音乐效果，如图 6.20。

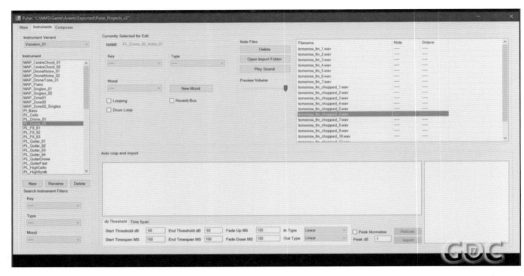

图 6.19　《无人深空》（No Man's Sky，2016 年 Hello Games 开发）中的随机音乐规则（The Sound of No Man's Sky-GDC2017）

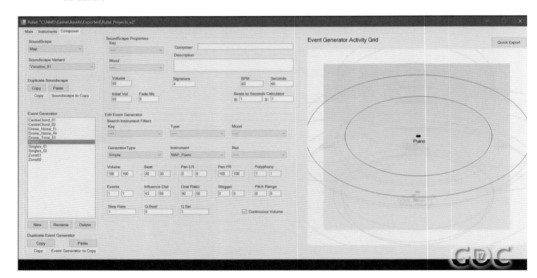

图 6.20　《无人深空》（No Man's Sky，2016 年 Hello Games 开发）中的随机区域音乐规则（The Sound of No Man's Sky-GDC2017）

6.4.2　真实感音效技术

音乐效果大多都是作曲家的发挥，程序员明白作曲家意图就够了，而音效技术则需要程序员发挥更主要作用。

/ 3D 发声体细节

1. 3D 位置

3D 音效的最主要属性就是设置好发声者和听者位置。

2. 距离衰减曲线

这是一个必要的属性，因为现实中发声体不是一个理想的质点，在过近距离时不会产生无限大的声音。如果考虑大气等介质会对声音吸收能量，大响声的发声体还需要进行基于距离的滤波。

3. 发声体方向和角度

和图形学的 spot light 类似，发声体也有方向的区分，在发声体的前方、后方、左右产生的声音是不同的（参见图 6.21）。

图 6.21   wwise 中的 cone 形发声体

4. 听者的方向、耳朵属性

在简单的 3D 音效模型中，听者的方向只引起声音在左右耳的强度之分。但是听者作为一个人，分辨声音位置还有受到声音折射到人体身体内的声音影响，还有耳朵的细微形状引起反射的影响，追求逼真的虚拟现实中需要考虑这个因素。有一个称为 HRTF（Head Related Transfer Function）的数学模型（图 6.22），就是用于处理非常逼真的 3D 音效技术。

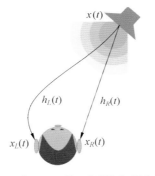

图 6.22   HRTF filtering effect 数学模型（图片引自参考文献 [7]）

/ 材质音效

两个物体之间碰撞发声，不同的材质产生不同的发声效果。常见的应用是不同地面材质下的脚步声，制作时常常对发声体定义了多组不同的切换。

/ 介质音效

听者在空气中、水中听到的物体发声也是不一样的，制作时常常会定义一个全局的切换。另外空气中的音速并不是可以忽略的，在一些情况下也需要实现音速传播带来的延迟效果。

/ 大范围发声体音效

多数情况下，游戏中的发声物体都体积较小，使用一个具体方位来描述就足够。但还有另一种情况是描述一片巨大体积的发声体，比如海水、河水、燃烧的火海、一片森林的音效等，这种情况在大世界开阔场景中非常常见。一般情况下需要和描述这些河水、海水、火海等形状进行碰撞检测，可以从听者位置发出多条射线，通过统计 raycast 情况来决定发声体相对听者的方位。而当听者进入这个发声体内部时，则需要把这个 3D 音效过渡为一个 2D 的音效，如图 6.23 所示。

图 6.23   《量子特攻》（Cyber Hunter，网易游戏 2019 年研发）的大面积水域音效

/ 3D 语音

在多人游戏中，玩家会进行实时语音交流。为了提升沉浸感，语音流也会设置 3D 音效属性，走音频引擎的各种真实感效果流程，使语音交流也融入 3D 场景中，比如《堡垒前线：破坏与创造》（Creative Destruction）就和 cc 语音插件合作实现了该功能。

/ 多普勒效应

多普勒效应是一种相对运动引起的发声频率变化现象，在赛车等和载具有关的游戏中比较常见，而像《荒野大镖客 2》这种以打磨细节到极致的游戏中，开枪子弹的飞行声音，也实现了多普勒效应。这个效果主要需要发声体速率、听者速率、介质传播速率来更新频率的乘数。

/ 共鸣

共鸣是一种共振现象，游戏中比较少见，可能在神庙的祈福钟模拟里面会应用到，或者一些特定的回声模拟中应用。它需要被动发声体的固有频率，发声样本根据这个固有频率过滤出主动发声体中同样频率的部分，然后把这部分作为强度变化卷积到发声样本中。虽然共鸣的效果游戏中比较少见，但其处理手法是很多声音滤镜效果的基本手法。

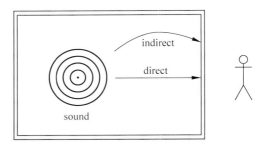

图 6.25　occlusion 效果，dry 和 wet 的声音都被削弱（图片引自参考文献 [1]）

6.4.3　真实感声音传播技术

/ 混响（reverb）

在前面的术语介绍中提到，声音中的混响是传播中 wet 的主要部分。在声音效果的优化中，也提到了混响的大概算法。大多数情况下，混响都是先由音频引擎的混响效果器提供一些参数，来建模诸如大厅、房间、洞穴等的混响效果，这种情况下游戏中应用时的主要的问题是解决混响程度如何根据区域形状，从 0 到 100% 的过渡问题。一个好的方法就是空间上使用 signed distance field 来计算区域距离（图 6.24）。另一个方法是从时间上插值混响强度来处理平滑过渡。当然一些 3A 大作会抛弃预设的混响，改成完全由算法烘焙实现，可以做到每个空间位置都有正确且不同的混响效果。

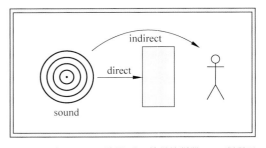

图 6.26　obstruction 效果，dry 效果被削弱，wet 削弱不明显（图片引自参考文献 [1]）

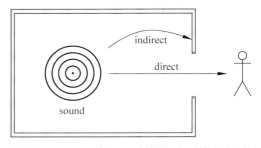

图 6.27　exclusion 效果，wet 被削弱，dry 削弱不明显（图片引自参考文献 [1]）

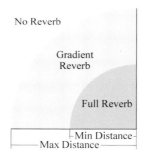

图 6.24　混响区域示意

/ 声笼（occlusion）声障（obstruction）声孔（exclusion）

由于声音传播过程中的反射，区分出了直接 / 间接传播到达的声音，即 dry 和 wet，因此这两部分的是否遮挡和强弱关系，就可以区分出 occlusion（图 6.25）、obstruction（图 6.26）、exclusion（图 6.27）的效果。

声音的遮挡系统不少游戏都有实现，对于一般的 3d 游戏，实现方式大都是随机射线检测系统，比如《战地 4》和《量子特攻》（图 6.28）。

图 6.28　《量子特攻》（Cyber Hunter，网易游戏 2019 年研发）的声音遮挡

对于一些特殊规则，比如像 Minecraft 一样规整化的格子，则有更加简化的算法，来计算格子 6 个面的遮挡程度。《堡垒前线：破坏与创造》实现了这种网格化的遮挡算法（图 6.29）。

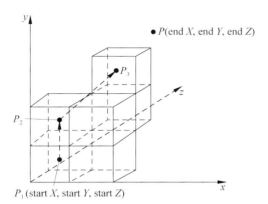

图 6.29 （Build Topia，网易游戏 2019 年研发）的网格化下的遮挡算法

/ 室内声音传播建模（spatial audio）

声音的 wet 效果中，确定间接传播强度是一个比较麻烦的问题，特别是对于复杂的室内房间模型而言，声音可能经过多次反射和衍射，才传播到听者处。因此和早期实时图形学的室内场景渲染的建模类似，音频领域也发展出一套室内的声音传播模型，定义了 room、portal 等几何形状，并连接起来，由此来计算声音的多次反射和衍射的路径。图 6.30 是 wwise 的 spatial audio 建模。

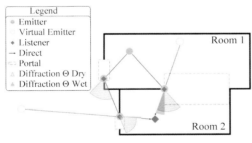

图 6.30 wwise 的 spatial audio 建模

/ 室外环境音效

室外的发声情况比室内简单很多，主要是通过碰撞检测，类似图形学的 AO 算法，发出大量射线来检测环境音效的遮挡程度（图 6.31），或者检测周围的环境音效属性，这种方法也可以应用在过程化生成的场景中。

图 6.31 《量子特攻》（Cyber Hunter，网易游戏 2019 年研发）的环境音效遮挡

/ 烘焙整个静态场景的声音传播效果

前面的真实感声音传播技术，都是局部范围内对遮挡效果程度的实时计算，比较简化。但类似图形学的全局光照烘焙点云一样：场景中细分的每个点的任意观察方向，都保存下最终光照后的颜色值。对于真实感声音传播，则是场景中的每个点（听声位置）都可以保存下场景中不同发声位置，发出声音后的 4 个效果：直接声音响度、早期反射效果响度、早期反射效果随时间衰减曲线、晚期混响随时间衰减曲线。这样把听声点位置 - 发声点位置 - 时间 -4 个效果的数据烘焙下来，就可以做到实现整个静态场景的声音传播效果。GDC2019 微软提到了这个解决方案（图 6.32）。

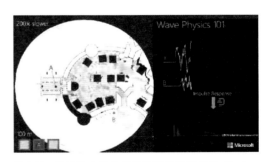

图 6.32 烘焙整个静态场景的声音传播效果（Project Acoustics-GDC2019）

6.4.4 非真实感声音生成

和图形学非真实感渲染（NPR）类似对应，声音的非真实感渲染被大量使用在比如 Rap 音乐、机器人 / 怪物说话声等。通过对波形的扭曲，

振幅截断、移调、卷积、EQ 调整等手法，实现了大量的声音滤镜效果，这些通常是通过离线生成来处理。图 6.33 展示了 Adobe audition 的音效滤镜功能。

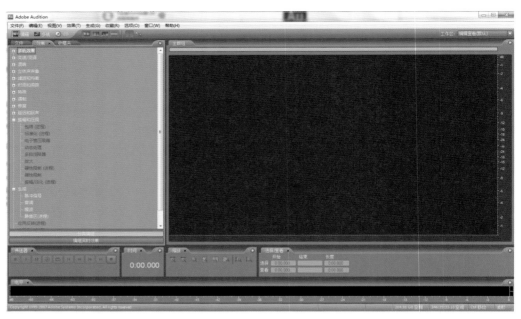

图 6.33　Adobe audition 提供了大量的音效滤镜功能

当然在一些完全过程化生成的游戏中，连基本音是也是实时生成的。No Man's Sky 使用 perlin noise，加上一些整体音调和波幅形状生成基本音，再应用之前提到的各种滤镜手法生成千奇百怪的声音（图 6.34）。

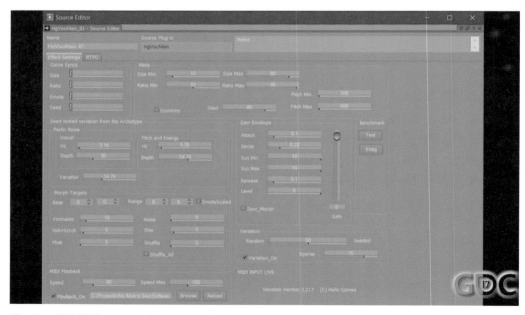

图 6.34　《无人深空》（No Man's Sky，2016 年 Hello Games 开发）中的怪物叫声生成 (The Sound of No Man's Sky-GDC2017)

6.4.5　音效的整体效果控制

前面的章节涉及到了各种单个音效的处理技术，除此之外我们还需要关心所有声音整合起来后的效果，就像控制一个交响乐团一样，指挥各个声音的层次和强弱表达。

/ 控制优先级

当太多的不同声音同时发声，超过了音频引擎预设的最大发声数时，我们可以根据预设的优先级来挑选各个声音是否播放。

/ 控制分组音量

游戏中最常见的分组音量即背景音乐和音效，很多游戏都有该选项。进一步的做法有对各个分组音量的影响曲线，比如实时语音的 bus 激活时，游戏中其他 npc 的 bus 音量会自动降低；某段重要的剧情音乐响起时，游戏场景里的实时音效需要压低等，这些手法和电影制作是非常类似的。更进一步地，还可以通过检测玩家的当前注意力，加大需要注意的内容的音量。《守望先锋》中，玩家锁定一个敌方时，该敌方的枪声脚本声等就加大音量，帮助玩家更好集中注意力。

/ 控制同种声音播放量

除了控制优先级外，同种声音的播放量较多时也可以限制，典型应用比如技能、枪声的快速连发时。

/ 控制区域划分、整合

在大规模国战游戏、即时战略游戏中，因为有大量单位执行任务，所以声音非常多，最基本的做法是同种声音单独使用一个群体音效资源。进一步还需要规划玩家注意的区域，通过四叉树、八叉树等空间分割算法，划分整合音效，调整群体音效、单独音效资源之间的音量。《星际争霸》是这方面整合的典范：大量刺蛇、小狗、枪兵的攻击声，会被分别简化成只有一个专门的群体音效，玩家选中的单位则使用单独的音效，而远处的坦克群轰炸声、建筑物爆炸声仍然能很好地交代战斗背景，网易游戏《战国志》也处理了大量声音的整合问题（图 6.35）。

图 6.35　《战国志》（网易游戏 2018 年研发）中的大规模战场中的音效整合

6.4.6 总线效果和输出终端

到这里，声音已经汇总成一个总线 bus，准备经过操作系统发送到终端了，但仍然有不少文章可以做。

/ 总线均衡器（EQ）和总线效果调整

和家庭影院的均衡器作用类似，我们可以简单地使用 EQ 调整喇叭对不同声音频段的响度，来得到类似重低音、人声、古典风格的音响效果。同样的在手机上，接上耳机和不接耳机玩游戏时，由于终端播放设备不一样，特别是手机本身扬声器附近的空间物质结构不一样而带来的共鸣，听到的声音效果也不同。

而游戏开发过程中一般都会使用质量高的监听耳机来测试音效，这时我们除了调整 EQ 最终输出的频率响应外，还可以和前面的音效反射原理类似，通过卷积来尽量整体上还原耳机中听到的声音。我司艺术中心就通过脉冲信号测试（Impulse Response 即 IR)，得到各个手机设备的各个频段的声音共鸣结果，反卷积到总线中获得整体近似监听耳机的音效。

/ 多声道输出

终端播放设备除了耳机等的双声道立体声，还有可能是家庭影院中的 5.1、7.1 声道。杜比环绕音效技术就是实现了把 5.1 声道的音频压缩到双声道轨道中，兼容双声道播放，也可以解压到 5.1 声道播放的技术。而近年来则继续累加声道，以及处理游戏中的 3D 音效方案，杜比全景声（Dolby Atmos）和 Auro 公司的 Auro 3D 推出了多达 11.1、13.1 通道的输出方案。图 6.36 展示了 Auro 3D 的 13.1 声道系统。

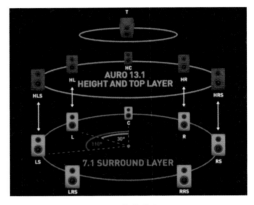

图 6.36　Auro 3D 的 13.1 声道系统

/ HDR

和图形学不满足于 8bit 的 RGB 颜色类似，为了追求更广的响度变化范围，声音的响度输出也不满足于 16bit 产生的 96dB 的固定响度变化了，为此声音引擎需要动态地调整音量的大小和范围，把超过 96dB 的声音动态地映射回 96dB 范围内（类似图形学的 tone mapping）。

6.5　声音信息识别技术

6.5.1 音素同步（嘴型同步）

和计算机视觉识别类似，声音也同样需要进行信息的提取，其主要是通过机器学习领域的工程师来实现。提取出语音波形中的音素（元音和辅音信息），甚至提取出语气中的情绪，和美术制作的嘴型模型、表情模型对应，并进行融合。图 6.37 是《神都夜行录》的嘴型同步具体方案。

委屈表情
叠加a口型

开心表情
叠加a口型

图 6.37 《神都夜行录》（Phantoms in the City of Tang，网易游戏 2018 年研发）中的音素识别与嘴型同步

6.5.2 语音识别

提取出语音波形中的语言文字信息，网易游戏杭州已经开发了一套语音识别系统。语音识别的后续可能还有自然语言处理，把语言文字转化为一系列操作命令等，这些都是机器学习有关的领域。

参考文献

[1] Jason Gregory .Game Engine Architecture, Third Edition[M]. CRC Press; 3rd New edition, 2018.

[2] Udo Zolzer.DAFX: Digital Audio Effects[M]. Wiley, 2011.

[3] WwiseSDK documentation[EB/OL]. https://www.audiokinetic.com/library/, 2019.

[4] YouTube GDC channel[EB/OL].

https://www.youtube.com/channel/UC0JB7TSe49lg56u6qH8y_MQ, 2015.

[5] Wwise Help Understanding the Voice Pipeline [EB/OL].

https://www.audiokinetic.com/zh/library/edge/?source=Help&id=understanding_voice_pipeline, 2019.

[6] MSDN Windows Audio Architecture [EB/OL].

https://docs.microsoft.com/en-us/windows-hardware/drivers/audio/windows-audio-architecture, 2017.

[7] Wikipedia.Head-related transfer function[EB/OL].

https://en.wikipedia.org/wiki/Head-related_transfer_function, 2017.

[8] David Sirland. YouTube-BF4 Audio Obstruction System[EB/OL].

https://www.youtube.com/watch?v=6kaYec34gog, 2015.

GAME SERVERS

02

服务端

07 网络传输与优化
Network Transmission and Optimization

7.1 实现网络传输和优化

7.1.1 需要做什么

一个好的网络连接，需要做到哪些，抑或是说需要满足哪些条件，有哪些标准来衡量？

/ 流量

在端游中，流量的大小如果没有影响到网络的延时，并不会成为首要解决的问题，这并不是说端游节省流量不重要，只是不需要像手游一样摆在首要位置来重视。对于手游来说，省流量就是省钱，所以一个好的网络连接必须要省流量。

● 差量传输

如图 7.1 所示，ServerAvatar 是玩家控制的服务器对象，ClientAvatar 是对应的客户端对象。ServerAvatar 和 ClientAvatar 都有一套相同的属性集合、玩家的操作、行走转向、释放技能、攻击对方等，它们都是对这些属性的修改（通常是修改 ServerAvatar，然后同步到 ClientAvatar，避免一些客户端作弊行为）与同步来实现差量传输。

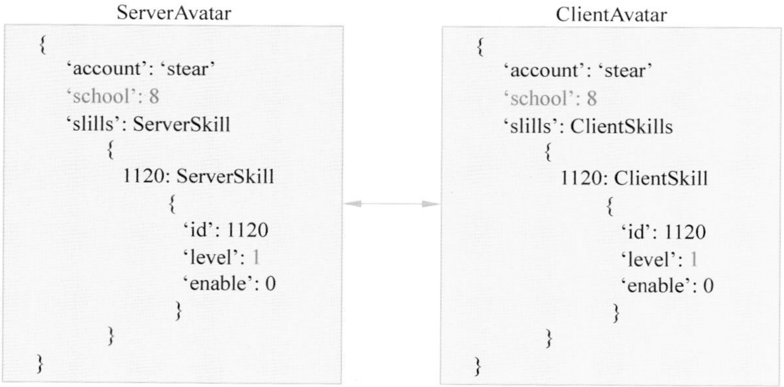

图 7.1　*Avatar 属性结构*

ServerAvatar.skills[1120].level = 1

例如，我们在客户端单击了一下升级技能按钮，然后向服务器发送一个 rpc 请求，服务器之后执行了上面的赋值操作，将技能 1120 的 level 修改为 1。从直觉上来讲，只发送修改的内容是最节省的方式。

要实现这种方式，就需要将这个属性在 Avatar 属性树中的层次位置（这里我们用 Path = skills.1120.level 来表示），以及这个属性被修改的值（Value = 1）发送给 Client，ClientAvatar 根据 Path 找到对应的属性，将 Value 修改为 1。

/ 压缩

在数据发送前，对数据进行压缩是减小流量最有效的方式。压缩过后通常只有原来 1/2 到 1/3 左右（天下手游测试数据），但是会有一定的 CPU，内存消耗，所以需要选择一个开销合理、能满足我们需要的压缩算法。

（1）压缩率越高越好；

（2）必须支持流式压缩：如果所有的数据包都要等待完整的一个大包收到后，再进行解压操作，会明显增加网络延时；

（3）CPU 消耗越低越好；

（4）内存消耗越少越好。

如图 7.2 所示，这是 zstd 官方对于一些主流压缩算法的压缩率（详情可见参考文献 [3]），压缩、解压速率的 Benchmark，其中 zlib、snappy、zstd 支持流模式。很显然他们自己的产品，在各方面的数据都要好于其他产品。所以我们需要在游戏环境中进行实际测试对比。

Compressor name	Ratio	Compression	Decompress.
zstd 1.3.4 -1	2.877	470 MB/s	1380 MB/s
zlib 1.2.11 -1	2.743	110 MB/s	400 MB/s
brotli 1.0.2 -0	2.701	410 MB/s	430 MB/s
quicklz 1.5.0 -1	2.238	550 MB/s	710 MB/s
lzo1x 2.09 -1	2.108	650 MB/s	830 MB/s
lz4 1.8.1	2.101	750 MB/s	3700 MB/s
snappy 1.1.4	2.091	530 MB/s	1800 MB/s
lzf 3.6 -1	2.077	400 MB/s	860 MB/s

图 7.2　压缩协议 Benchmark

经过实际测试之后（不同游戏可能会有一些区别）：

（1）压缩率 zlib 最高，zstd、snappy 不相上下。

（2）通过参数设置，zlib 一条连接内存消耗 64KB，snappy、zstd 至少 1M 以上。

（3）CPU 消耗 snappy、zstd 不相上下，但与图 7.2 中所示不同，它们与 zlib 对比并没有明显的优势。因为在游戏环境中，大量的数据包（坐标、一次属性修改、一个 rpc）都是几十个字节左右的小包，内存大的优势不能完全发挥出来。

在 MessiahServer 开发的时候，服务器内存还没有现在这么富余，所以在 MessiahServer 中，最终选择了 zlib 作为默认压缩方式。

/ INDEX 替换

我们可以看到，Path = skills.1120.level 中存在很多重复的特定字符串，例如 skills、level 等。如果属性名字取得更长，例如 ServerAvatar.friendMemberName，就会导致产生的数据流中存在很多这种特定字符串 KEY。

那么如果给这些常用字符串分配一个 2 字节的唯一 INDEX，建立一张 INDEX：KEY 的映射表，那么网络传输中不就可以使用 2 字节替代原来的几个、十几个字节了么？看起来一切都很完美，Messiah Server 中也实现过一个 INDEX 版本。

在替换 INDEX 之后，产生的数据流减少了 30% 大小，但经过压缩之后，反而比替换之前的整体流量大了一点点。可能因为压缩算法做的恰好也是 INDEX 的优势之一，并且它在这方面做的更好一些。而且使用 INDEX 之后，Client、Server 要同时维护一份相同的 INDEX：KEY 表。手游客户端通常会有几个不同版本同时使用，在 patch、热更新上都要花不少代价来保持 Client、Server 这份表的一致性。所以 Messiah Server 中，最终并没有使用 INDEX 替换这种方案。

7.1.2 延时 & 可靠 UDP

不管是端游，还是手游，对于延时的要求都同样重要，因为延时直接关系到游戏的体验。并且不同的游戏对延时的忍受程度不尽相同，例如：FPS 延时超过 100ms 体验就不怎么好了，Moba 在这种程度却刚刚好，MMO 甚至到了 200ms 还可以愉快玩耍，但不管什么游戏，延时越低体验都会越好。

通过对 TCP 拥塞避免，以及慢启动的了解可以发现，对于网络条件好的情况下（局域网、有线连接）TCP 可以很好的工作，但在弱网络中（3G、4G），丢包、延时都存在的情况下，TCP 很容易雪崩，造成非常糟糕的游戏体验。并且遇到这种糟糕体验的时候，我们无能为力，因为除了调节参数之外，无法从系统协议栈层面解决这个问题。

反观 UDP，吞吐量只取决于网络环境的传输能力，不会有协议层面的限制，一套可靠的 UDP 传输解决方案呼之欲出。

- ENET：开源的可靠 UDP 实现，包罗了从建立连接、数据传输、协议封装、解析、丢包重传和断开连接等全套方案，并且已有很多成熟项目使用。Messiah Server 也实现过一套 ENET 实现，但是 ENET 存在一个问题：所有的 Client 连接通过一个 Socket 来处理，然后在应用层通过一个 Channel 编号来区分属于哪一条连接，无法实现 I/O 的并发。

- KCP：可靠的 UDP 协议，只提供了协议封装、解析功能，需要自己实现类似 TCP3 次握建立连接、如何发送数据、维持心跳等等功能。但是没有了单个 Socket 限制，每条连接可以使用独立 Socket，在 kernel 层面实现分发，更好地配合多线程使用。

Messiah Server 选择了 KCP，实现了可靠 UDP 所需的其他功能，对于弱网络环境有了很大改善。在相同 4G 环境下，TCP 连接 PING 值达到 1000ms 的时候，KCP 的实现只有 100~200ms 左右。在使用丢包工具人为增加 400ms，30% 丢包率的情况下，MMO 类游戏依然可以很好地玩下去。

但是 UDP 的低延时，是在增加重传数据报的条件下完成的，所以会付出额外 30% 的流量代价，相对于收益，这种代价也是值得的。

7.1.3 Serialize

最终网络上传输的都是字节流数据，那么图 7.1 中所示的 Avatar 属性，在最终发送到网络上之前都要 Serialize 到一个字符串，那就需要选择一个合适的 serialization library，Protobuf 和 Flatbuffer 是这方面目前应用最广泛且可靠的开源项目，自然也是我们最重要的备选方案。Protobuf 和 Flatbuffer 都是 Generate 方式生成 c++ 代码，所做的事情也基本一致，区别在于数据结构组织方式以及 Serialize 上面（下面代码只是为了演示说明，做了一些简化、修改以便于理解，实际生成的要更复杂一些）。

```
Protobuf
message Person {
    int32 id = 1;
    string name = 2;
}

    Generate

class Person
{
public:
    inline int32 id()
    {
            return id_;
    }
    inline void id(int32 v)
    {
            id_ = v;
    }
                .
                .
                .
private:
    int32          id_;
    std::string    name_;
};

    Serialize

rpc_stream stream;
stream.write(Person.id());
stream.write(Person.name());
```

```
Flatbuffer
table Person {
    id: int32;
    name: string;
}

    Generate

class Person
{
public:
    inline int32 id()
    {
            return *((int32*)(buf_ + id_offset));
    }
    inline void id(int32 v)
    {
            *(int32*)(buf_ + id_offset) = v;
    }
                .
                .
                .
private:
    char*          buf_;
};

    Serialize

rpc_stream stream;
stream.write(Person.buf_, sizeof(Person.buf_));
```

注意：以上为演示代码，以实际应用为准。

可以很直观地看到，Protobuf 在 Serialize 的时候，需要一个一个属性 write 到 stream 中，并且对于 int，uint 数据做了压缩优化（4 字节 int32 数值，如果是小整数，例如 1，实际序列化到 stream 中只占用 1 个字节）。如果一个字段的值没有设置过，只需要 1bit 的位置来表示有无这个字段。

对比 Flatbuffer 的 Serialize 则更加简单，只需要将 buf_ 完整 copy 出来就可以了，因为 Person.buf_ 在 Generate 的时候就确定了，如表 7.1 所示结构。

表 7.1　Person.buf_ 结构

ld_offset（4 字节）	name_offset（4 字节）	ld_value（4 字节）	Name_value

id_offset 就是 id_value 在 buf_ 中的实际内存位置，buf_ + id_offset 就是 id_value 的内存指针，cast 成我们所需要的类型即可。可变长度的 value 就复杂一些，有时候需要修改 offset，以及 reallocate，所以 flatbuffer 的 buf_ 也就是已经 Serialize 好的数据。

因此相比而言，Flatbuffer 在 Serialize、Parse 方面都要吊打 Protobuf，Serialize 完成的 Stream 还可以直接修改指定字段。但是 Flatbuffer 有一个很大缺点，就是 Serialize 后数据的大小，一个完整 Avatar 的数据是 Protobuf 的 3.5 倍左右，如果是一个很小的数据结构，倍数就要更大一些。

因为 Flatbuffer 每一个字段都需要一个 4 字节 offset，所以 INT 类型没有压缩，以便于随时修改内存段。Protobuf 每个字段 1bit 表示，加上 INT 类型压缩，Serialize 后优势明显，并且过大的数据流也会对 cpu、io 造成负担，所以最后我们还是选择了 Protobuf。

7.2 Messiah Server

开始之前，我们先来简单了解一些 Messiah Server 的结构，如图 7.3 所示。

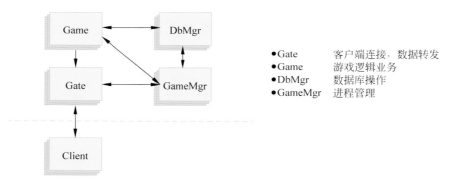

图 7.3 Messiah Server 架构

从图中可以看到，Messiah Server 是一个多进程集群架构，会有 4 种不同类型进程来负责不同业务，不同进程之间会有相互连接关系。

- 外部连接：玩家 Client、Gate 之间的连接，其特点是容易丢包、延时波动大、网络情况复杂和数据来源不可靠等，所以采用可靠 UDP，需要加密、压缩、校验。

- 内部连接：Game、DbMgr、Gate、GameMgr 之间的相互连接，所有的进程节点都在同一个网络环境中（相同、相邻机房），网络稳定、局域网带宽充足、数据可信。所以内部连接都使用 TCP 方式进行连接，相互之间数据交互不需要压缩、加密、校验（节省 CPU）。

7.2.1 可靠 KCP

通过 1.2 介绍的内容，我们知道在 Messiah Server 中客户端与 Gate 的连接使用的是 KCP 协议。

/ 三次握手

如图 7.4 所示，KCP 增加的握手机制与 TCP 基本一致，区别在于在 SYN 数据报中增加 CMD 数据，用于一些额外的功能需求（例如，Client 告诉 Server 是否支持某些特殊功能，对于存在不同版本 Client 来说是很有意义的）。

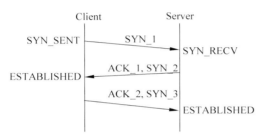

图 7.4　KCP 三次握手

Server 在收到 SYN_3 之后，会创建一个新的 Socket，然后与 Client 建立 bind 关系，负责这个 Client 的数据，并进入已连接状态。

/ TIMEOUT & HEARTBEAT

由于 UDP 本身是没有连接状态的，要有正常的上线、离线，那么就需要添加相应的检测机制，所以相应地增加了 TIMEOUT、HEARTBEAT 机制。

对于 TIMEOUT 而言，已经连接上的我们不太想立即结束（比如进个电梯再出来，还能正常玩，所以会设置长一点的时间，默认 30s），但是对于还没有建立连接，正在连接中的就要尽快响应（默认 5s），以免影响体验。已处于连接状态的，就需要定时 TICK，如果 TIMEOUT 期间都没有收到一次 TICK，就执行连接断开操作。

/ 并发

对于一条连接来说只要下面 5 个要素确定，那么这个连接也就可以唯一确定。

Protocol: 协议类型（UDP/TCP）

RemoteIP：对方 IP

RemotePort：对方 Port

LocalIP：本地 IP

LocalPort：本地 Port

所幸 Linux 平台也是这样实现的，对于 UDP Socket 而言，connect 只是向系统更新了自己的 RemoteIP 和 RemotePort 信息。另外 UDP Socket 还可以对同一个本地 IP、Port 使用多个 Socket 进行 bind，作用也只是更新该 Socket 的 LocalIP、LocalPort。当完成这些操作之后，Kernel 再次收到对应 Remote 的数据，会自动分发到不同 Socket，这样就很容易实现 I/O 的并发处理。

7.2.2 属性同步

我们再来看图 7.5 所示的 Avatar 结构。

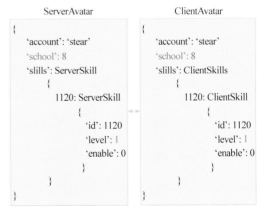

图 7.5　Avatar 属性结构

ServerAvatar.school = 8

当 ServerAvatar 进行上面这个赋值操作之后（角色门派修改为 8），

ClientAvatar.school = 8

ClientAvatar.on_setattr（'school', 1, 8)

ClientAvatar 会收到这个赋值操作，并且会调用对象的 on_setattr 方法，通知 school 这个属性从 1 被修改为了 8。

这个过程也就是我们 1.1.1 中所介绍的差量同步。

如图 7.6 所示，当 ServerAvatar.school 赋值操作发生的时候，在赋值操作的同时，会根据属性的同步类型（不同步、只同步给自己客户端、AOI 范围内玩家都可以看到），产生一个同步消息 area_prop_notify（包含操作类型、修改值、属性树中的位置），插入 merge_notify 队列（等待同步队列）；等待 flush 指令之后，将同步队列从逻辑线程 post 到 work 线程，进而使用 protobuf serialize（参考 1.3 节部分的介绍）为字节流，发送到 Client；Client 根据 area_prop_notify 的类型，Path、Value 完成正确赋值，回调 on_setattr。

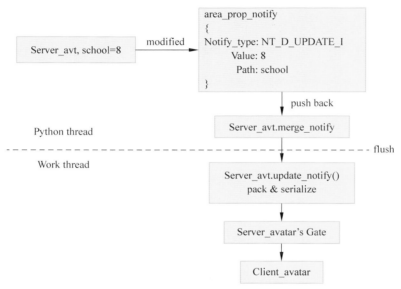

图 7.6　属性同步

那么如果在同一个 rpc 调用里面，修改了不止一个属性，每个属性产生一个包，每个包需要 20 字节 IP 首部，8 字节 UDP 首部，24 字节 KCP 首部，是一件很浪费的事情。所以当发生如图 7.7 所示操作的时候。

```
Server_avt.skills            =Serverskills()
Server_avt.skills[1120]      =Serverskills(id=1120, level=1, enable=0)
Server_avt.skills[1120].level =11
```

```
area_prop_notify
{
Notify_type: NT_D_UPDATE_D
        Value: ServerSkills()
        Path: skills
}
```

```
area_prop_notify
{
Notify_type: NT_D_UPDATE_D
        Value: ServerSkills
        Path: skills.1120
}
```

```
area_prop_notify
{
Notify_type: NT_D_UPDATE_I
        Value: 11
        Path: skills.1120.level
}
```

push back

Server_avt.merge_notify

flush

图 7.7　属性同步合并

在一次函数调用中，我们创建了一个 skills 对象，然后添加了一个 1120 编号技能，并将这个技能等级修改为 11。3 次操作我们依然会生成 3 个 area_prop_notify 同步消息，但是它们会依次被插入 merge_prop 同步队列。在 flush 后，会 Serialize 到一个 Protobuf 协议，只产生一个 KCP 数据报发送给 Client。

7.3　总结

通过前面介绍可以知道，更少的流量、更低的延时是衡量网络质量最重要的两个标准。通过压缩、差量化传输、合理序列化的选择等来尽量减少数据流总量；通过可靠 UDP 实现、多线程并行处理的方式来降低网络延时的影响。在实现的过程中还应尽量控制 CPU 和内存资源的消耗，这样才能达到一个合适的网络实现。

参考文献

[1]　凯文 R. 福尔 .TCP/IP 详解·卷 1: 协议 [M]. 机械工业出版社 , 2016.

[2]　W. 理查德·史蒂文斯，比尔·芬纳，安德鲁 M. 鲁道夫 .UNIX 网络编程 (卷 1): 套接字联网 API[M]. 人民邮电出版社 , 2016.

[3]　GitHub. Zstandard [EB/OL].https://github.com/facebook/zstd, 2019.

08 AOI 管理和同步
AOI Management and Synchronization

8.1 Area of Interest

AOI，全称 Area of Interest，它代表的是游戏中各类物体的关注区域。如图 8.1 所示，如果游戏世界中发生的行为变化，例如怪物移动、攻击和玩家之间的聊天信息等，都能被关注区域中包含这个地区的玩家或者其他物体观察到，那么我们要关注的问题一般和空间相关，例如：

（1）玩家移动后，能被其他哪些玩家看到；

（2）怪物释放技能后，能命中哪些玩家；

（3）当我在当前地图发送一条聊天信息时，哪些玩家能够接收到；

（4）……

图 8.1　AOI 图示

AOI 是服务器引擎所需要提供的基础功能，服务器引擎根据 AOI 的范围划分来选择游戏物体，进行各类逻辑操作，也根据 AOI 来确定网络消息的传送对象。因此，使用 AOI 技术可以极大地提高服务器的承载能力，以及减少网络消息的发送量。

AOI 的实现一般分为下文中提到的三种方法。

/ 直接比较所有对象

最直观也是效率最低的一种办法。当一个事件发生，我们需要获得 AOI 范围以内的物体时，直接遍历游戏中所有的对象，并且进行坐标判断，如果小于或者等于 AOI 的范围，则为需要的游戏对象。

这种方法实现非常简单，但是带来的问题是当游戏世界中对象较多时，效率会非常低下，基本不会用于实际生产中。

/ 空间切割法

将空间按照一定的方式进行分割，例如根据 AOI 范围的大小将整个游戏世界切分为固定大小的格子。当游戏物体位于场景里的时候，根据坐标将它放入特定的格子中。

如图 8.2 所示，如果我们将空间按照每个格子长 1 米、宽 1 米进行划分，假设一个玩家的坐标为 (1.5, 1.5)，那么他在 AOI 模块内位于 (1, 1)

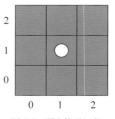

图 8.2　固定格子切分

这个方格内。假设游戏内的 AOI 范围大小为 1
米，当我们需要获取这个玩家周围的 AOI 对象
时，只需要遍历周围 9 个里的对象即可。

需要特殊注意的是，如果一个物体在空间中移
动，那么他的 AOI 范围实际上是在不停地变化
之中。

如图 8.3 所示，如果玩家从 (1, 1) 移动至 (2, 1)
这一格子，那么实际上位于 (0, 0)、(0, 1)、(0, 2)
这 3 个红色格子里的游戏对象在逐渐被玩家远
离，而 (3, 0)、(3, 1)、(3, 2) 这 3 个蓝色格子
里的游戏对象在逐渐被玩家靠近。因此，对于
红色格子里的对象来说，需要知道玩家离开了
他们的视野范围，对于蓝色格子里的对象来说，
需要知道玩家进入了他们的视野范围，所以这
个玩家所影响的 AOI 区域变大了。

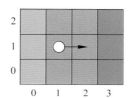

图 8.3　物体移动时 AOI 范围图示

可以看出，空间分割法在计算 AOI 对象时，只
需要遍历周围几个空间格子即可，大大提高了
计算效率。但是该方法也存在一定的缺点，格
子数和空间大小成正比，空间越大，所需要的
内存空间也越大。还需要主要的是，如果玩家
数量远远小于空间的格子数，使用这种方法来
计算 AOI 可能比第一种算法更差。

/ 十字链表法

根据物体的 X、Y 坐标分别建立两条链表 A、B。
在链表 A 上，根据对象的 X 坐标进行排序；在
链表 B 上，根据对象的 Y 坐标进行排序。如果
游戏世界内有下列坐标的对象：

(2, 2), (3, 4), (6, 5), (1, 5), (3, 1), (5, 2)

那么在十字链表法里有如下的数据结构：

如图 8.4 所示，当我们需要找到一个对象 AOI
范围内的所有对象时，只需要在 X、Y 两条链
表上向两个方向遍历即可。

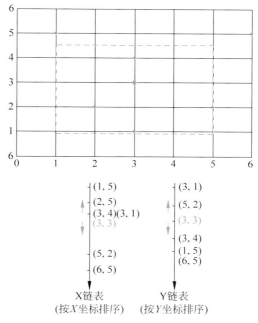

图 8.4　十字链表法图示

十字链表法在计算 AOI 范围内对象时，计算量
非常小，且跟空间大小无关，因此省去了大量
无效的遍历过程。除了这些优点外，十字链表
法也有一些需要注意的地方，因为在两条链表
中都必须按照大小顺序进行排列，因此当对象
在不停地移动时，会带来比较大量的计算。

8.1.3　AOI 与反作弊

由于 AOI 控制了服务器向客户端发送数据的范
围，因此在 moba 类有战争迷雾类设定的游戏
中，我们一般会将 AOI 作为控制玩家视野可见
性的一种手段，避免由于外挂或者其他因素，
导致玩家可以看见全图的情况出现。

8.2 游戏同步

在网络游戏中，游戏状态的同步确定了当游戏中的状态发生改变时，客户端和服务器端使用何种策略展现给玩家。因此，它在很大程度上决定了玩家看到的游戏物体移动是否连贯，玩家的某个操作是否能够得到及时的响应等。

因为网络延迟的客观存在，到达接收方客户端必定需要一段时间，因此在图 8.5 中，PlayerB 中看到的 PlayerA 的表现实际上是滞后的。为了解决这个问题，达到较好的表现效果，我们需要引入特定的同步算法。这些同步算法主要的衡量标准有以下几个方面：

（1）同步消息的对象：游戏中的哪些玩家需要接受到同步消息，这个一般由 AOI 确定；

（2）同步消息的内容：哪些数据需要包含在消息中发送给接收对象；

（3）同步消息的时机与频率：客户端在什么时刻报告自己的状态，服务器以什么样的频率进行广播；

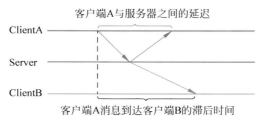

图 8.5　网络延迟示意图

（4）安全性与性能消耗：同步算法必须在性能消耗与表现之间取得权衡，并且保证游戏玩法的安全性，不能出现本地能够作弊的情况。

常见的同步方法主要包括：

　　a. 不同步；

　　b. 状态同步；

　　c. 帧同步。

由于网络游戏中延迟不可避免，而不同游戏类型对于延迟的容忍程度也不同。在回合制或者卡牌类游戏中，对于实时性的要求很低，因此我们可以采用比较简单的同步算法；而在 MOBA 或者格斗类游戏中，需要将各个客户端之间的状态尽量保持一致，那么就应该采用一些特别的算法或者技术，来掩盖延迟。

不同步是一种最简单的同步策略，即不做任何特殊处理，只要收到了玩家的操作请求，或者服务器中其他 AI 物体的状态发生了变化，就将消息按照 AOI 所确定的广播范围发送至客户端，然后在客户端进行展示。

不同步这种同步策略经常用于回合制或者卡牌类游戏中，这类游戏的玩家对于延迟的容忍性非常高，如果对方玩家因为网络延迟，造成客户端表现延后较长时间，其实对游戏玩法基本不造成影响。

8.2.3 状态同步

在另外的一些游戏类型（如 MMORPG、FPS）中，玩家或者游戏中的物体不再是一个个离散的事件，而是连续不断的动作。比如当玩家按下方向键进行操作时，游戏内的角色会以特定的速度朝对应的方向一直移动，直到玩家松开键盘为止。为了保证其他玩家在客户端里看到的内容和真实情况一致，我们不能待玩家完全停止移动后，再将这段移动的路径广播给其他玩家。

在状态同步中，我们一般使用导航推测和影子追随这 2 种策略来解决上述这类同步问题。

/ 导航推测（Dead Reckoning）

导航推测算法最早来自于美国军方，用于解决分布式系统中的延迟问题，它的核心思想是利用物体当前的位置以及速度来推测其在未来的位置方向。

导航推测的主要步骤有：

（1）当有新物体进入时，通知所有客户端在本地为其创建一个副本，副本保存了这位玩家的一些状态数据，我们将这些数据封装到一个数据包中，称其为协议数据包（Protocol Data Unit，PDU）。

PDU:	当前位置	速度	移动方向	加速度	……

（2）所有物体保证每隔一段时间（至少 8 秒），都向网络中所有客户端广播自己的 PDU。

（3）当某个物体开始移动时，它的状态发生了改变，则应该向所有的客户端节点广播一次自己的 PDU 信息。在接收到信息的客户端里，按照 PDU 里包含的移动速度、方向，对该物体的副本进行模拟移动。在进行模拟时，我们一般会用到以下 2 个比较简单的物理学运动公式来预测某个时间点的位移终点。

$$S = S_0 + v_0 t \tag{8.1}$$

$$S = S_0 + v_0 t + \frac{1}{2} a_0 t^2 \tag{8.2}$$

（4）如果这个物体的运动时间变长或者运动方向、速度发生变化，则会导致模拟副本出现误差。因此，在这个物体本身的客户端节点，我们会不停地记录其真实坐标和模拟坐标之间的差值。当差值大于一定阈值时，则将该物体当前的位置、速度、移动方向等信息通过 PDU 进行广播。

（5）其他客户端在收到这条用于修正误差的 PDU 后，则采用差值或者一些其他的技术将副本物体平滑的移动过去，并根据新的状态进行模拟。

/ 影子追随 (Shadow Following)

影子追随算法是导航推测的一个简化版本，它的主要过程为：

（1）当有新物体进入时，通知所有客户端在本地为其创建一个副本；

（2）当该物体发生状态改变时，将这个物体的 PDU 进行广播，由服务器通知所有的客户端；

（3）客户端收到消息后，在本地根据消息创建副本的影子，然后副本实体使用插值等方法不停地向影子进行移动；

（4）当收到新的 PDU 包后，影子根据内容立即进行修正，但是副本实体则继续平滑地向影子进行移动。

如图 8.6 所示，游戏世界中有 P1、P2 这两架飞机，因此在它们各自的客户端中都能看到对方的副本实体。当 p2 移动时，在 p1 的客户端根据收到的数据计算出影子的位置，并使 p2 的副本以插值的方式去追逐影子。

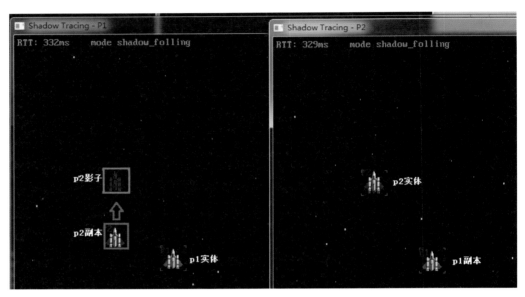

图 8.6　影子追随示意图（源码来自于网易游戏新人培训课程）

影子追随算法在大多数时候都能得到比较好的表现效果，但是如果当物体的状态发生较大的改变（如修改运动方向，由运动变为静止）时，由于影子是客户端根据状态模拟出来的，则会导致副本实体追踪的状态产生错误，当下一个状态数据达到时，会产生较大的拉扯。针对这种情况，可以在影子追随算法中引入相位滞后以及惯性移动。

- 相位滞后：副本实体和影子的同步有一定的滞后，这样当影子的状态发生剧烈变化的时候，由于副本实体的滞后特性，导致可以从较为正确的状态去插值追逐新的影子状态。类似于在高速公路上，我们需要和前面的车保持较大的车距，这样当前车发生急刹时，驾驶员有足够的时间来修正后车的状态，以免发生"追尾"（较大的拉扯现象）。

- 惯性移动：当运动状态发生较大变化（如开始、停止、方向发生改变）时，速度都会从 0 开始，按照一定的加速度开始运动。

现在普通网络的延迟一般为 70~150ms，各个客户端收到的消息必定延迟于服务器。因此，在状态同步中，我们不能保证在同一个时刻，所有的客户端表现得完全一致，但是在大多数游戏类型中已经完全足够，因为这些物体最终会保持状态的同步。

8.2.4 帧同步

某些类型的游戏对同步的质量有更高的要求，比如在 MOBA、格斗等游戏类型中，由于存在较强的对抗以及竞技的元素，我们可能需要在发现对手释放特殊技能时，采取高速位移躲避对方的技能，这就要求：所有玩家能够在自己的客户端"同时"看到技能的释放。如图 8.7 网络事件时序示意图，如果在这个过程中，有玩家躲避了技能，在所有的客户端也能看到正确的结果，在这些要求之下，使用状态同步可能就无法非常好地满足要求；如果延迟较高，可能发生虽然玩家已经离开了技能伤害范围，但是仍然被技能命中的情况。虽然最终的状态仍然为攻击方击中了目标，并且目标产生了一个位移，但是同步的表现较差。为了保证逻辑的一致性，在这类游戏中，可以采用帧同步策略。

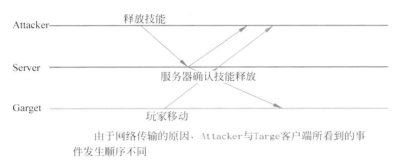

由于网络传输的原因，Attacker与Targe客户端所看到的事件发生顺序不同

图 8.7 网络事件时序示意图

帧同步 (Lock Step) 的步骤：

（1）客户端在每个逻辑帧向服务器报告自己的状态或者产生的操作；

（2）服务器收到所有客户端上传的当前关键帧数据后，进行运算，并将关键帧的结果返回给所有的客户端；

（3）如果客户端在下一个关键帧到来时，还未获取到服务器返回的数据，则进行帧锁定，等待消息到来，在此之间玩家不能进行客户端操作，客户端也处于锁定状态；

（4）当收到服务器返回后，根据数据进行表现，并在关键帧到来时重复第一步。

如图 8.8 所示，虽然客户端 B 收到的 UPDATE 10 关键帧早于客户端 A，但是它在这个关键帧之后产生的操作也必须等到服务器收集完所有的 CTRL 10 消息，才能统计进行运算，因此保证了逻辑的一致性。

使用该方法后也带来了一个新的问题，如果某位玩家的网络状态比较差，由于服务器必须收集完所有客户端的关键帧操作后才发送 UPDATE 消息，会导致其他玩家频繁进行帧锁定，从而导致游戏体验变差。

乐观帧锁定的同步策略则可以使大多数网络较好的玩家不受高延迟玩家的影响，它的步骤与普通的 LockStep 基本相同，不同点为：

（1）服务器将游戏时间划分为多个逻辑帧（回合）；

（2）在每帧结束时，如果没有收到某位玩家的行动，则认为他放弃了本帧操作，不再等待；

（3）如果网络较慢的玩家上传的操作已经超时，则可以根据需求选择丢弃或者进行其他处理。

虽然将游戏时间划分为了多个逻辑帧（回合），但是只要我们每秒的帧数较高，再加上客户端的平滑处理，对于玩家的感受来说就是即时游戏。

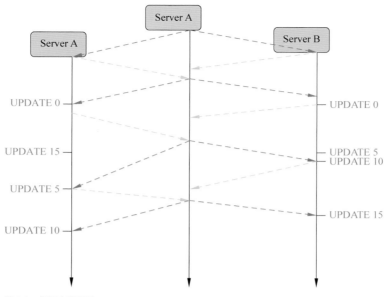

图 8.8　帧同步原理图

在确定帧率的时候也需要小心，当前公网的延迟在 60~100ms 之间，所以逻辑帧率过高也没有太大的意义，需要权衡。

8.2.5　常见提升客户端表现的一些方法

网络游戏同步要想获得很好的玩家体验，需要客户端和服务器的共同协作。服务器确定采用什么样的同步策略，进行消息的确认、逻辑计算以及广播，而客户端决定了什么时候发送消息，以及根据消息进行效果展示的方式。因此，除了服务器外，客户端一般也需要专门的处理，如图 8.9 所示。

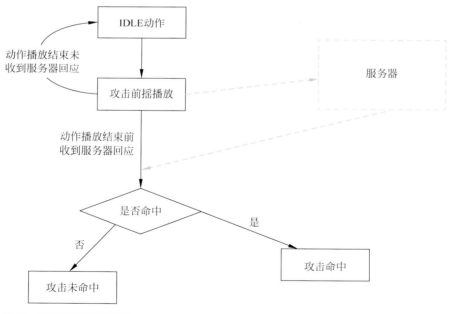

图 8.9　客户端提前表现流程图

（1）根据客户端当前状态以及收到的消息进行插值，平滑表现。

（2）使用特定的角色"前摇""后摇"等动作来掩盖消息同步的延迟，因为所有玩家的攻击动作都有前摇，只要网络延迟不大于前摇动作的播放时间，那么就无法直观地察觉到网络延迟的存在，看起来动作也会非常的连贯。

（3）部分客户端表现效果可以不必等服务器的确认，客户端提前执行，待服务器消息返回后，如果提前表现的结果和服务器结果一致，则不需要做任何处理；如果不一致，则客户端进行表现的回滚，如技能伤害的提示以及血量的 UI 变化等。

参考文献

[1] Wikipedia.Dead Reckoning[EB/OL].https://en.wikipedia.org/wiki/Dead_reckoning, 2010.03.

[2] Wikipedia.Lockstep[EB/OL].https://en.wikipedia.org/wiki/Lockstep_(computing), 2014.09.

09 存储设计和优化
Storage Design and Optimization

9.1 数据存储

在网络游戏的服务端，数据存储是一个最基本的功能。数据主要有两种：一是游戏日志，写日志比较简单，只要避免阻塞写就可以了，可以用独立的线程直接写文件，也可以用 syslog。二是玩法数据，比如玩家的等级、经验、金钱等，跟日志不同，玩法数据需要组织成一定的格式；再比如每个玩家的数据写到一个独立的文件，在需要的时候能在内存中把数据重新加载起来，本文主要讨论这类数据的存储。

存储系统设计主要包括离线数据的存储格式，运行时数据结构的设计以及存盘频率。离线数据存储格式是指数据以什么样的形式存储在硬盘上，比如直接写一个自定义格式的文件或者使用数据库，大话 2 端游就是写文本文件。运行时数据结构是指在内存中数据的组织方式，最简单的方式可以直接用一个 hash 表，比如 lua 的 table、Python 的 dict 等，《大话西游 3》就是把所有要存储的数据都用 lua table 管理，需要写盘的时候再把 lua table 序列化成文本，然后写到一个文件中。存盘频率主要是指每次写盘的时间间隔，最安全的方案当然是每当数据有改变就立即写盘，另一个极端则是只有在玩家下线以及服务器关机时才做写盘操作。前者数据最安全，后者 CPU 和 I/O 的开销都最低，在实际工作中，我们会在两者之间做一些取舍。

选择离线存储格式主要考虑两个因素，一个是方便运营，比如离线的数据查询、统计甚至修改；另一个是容灾能力，备份 / 恢复的工具是否成熟高效。运行时数据结构的设计需要兼顾可用性和效率，直接用一个 lua table 管理存储数据可用性很好，逻辑层不需要单独管理存盘数据，只需要将一个 table 标记为存盘，数据就自动保存。但是用脚本管理数据会有性能问题，当数据量大的时候序列化开销会非常大。存储系统设计的关键就是在易用性、运行效率、序列化效率三者间取得平衡。

9.2 I/O 接口

无论是写文件还是写数据库，现在的服务端都不会直接在主线程使用阻塞的 I/O 接口。所以第一步我们要实现一套非阻塞的 I/O 接口，比较通用的办法是使用一组专门的 I/O 线程。主线程发起

I/O 操作后不会等待 I/O 完成，可以继续处理其他逻辑；I/O 线程执行具体的读写操作，完成后再把结果告诉主线程。借助 boost::asio 可以很容易实现这样的异步模型，如图 9.1 所示。

```cpp
//async file operation
class FileSession{
        private:
                ThreadPool* FileThreadPtr;
        public:
                FileSession(int Count = 1)
                {
                        FileThreadPtr = TManager.CreateThreadPool(Count);
                }
                ~FileSession();
                bool Read(const std::string& FileName, READCB CBFun);
                bool Write(const std::string& FileName, const std::string& Data, WRITECB CBFun);
                bool Append(const std::string& FileName, const std::string& Data, APPENDCB CBFun);
                bool Rename(const std::string& FileName, const std::string& NewFileName, RENAMECB CBFun);
                bool Exist(const std::string& FileName, EXISTCB CBFun);
};
```

图 9.1 异步 I/O: 接口示例

构造函数会创建一个线程池（默认一个线程），当需要读、写文件的时候调用 FileSession 的 Read、Write 接口，如图 9.2 所示。

```cpp
READCB ReadOk = [L, RefToCB](int Ret, const std::string& Data){
        if( RefToCB != LUA_NOREF) {
                lua_getref(L, RefToCB);
                //RetCode
                lua_pushinteger(L, Ret);
                //Result
                if( Ret == 0){
                        lua_pushlstring(L, Data.data(), Data.size());
                }else{
                        lua_pushnil(L);
                }
                //调用CB函数
                lua_call(L, 2, 0, 0);
                lua_unref(L, RefToCB);
        }
};
if( ! SessionPtr->Read(FileName, ReadOk) ){
        //ok
}else{
        //error
}
```

图 9.2 异步 I/O: 读操作

ReadOk 是一个在主线程中执行的回调函数，主线程调用 SessionPtr->Read() 后立即返回，子线程开始去读文件，完成后通知主线程，然后主线程以读文件的结果为参数回调 ReadOk，在 ReadOk 中把文件内容 push 给脚本。数据库操作也一样，一般来说数据库 driver 都是提供阻塞的接口，我们需要自己实现一套非阻塞的接口。

9.3 离线数据格式

离线数据主要有三种存储方式：自定义文件、关系数据库、文档数据库。早期的端游比如《大话西游 2》和梦幻都是写自定义文件的，图 9.3 是一个《大话西游 2》的玩家数据片段。

```
(["login_submit_question":([]),"summon_teampk_help":(["second_buff":({1,0,0,},),"mpSBuff":(
["4LN0000AlUN":({2,0,},),"0dN00001UEh":({3,17,},),"0yN00001h0y":({5,0,},),"JkN0004zCur":({3,0,},),
"4kN0002EkrD":({11,0,},),"7fN000874vl":({11,0,},),"6AN0005DyKD":({3,0,},),"76N0001cKqM":({11,0,},),
"0ZN00001Mq3":({2,0,},),"HSN0002Fsl5":({3,0,},),"I8N0006NNDB":({1,0,},),]),"arrSExtra":({"I8N0006NNDB",})
,"arrSHelp":({"0dN00001UEh","76N0001cKqM","JkN0004zCur",}),"mpBuff":(["IDN00000Twp":({17,0,},),
"JkN0003rk0g":({17,0,},),"4LN0000AlUN":({3,0,},),"44N00000zBt":({17,0,},),"0yN00001h0y":({5,0,},),
"JkN0004zCur":({3,0,},),"4kN0002EkrD":({11,0,},),"7fN000874vl":({17,0,},),"10N00001g4u":({13,0,},),
"76N0001cKqM":({11,0,},),"0ZN00001Mq3":({17,0,},),"9qN0002ysV4":({1,0,},),"I8N0006NNDB":({11,0,},),]),
"arrHelp":({"10N00001g4u","IDN00000Twp","44N00000zBt",}),]),"printing_51":([]),"newbie_info":(
["mission_doing":({}),"mission_done":({}),]),"living_skill_data":(["skill":([1714:(["level":2,],),2134:
(["expire":0,"gem":1,"level":1,]),1702:(["expire":1543315466,"level":2,]),]),"credit_point":50,]),
"Missions":([1016:(["wrong":([]),"active":([]),"reward":([]),"deposit":({}),"note":({5335,5336,5337,
5338,5339,5340,5341,5342,5343,}),"book":([3:({"ENKJ-PVTF-RYVK-MKY7",}),],]),511:(["score":259200,]),
244:(["rep_des":0,"day":5418,"flower":0,]),242:(["login_hd":({"","0025_38B8_71BB_D52E.",
"0025_38B8_71BB_D52E.","0025_38B8_71BB_D52E.","WSf_705969d348","","TW1861101720070 ","",
```

图 9.3 《大话西游 2》（网易游戏 2002 年研发）存盘数据片段

把玩家数据序列化成类似 json 格式的文本，然后每个玩家写一个文本文件，玩家登录时读入文件，解析文件内容，并在内存中重建数据。《大话西游 3》做得更简单，直接把数据序列化成 lua 的代码，加载时不再需要自己解析数据，直接执行脚本代码就得到了运行时数据。

写自定义文件的优点是简单，也比较灵活，特别对于 MMORPG 这种数据格式比较复杂的游戏，出于玩法需求，数据格式会频繁地改变。文本文件是个不错的选择，但是它的缺点也很明显：不方便查询、统计，另外权限控制、备份和恢复也都只能依赖操作系统的文件管理机制来做。另一个不那么直观的缺陷是不能增量写，因为不是结构化的数据格式，即使只改变了一个属性也要整个文件更新，这样会增加序列化和 I/O 的开销。梦幻端游和镇魔曲端游都用了一种类似 oplog 的方案来解决这个问题，具体实现我们后面会讲。

用关系数据库保存数据可以完美避免自定义文件的缺点，它方便统计、查询，有完善的权限管理和灾备机制，能指定更新单个字段，避免了每次都要完整序列化，从而实现高效的脏数据增量更新。但是玩家的数据并不是二维结构，通常都是树形结构如：

```
Userdata = {
        Hp = 9999,// 气血
        Grade = 100,// 等级
        Friends = {// 好友列表
                [1] = {Name = "大雄", Grade = 99, …},
                [2] = {Name = "叮当猫", Grade = 101, …},
                [3] = {Name = "HelloKitty", Grade = 10, …},
        },
        Items = {// 背包里的物品列表
          [1] = {Type = 101, AddHp = 5000, …},
          [2] = {Type = 201, AddMp = 4500, …},
          [3] = {Type = 412, AddDef = 200, …},
        }
    }
```

上面是一个示例数据，其中好友列表 Friends 和物品列表 Items 都是复合结构，要把这样的数据直接存到一个二维的关系数据库是不行的，比较直观的办法是用子表（见表 9.1~ 表 9.3）。

表 9.1   User

UserId	Hp	Grade	Friends	Items
1001	9999	100	2001	3001

表 9.2   User_Friends

ID	ParentId	Name	Grade	Race
1	2001	大雄	99	人
2	2001	叮当猫	101	妖
3	2001	HelloKitty	10	仙

表 9.3   User_Items

ID	ParentId	Type	AddHp	AddMp	AddDef
1	3001	101	5000		
2	3001	201		4500	
3	3001	412			200

User 是主表，把 Friends 和 Items 做成子表，子表通过 ParentId 跟主表关联起来，当需要加载一个玩家的数据的时候，需要把主表以及相关联的子表都读进内存。需要注意的是，在实际项目中数据结构会比上面的例子更复杂，子表层次会更深，每个表的字段也会频繁修改。所以人工维护表结构和创建子表是不现实的，《天下 3》端游使用 MySQL 来存储游戏数据，并实现了一套工具，根据树形的 json 结构自动修改表结构以及创建子表。

即使有了自动化的数据库维护工具，这样的设计也还是有些缺点，比如由于子表众多，离线的统计和维护并没有想象的简单，需要查询一个玩家的数据时可能会涉及上百个子表。另外比如 Item 这样的表，属性会比较稀疏，各种物品的属性各不相同，有时为了方便，会把这些稀疏的属性打包成一个字符串来保存，这时又回到了类似文本文件的存储方式。

Values 是一个字符串字段，里面打包存储各种属性，这样简化了表结构，但是丧失了关系数据库的优势。如果打包起来的属性比较少用于统计也比较少单独更新，这种损失是可以接受的，见表 9.4。

表 9.4　User_Items

ID	ParentId	Type	Values
1	3001	101	"{AddHP=5000，…}"
2	3001	201	"{AddMp=4500，…}"
3	3001	412	"{AddDef=200，…}"

从 2012 年左右开始，公司开始有项目尝试使用 MongoDB 来做存储，起先只是用来存游戏录像、日志、外围系统等。目前，MongoDB 已经是公司主流的存储方案，大话手游，MobileServer，MessiahServer 等都采用 MongoDB 来做后端存储。它提供了几乎跟文本文件一样灵活的数据结构支持，也有可比关系数据库的权限控制及统计、查询等运营工具。

MongoDB 使用二进制的 json（bson）作为数据格式，所以它可以很自然地支持 json 形式的数据，你可以把整个 json 写到数据库，也可以更新指定元素：

在图 9.4 中，定义一个 json 对象。

```
var x = {
        "_id" : 1,
        "name" : "bobo",
        "age" : 18,
        "addr" : {
                        "building" : "侨鑫",
                        "floor" : 13

        }
    }
```

图 9.4　一个需要存储的 json 对象

在图 9.5 中，把 x 写入数据库，并查询。

```
mongos> db.test.save(x)
WriteResult({ "nMatched" : 1, "nUpserted" : 0, "nModified" : 1 })
mongos> db.test.findOne({"_id" : 1})
{
        "_id" : 1,
        "name" : "bobo",
        "age" : 18,
        "addr" : {
                "building" : "侨鑫",
                "floor" : 13
        }
}
```

图 9.5　存储一个 json 对象到 test 表中

在图 9.6 中，增加一个 company 属性。

```
mongos> db.test.update({"_id" : 1}, {"$set" : { "company" : "netease"} })
WriteResult({ "nMatched" : 1, "nUpserted" : 0, "nModified" : 0 })
mongos> db.test.findOne({"_id" : 1})
{
        "_id" : 1,
        "name" : "bobo",
        "age" : 18,
        "addr" : {
                "building" : "侨鑫",
                "floor" : 13
        },
        "company" : "netease"
}
```

图 9.6　MongoDB 基本操作

在图 9.7 中，修改指定 addr 子对象的 floor 属性。

```
mongos> db.test.update({"_id" : 1}, {"$set" : { "addr.floor" : 5} })
WriteResult({ "nMatched" : 1, "nUpserted" : 0, "nModified" : 1 })
mongos> db.test.findOne({"_id" : 1})
{
        "_id" : 1,
        "name" : "bobo",
        "age" : 18,
        "addr" : {
                "building" : "侨鑫",
                "floor" : 5
        }
}
```

图 9.7　MongoDB 基本操作

对比关系数据库，MongoDB 的结构、操作都更灵活，避免了频繁更新表结构和关联子表，更适合来做游戏数据的存储。但是 MongoDB 的 bson 数据结构跟普通的 hash 表，如 lua table 或者 Python dict 并不完全兼容，比如 key 必须是 string，不能用数字做 key。MongoDB 的 bson 在某些时候是要保证元素顺序的，比如 createIndex 时用 {"_id"：1，"name"："bobo"} 和 用 {"name"："bobo"，"_id"：1} 会产生不一样的效果，而通常意义上的 Hash 表是无序的。以上这些都是我们在设计运行的数据结构时要考虑的问题。

9.4　运行时数据结构

运行时的数据结构也就是我们的游戏数据在内存中的组织方式，我们主要考虑两方面需求：一是应用层接口，要方便游戏逻辑使用，由于游戏逻辑一般都是脚本代码，所以最方便的其实就是直接使用一个脚本数据结构，比如 lua table；二是序列化效率，数据最终需要离线存储，从内存数据结构到可以写盘存储的数据结构有一个序列化过程，通常来说脚本数据结构的序列化会比较慢。

《大话西游 2》和《梦幻西游》端游的服务器都自己实现了一个 hash 表来管理存盘数据，提供专门的 set、get 接口给脚本调用。如下是《大话西游 2》《梦幻西游》的 set 接口：

```
SetiUser(UId, "Grade", 100);      // 存储一个数字
SetcUser(UId, "Name", "bobo");    // 存储一个字符串
```

服务器定期把每个 hash 表序列化成字符串，然后再写成一个个文本文件。由于没有提供嵌套 hash 的接口，所以整个 hash 只有一层数据，并不能像 json 那样直接表示嵌套子 hash。value 可以是数字或者字符串，在脚本层看来 key 是字符串，但其实在引擎有一个字符型池，会

把字符串 hash 成 int，然后 hash 表里用的是 int 做 key，这样做的好处是节省内存，免得各个 hash 里面出现大量重复的字符串 key。

这种结构简单的 hash 表虽然效率很高，但逻辑层要通过专门的 API 来读写数据，也不能直接操作多层次的 hash，用起来很不方便。所以《大话西游 3》采用了另一个极端的方案，所有的存盘数据都直接用 lua table 管理，脚本只需要告诉存盘模块哪些 table 需要存盘，设置好存盘文件名，存盘模块就会定期序列化这些 table 并写文件：

```
SaveData = {}
SAVEMODULE.Register( "gamedat/testsave.dat" ,  SaveData)
SaveData.UserList = {101, 102, 103}
SaveData.MaxLevel = 100
```

上述代码定义了一个存盘 table：SaveData，并告诉存盘模块把这个 table 的内容存储到 gamedat/testsave.dat 文件中，然后脚本就可以把任何需要保存的数据写到 SaveData，最后存盘模块会自动把 SaveData 的数据序列化并写到硬盘。从玩法应用层看这是最灵活的方式，脚本可以用一致的接口操作存盘数据和非存盘数据，数据可以任意嵌套（循环引用会导致序列化报错）。但这样的缺点在于序列化效率太低，而且也很难做脏数据增量存盘。为了分散序列化的开销，存盘模块用一个定时器每秒序列化一定数量的 table，避免集中序列化造成玩法卡顿。

现在主流的服务器引擎都采用了上面两种存盘数据结构的折中方式，期望既能像 lua table 一样提供灵活简单的操作方式，也能像《大话西游 2》的 hash 表一样达到比较高的效率。其本质上都是自己实现一个存盘数据结构，提供类似脚本原生 hash 表的访问接口。以《大话西游》手游为例，如图 9.8 所示。

```
class LBSONBase
{
public:
        virtual bool AppendSelfToBson(TBson& BsonObj, const char* Key, size_t Lvl) = 0;
        virtual void PushSelfToLua(lua_State * L, int RefToSelf, int Index) const = 0;
};
//数值类型的 LBSON
class LBSONDouble: public LBSONBase
{
public:
        static LBSONDouble * Create(lua_State * L, double Val);
        bool AppendSelfToBson(TBson& BsonObj, const char* Key, size_t Lvl);
        void PushSelfToLua(lua_State * L, int RefToSelf, int Index) const {
                lua_pushnumber(L, _Val);
        }
private:
        double _Val;
};

//字符串类型的 LBSON
class LBSONString: public LBSONBase
{
public:
        static LBSONString * Create(lua_State * L, const char * Val);
        bool AppendSelfToBson(TBson& BsonObj, const char* Key, size_t Lvl);
        void PushSelfToLua(lua_State * L, int RefToSelf, int Index) const {
                lua_pushstring(L, _Val);
        }
private:
        char* _Val;
};
```

图 9.8　《大话西游》手游（网易游戏 2015 年研发）代码片段

图 9.8 中的案例定义了一个基类 LBSONBase，提供 tolua 和 tobson 两个接口，分别用来返回给脚本和写入 MongoDB，然后在此基础上派生出 Double、String、Bool 等基础类型。直接暴露给脚本用的是一个 hash 表类型，如图 9.9 所示。

```
class LBSONTbl: public LBSONBase
{
public:
    //如果创建时指定了 NS 且数据含有 _id 字段则会自动存盘
    static LBSONTbl * CreateFromBson(lua_State * L, const bson_t * Data, const char* _NS = nullptr);
    static LBSONTbl * CreateFromLuaTbl(lua_State * L, int Index, const char* _NS = nullptr);
    void PushSelfToLua(lua_State * L, int RefToSelf, int Index) const;
    bool AppendSelfToBson(TBson& BsonObj, const char * const Key, size_t Lvl);

    LBSONTblVal* Set(lua_State * L, const char * const Key, LBSONBase * LBSONBasePtr, int Index);
    //获取 Key 对应的元素，并且把相应的值压入 lua 栈中，如果查找失败则返回 false 且 Lua 栈不变
    bool Get(lua_State * L, const char * const Key, int Index);
    bool Delete(lua_State * L, const char * const Key, int Index);
    size_t Size() const { return _ValOrder.size(); }

private:
    std::unordered_map<std::string, size_t> Hash;
    //为了保存它们的顺序需要这个 list
    std::vector<LBSONBase* > _ValOrder;
    //用于存盘的 mongodb ns
    std::string MongoNS;
};
```

图 9.9   《大话西游》手游（网易游戏 2015 年研发）代码片段

为了方便描述这里展示的是简化了的接口。首先是两个 Create 函数，分别用来从 MongoDB 和 lua 读取数据构建出 LBSONTbl；Set、Get、Delete 就分别对应修改（增加）、查询、删除等功能。注意三个私有成员变量，为了保证元素顺序，没有直接用 unordered_map<string, LBSONBase*>，而是用了一个 hash 和一个 vector，用 vector 来维护有序性，hash 表用来实现查询。新增一个元素的时候需要先加入 vector，然后把 index 记录在 hash 表中：

```
_ValOrder.push_back(NewValue);
Hash[key] = _ValOrder.size(); //size == new index
```

查询的时候则先根据 hash 查到 Index，然后再返回 _ValOrder[Index]。

MongoNS 是该 LBSONTbl 在 MongoDB 中对应的数据库名和表名。脚本可以根据数据库中读到的 bson 数据创建出一个 LBSONTbl，然后像普通的 lua table 一样操作它，如图 9.10 所示。

```
local NS = "gamedata.test"
local BsonData = SAVE.ReadDataFromMongo(NS)
local SaveTbl = BSON.CreateTbl(BsonData, NS)
SaveTbl.Name = "bobo"                       --call LBSONTbl::Set
SaveTbl.Age = 18                            --call LBSONTbl::Set
print(SaveTbl.Name, SaveTbl.Age)            --call LBSONTbl::Get
SaveTbl.Address = BSON.CreateTbl()          --call LBSONTbl::Set
SaveTbl.Address.Building = "侨鑫"           --call LBSONTbl::Set
SaveTbl.Address.Floor = 5                   --call LBSONTbl::Set
SaveTbl.Age = nil                           --call LBSONTbl::Delete
```

图 9.10   《大话西游》手游（网易游戏 2015 年研发）代码片段

如果要模拟 lua table 所有的功能，这样自定义的 LBSONTbl 并不一定会比 lua 原生的 table 更高效，特别是读写效率。但是自定义的好处在于我们有更多的优化手段，比如简化一些功能、并发优化、序列化优化、在 Set 和 Delete 的时候做增量存盘等。

9.5 存盘频率

运行时的数据结构设计好了，接下来需要考虑的就是在什么时候把内存数据写到硬盘（数据库）。目前大部分产品包括 MobileServer 和 MessiahServer 都采用定时存盘的方式，也就是定时把玩家数据序列化并做一次完整存盘。为了避免集中一次性序列化所有玩家造成服务器压力过大，一般可以给每个玩家设置一个定时器，分散存盘：

```
function clsUser:OnTimer()
    self:Save()
end
```

定时器的频率从几十秒到几分钟不等，这样做的好处是设计够简单，服务器压力取决于序列化效率和在线人数。对于 MMORPG 来说，数据会很复杂，单个玩家序列化后的数据会达上百 KB，如果物理内存够大，有一个优化的方案是使用 fork。

因为 fork 并不会立即复制整个进程空间而是使用了 copy on write，所以 fork 的开销其实可以接受。子进程做一次完整存盘，然后马上退出，理想情况下所需要的物理内存应该是远小于父进程内存的两倍的。

```
void Save( ){
    if( 0 == fork() ){      //child
        SaveAllData();
        exit();
    }else{                  //parent
    }
}
```

定时存盘最大的问题就是缺乏容灾能力。当进程 crash 或服务器故障时会丢数据，而且因为是分散存盘，这种丢数据会造成数据不一致从而导致逻辑问题，比如：

（1）A 将一件贵重物品 W 交易给 B；

（2）B 的存盘定时器触发，B 的数据写盘，而此时 A 的数据还没存盘；

（3）服务器 crash，A 的数据没有写盘，所以 A 的存盘数据里面还有物品 W，B 在交易完成后存了盘，所以 B 的数据里面也有 W，于是 W 被复制了一份。

要解决这种数据丢失的问题，就只能提高存盘频率，将内存数据尽快写到硬盘。最好的效果就是能做到实时存盘，所有的数据更新都立刻记录下来。镇魔曲和梦幻都通过一种类似 oplog 的方式实现了实时存盘，简单说就是除了原有的定时存盘外，每当有数据更新就写一条 oplog，把当前操作记录下来。如果服务器正常关闭，则 oplog 可以丢弃，如果服务器异常退出，则可以根据 oplog 把最后一次定时存盘之后的修改重新执行一遍。图 9.11 是一段镇魔曲的 oplog。

```
(61629110, 146116610, 1, '61629110.component_placement.x', (4906.111328125,))
(61629110, 146116611, 1, '61629110.component_placement.z', (4291.556640625,))
(141739107, 108008620, 1, '141739107.component_skills_player.cd_total_time', ('1502', 2.85))
(141739107, 108008621, 1, '141739107.component_skills_player.cd_end_time', ('1502', 1540448225.911638))
(13469102, 157332537, 2, '13469102.component_skills_player.cd_end_time', ('7029',))
(13469102, 157332538, 2, '13469102.component_skills_player.cd_total_time', ('7029',))
(19209107, 93385182, 2, '19209107.component_skills_player.cd_end_time', ('1205',))
(19209107, 93385183, 2, '19209107.component_skills_player.cd_total_time', ('1205',))
(27029110, 141342458, 1, '27029110.component_multi_exp.exp_pool', (19156384L,))
(27029110, 141342459, 1, '27029110.component_multi_exp.add_exp_time', (1540448223L,))
(27029110, 141342460, 1, '27029110.component_attribute.exp', (80436725L,))
(27029110, 141342461, 1, '27029110.component_attribute.skill_exp', (7309649199L,))
(27029110, 141342462, 1, '27029110.component_relation.guid2relation.111124106.degree', (68549.609375,))
```

图 9.11　《镇魔曲》（网易游戏 2015 年研发）存盘 oplog

每一行的内容依次是：

（1）UserId，本次操作的玩家 Id；

（2）版本号，每个写操作都会增加一个版本号；

（3）操作码，比如 1 是修改，2 是新增，3 是删除；

（4）修改路径，本次操作的数据节点；

（5）本次修改的参数，比如具体的数值。

每个玩家的版本号是独立的，每次定时存盘时都会把该玩家的最新版本号保存到存盘数据中，如果服务器异常关闭，则在重启时根据 oplog 把版本号大于存盘数据版本号的操作都重做一遍，把进程退出时的最新数据恢复出来。故障总是小概率事件，所以 oplog 大部分时候都是不需要用到的，而且异常关闭的数据恢复也很容易做成自动处理。

大话手游用了另外一种方案来做到准实时存盘（图 9.12）：因为后端用 MongoDB 做存储，它可以更新指定的子对象，所以理论上可以在发生写操作的时候立即生成一个 update 指令更新数据库。

```
bool LBSONTbl::Set(lua_State* L, const char* Key, LBSONBase* ValuePtr)
{
        _ValOrder.push_back(ValuePtr);
        Hash[Key] = _ValOrder.size() - 1;
        MONGO.Update(MongoNS, ...);//update({_id : OID}, ["$set" : { path+key : ValuePtr}})
        ...
}
```

图 9.12　《大话西游》手游（网易游戏 2015 年研发）代码片段

但因为游戏内数据更新非常频繁，数据库肯定不能承受这么高频率的写操作（超过 2000 次 / 秒的写操作数据库就很有压力了），而且很多操作可以合并掉，比如连续对同一个 document 修改，可以合并成一个 update 语句。为了合并写操作，在服务端设置了一组队列，将所有的写操作放在队列中，然后另外一组线程，如图 9.13 所示，从队列取出指令，并尽可能合并然后写入数据库。

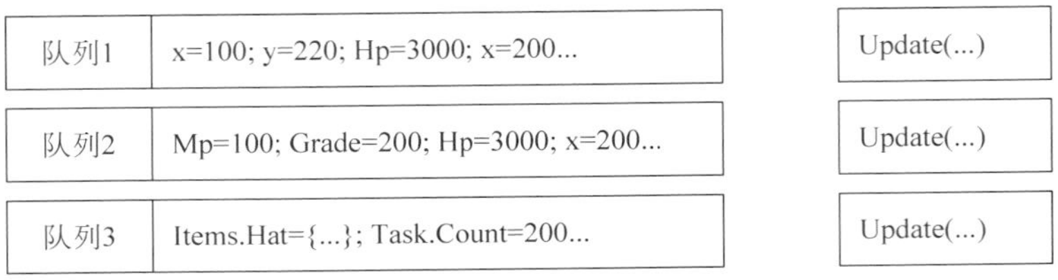

队列1	x=100; y=220; Hp=3000; x=200...	Update(...)
队列2	Mp=100; Grade=200; Hp=3000; x=200...	Update(...)
队列3	Items.Hat={...}; Task.Count=200...	Update(...)

图 9.13　《大话西游》手游（网易游戏 2015 年研发）存盘队列

分多个队列主要是为了提高合并的效率，因为不同玩家的数据在数据库中是不同的 document，不能合并成一个写操作，所以可以跟进 userid 分到不同的队列，使得每次 update 都能尽可能合并多个操作。

如果服务进程意外退出，指令队列中的数据还是会丢失，所以这种方式并不算实时存盘。但如果数据库写入速度够快，那么队列中缓存的指令不会太多，所以对比定时存盘来说，数据丢失的风险还是小了很多。同时需要注意的是，这种频繁更新的方式对数据库的压力也比较大。综合来看，oplog 的方式比较经济可靠。

9.6　小结

本章从离线数据格式、在线数据结构以及存储等方面介绍了存盘系统的设计和优化，涵盖了公司大部分产品的存盘解决方案。在实际的项目中，需要综合考虑各方面因素来设计合适的存储方案，比如 MOBA 类型的游戏，数据量相对更小可以考虑更简单的设计；MMO 类型的游戏，则可以设计更复杂的方案，比如根据数据重要程度设计不同的实时性要求，或者根据服务器负载动态调整存盘频率等。

参考文献

[1]　lua documentation[EB/OL]. https://www.lua.org/docs.html

[2]　MongoDB manual[EB/OL]. https://docs.mongodb.com/manual/

10 游戏 AI
Game AI

10.1 概述

游戏 AI 是对游戏内所有非玩家控制角色的行为进行研究和设计，使得游戏内的单位能够感知周围环境，并做出相应的动作表现的技术。游戏 AI 作为游戏玩法的一大补充，在各种游戏中都有广泛的应用，比如可以和玩家交互聊天的 NPC，按照特定规则巡逻的怪物，与玩家进行对抗的机器人等。本章将首先简要介绍基于状态机的游戏 AI，然后从组成结构、节点设计、变量系统等方面详细介绍基于行为树的游戏 AI，最后将探讨 AI 分层、反馈触发、节点抽象与效用系统等高级游戏 AI 技术。

10.2 基于状态机的游戏 AI

基于状态机的游戏 AI 是实现简单游戏 AI 最便捷的方式，如图 10.1 显示了一种典型的基于状态机的游戏 AI，该 AI 具有徘徊、攻击、逃跑、治疗 4 种状态，状态间的跳转关系如图 10.1 中箭头所示。

为了使状态机实现游戏 AI，程序需要分析 AI 逻辑需求，设计一个有限的状态集合来描述 AI 逻辑，然后在代码上定义每个状态节点以及该状态下的跳转关系。

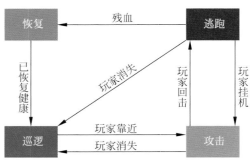

图 10.1　基于状态机的游戏 AI 示意图

图 10.2 展示了某状态机其状态集合里、追逐状态的示例代码，其中 execute 函数定义了每次 TICK 时需要检查的条件和跳转的状态，有关状态机 AI 的详细实现可查看参考文献 [1][2]。

```
145 class Chase(State):
146     def enter(self, owner,fsm):
147         owner.chaseNavigate(fsm.getGlobalData("CHASE_DIST"))
148
149     def execute(self, owner, fsm):
150         if checkDistToMaster(owner, fsm) > 10:
151             return 'ReturnToMaster'
152         if owner.getLockedTarget() is None:
153             return "Wander"
154         return
155
156     def exit(self, owner, fsm):
157         owner.stop()
```

图 10.2　追逐状态代码示例

基于状态机的游戏 AI 具有代码简单、实现快速等优点，但其灵活性比较一般，每增加一种状态都要考虑与现有状态间的跳转关系，当系统的状态数过多时，维护各状态之间跳转关系会变得非常困难。此外，由于是采用代码描述 AI 逻辑，导致每次修改游戏 AI 逻辑都需要对状态机代码进行调整。因此，基于状态机的游戏 AI 仅适合于一些逻辑简单、固定的游戏 AI。

10.3　基于行为树的游戏 AI

10.3.1　什么是行为树

通常来说，行为树是一种形式化的图形建模语言，它采用了一种明确定义的符号系统来描述大规模软件工程中的各种需求。在游戏 AI 中，行为树是用于描述 AI 逻辑需求的图形化语言，同时还具备了执行其所描述的 AI 逻辑的能力。图 10.3 显示了一个简单的 AI 行为树示例，该 AI 能够自动攻击进入其 10m 范围的敌人。

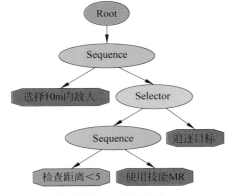

图 10.3　一个简单的怪物 AI 行为树示例

行为树系统主要由以下几类节点构成：

- 根节点：行为树执行的入口，返回值为其子节点的执行结果，如图 10.4 中的 entry 接口定义行为树的入口。

- 组合节点：行为树的中间节点，构成了行为树的骨架，用于控制行为树执行顺序，完成了程序语言中的"跳转语句"的功能，主要由以下三种节点：

（1）顺序节点：依次遍历子节点直到某个子节点返回失败，如果所有子节点返回成功则返回成功，否则返回失败，如图 10.3 中的 Sequence 节点，其对应的运行时代码如图 10.4 中的 f100928_1_0_until_false 函数所示；

（2）选择节点：依次遍历子节点直到某个子节点返回成功，如果所有节点返回失败则返回失败，否则返回成功，如图 10.3 中的 Selector 节点，其对应的运行时代码如图 10.4 中的 f100930_2_1_until_true 函数所示；

（3）随机节点：按照一定概率随机选择某个子节点执行，返回子节点执行结果。

- 装饰节点：用于装饰子节点，主要用于修改子节点执行结果，如取反执行结果、限制执行次数等。

- 叶子节点：主要包括动作节点与条件节点，负责实现 AI 的具体功能。

（1）条件节点：用于判断情形，如图 10.3 中的检查距离节点，其对应的运行时代码如图 3.2 中的 f100932_4_0_check_distance 函数所示；

（2）动作节点：用于驱动 AI 执行动作，如图 10.3 中的选择敌人、使用技能、追逐目标节点，其对应的运行时代码如图 10.4 中的 f100933_4_1_action_release_skill、f100934_3_1_action_move_to 函数所示。

```
6  def entry(comp):
7      return f100928_1_0_until_false(comp)
8  def f100928_1_0_until_false(comp):
9      if not f100929_2_0_action_pick_units(comp): return False
10     if not f100930_2_1_until_true(comp): return False
11     return True
12 def f100930_2_1_until_true(comp):
13     if f100931_3_0_until_false(comp): return True
14     if f100934_3_1_action_move_to(comp): return True
15     return False
16 def f100932_4_0_check_distance(comp):
17     pos_a=comp.owner.position
18     pos_b=getattr(comp.board.get("ai_target", 0),'position',None)
19     if math.sqrt((pos_a.x - pos_b.x) ** 2 + (pos_a.z - pos_b.z) ** 2) < 10: return True
20     else: return False
21 def f100933_4_1_action_release_skill(comp):
22     return comp.action_release_skill(2)
23 def f100934_3_1_action_move_to(comp):
24     target_pos=getattr(comp.board.get("ai_target", 0),'position',None)
25     return comp.action_move_to(target_pos.x, target_pos.z )
```

图 10.4　行为树运行时代码示例

行为树的执行是从根节点出发，从左至右依次遍历每个子节点及其子树，根据每个节点的规则计算并返回其执行结果，并按照组合节点设定好的规则选择跳过哪些子节点，执行哪些子节点。由于行为树的节点是静态的，所以行为树的遍历可以预先生成好，如图 10.4 展示了图 10.3 所示行为树的运行时代码，调用 entry 函数即可实现行为树子节点的遍历执行，有关行为树节点的介绍还可以查看参考文献 [2][3]。从行为树的结构和执行过程，可以看出行为树描述的是一个无状态的逻辑结构，行为树节点中通常只包含 AI 的执行逻辑，而不存储任何状态信息。图 10.4 的行为树运行时代码示例中，我们将 AI 执行的上下文环境封装在 comp 中提供给行为树，实现了游戏 AI 逻辑与数据分离。使用行为树制作游戏 AI 时，节点的组合顺序决定了 AI 的逻辑，程序可以从 AI 的具体实现工作中解放出来，AI 的逻辑交由策划通过编辑行为树实现。相比状态机，行为树具有以下优点：采用更加直观的图形化形式编辑 AI 逻辑，制作效率高；AI 逻辑通过节点的不同组织方式实现，节点的复用性高；行为树节点相互独立，易于扩展维护。因此，基于行为树的 AI 目前已广泛应用于 MMO[4]、MOBA[5]、射击、回合制 [6] 等各种类型的游戏中。

使用行为树制作游戏 AI，首先需要的是行为树编辑器与配套的行为树生成工具，sunshine 编辑器集成了该功能，笔者所在项目使用过 BTEditor、AIEditor 也都具有类似的功能，如图 10.5 所示。这些编辑器的工作原理基本一致，大都维护了一个各自项目定制的节点库，以 json 或 xml 的文件形式保存编辑的行为树，并将行为树转换为图 10.4 所示的游戏环境中运行时代码，典型的 AI 制作流程如下：

- 程序在编辑器配置文件中设计和维护行为树节点库，并说明每个行为树节点的功能、参数，定义每个行为树节点的实现代码；

- 策划根据 AI 逻辑需求创建并编辑行为树，编辑器将行为树转换为运行时代码，典型的转换思路是将每个节点转换为一个函数，利用函数调用来表示节点跳转，如图 10.5 显示了示例的行为树运行时代码；

- 游戏环境加载行为树，从行为树的入口开始执行代表行为树节点的每个函数。

图 10.5　使用 BTEditor 编辑游戏 AI 行为树

在行为树的节点库中，根节点、组合节点、装饰节点等与游戏行为无关的节点为行为树的固有节点，这些节点数量相对较少，逻辑相对固定，大部分行为树编辑器都会内置集成这些节点，不需要花费太多精力即可接入到各项目中。而动作节点和条件节点通常与游戏玩法直接相关，需要我们根据 AI 需求进行设计与实现。

10.3.2　动作节点设计

基于行为树的游戏 AI 的基本流程是判断 AI 周围发生了什么，选择合适的目标，控制 AI 对目标做出相应的动作。设计动作节点的目的主要用于选择合适的目标、驱动 AI 执行动作，它们是 AI 的"手"和"脚"。从节点的功能上看，主要可分为以下几类：

- 移动类节点，用于控制 AI 移动，如追踪、巡逻、徘徊等；

- 释放技能类节点，用于控制 AI 释放技能或其他特殊表现；

- 目标筛选类节点，用于选择、剔除行为树的操作目标，如根据距离、类型、属性等筛选目标。

在绝大多数游戏玩法中，AI 的主要动作行为由移动和释放技能构成。移动类节点用于控制 AI 移动，其底层大都是调用引擎提供的基础寻路接口实现。按照移动的目的不同，移动类节点可以分为追逐、巡逻、徘徊等，这些移动节点的区别是它们按照不同的逻辑计算出了寻路的目标点并提交给引擎寻路接口。值得注意的是，这些移动节点都应当是完备的、具有独立执行能力的节点，即这些节点能够独立自主地控制 AI 达成预设的移动目标，而不依赖外部其他任何输入。图 10.6 展示了巡逻节点的实现接口 patrol_navigate 示例，该接口能够根据当前位置计算出目标路点，并控制 AI 不断向下一路点移动。

```python
705     def patrol_navigate(self, road_no):
706         if not self.owner.is_movable(consider_supercancel=True):
707             self.stop_navigator()
708             return False
709         if self.navigator['ntype'] == NAVIGATOR_PATROL and self.navigator['road_no'] == road_no:
710             return True
711         if self.navigator['ntype'] != NAVIGATOR_NONE:
712             self.stop_navigator()
713         self.road_points, next_index = self.get_single_next_index(road_no, self.owner.position)
714         self.update_navigator(ntype=NAVIGATOR_PATROL, road_no=road_no, next_index=next_index,)
715         return self.on_patrol_navigate(self.owner)
716     def on_patrol_navigate(self, owner):
717         if not owner.is_movable(consider_supercancel=True):
718             self.stop_navigator()
719             return False
720         next_index = self.navigator.get('next_index', 0)
721         if self.distance_square_2d(owner.position, self.road_points[next_index]) < SMALL_DISTANCE_SQUARE:
722             next_index +=1
723             self.navigator['next_index'] = next_index
724         owner.ai_move_to(self.road_points[next_index], callback=self.on_patrol_navigate)
725         return True
```

图 10.6　徘徊节点的实现接口代码示例

在行为树的节点执行上下文环境中，除了节点自身的预设参数外，还有很多节点需要显式或隐式地提供目标参数，如追逐、释放技能节点在执行前需要选择合适的目标。为此，我们建议增加目标筛选类动作节点，用于根据特定的条件选择、筛选指定区域的游戏单位，保存在特定名称的标记值中，作为接下来节点的操作目标。如图 10.7 所示，ai_target、ai_target_list 分别表示 AI 的当前目标和当前目标列表。选择目标类节点的需求通常非常细，我们建议尽量提高节点的通用性，通过设置距离、类型、属性等筛选条件参数来进行目标选择。如图 10.7 中的选择节点的功能就比较通用，不同的参数可以组合出不同的选择目标，如我方最远英雄、敌方最近小兵等。

800126	新：选择英雄作为目标列表（act
filter_ally:	
filter_enemy:	1
filter_cu_types:	
set_target_list_name:	ai_target_list

800128	新：根据距离选择目标（action_
choose_method:	min
center_pos:	@position
result_tag_name:	ai_target

图 10.7　选择目标类节点示例

在动作节点的设计与实现过程中，我们需要注意动作节点的以下特性：

首先，动作节点是原子的，负责动作执行的全流程，从行为树层看，动作节点是不可细分的。

其次，动作节点是自治的，其实除了包含动作本身外，还要包含动作执行前的合法性检查，动作结束后的回调操作，比如移动类节点要负责移动前能否移动、设置目的地是否可达的合法性检查。

最后，动作节点的执行是一个过程，其实先要考虑主动、被动打断时如何处理。通常，如果动作节点的执行过程不可被打断，则可以在动作执行的过程中将行为树挂起，等动作执行完毕后再让行为树继续 TICK。而对于可以被打断的动作来说，不建议将行为树挂起为 RUNNING，而应该让行为树正常 TICK。只有这样，才能让 AI 能够快速应对周围环境变化，及时发起新的动作来替换当前正在执行的动作。

10.3.3 条件节点设计

基于行为树的游戏 AI 的基本流程是判断 AI 周围发生了什么，选择合适的目标，控制 AI 对目标做出相应的动作。设计条件节点的目的主要用于判断 AI 周围发生了什么，它们是 AI 的"眼睛"和"耳朵"。从节点的功能上看，主要可分为以下几类：

- 属性检查节点，如检查自身（目标）血量、状态等；
- 距离检查节点，如检查目标是否在攻击范围内、检查是否远离出生地等；
- 接口检查节点，如检查技能能否释放、目标是否可达等。

绝大部分行为树叶子节点的设置都与策划实际需求有关，但程序在实现策划需求时，需要考虑节点的扩展性，尽量使用相对通用的节点来满足策划某一类需求，减少行为树节点库的复杂度。如对于距离检查节点，可以将检查距离的参数全部暴露出来，实现任意两点间的距离检查，如图 10.8 所示。而对于属性检查节点，也可以采取类似的方式，策划可以填写包含属性的表达式，由编辑器将表达式代码转换为实际可运行的代码，实现任意形式的属性检查，如表达式填写 @hp < @mhp*0.1，则可被转化为 owner.hp <owner.mhp *0.1。通常，条件检查节点都相对简单，大都能够立即计算出返回结果的，不会包含执行过程。为了提高行为树的运行效率，大部分属性检查、距离检查节点大都可以在节点的实现函数中直接展开。如图 10.8 中的检查距离节点，根据策划填写的参数 pos_a、pos_b、cond_expr，节点的实现函数在运行前已经完全静态确定，我们将节点的实现代码直接在函数 f911184_2_1_check_distance 函数中展开。

```
def f911184_2_1_check_distance(comp):
    pos_a = comp.owner.position
    if comp.board.get('ai_target', None) is None : return False
    pos_b = comp.board["ai_target"].position
    distance2 =  (pos_a[0] - pos_b[0]) * (pos_a[0] - pos_b[0]) + \
                 (pos_a[-1] - pos_b[-1]) *(pos_a[-1] - pos_b[-1])
    if distance2 < 900:
        return True
    else:
        return False
```

800122	新：检查两点之间距离（check_d
pos_a:	owner
pos_b:	ai_target
cond_expr:	< 30.0

图 10.8　检查距离条件节点参数与运行时代码示例

10.3.4 标记值系统

行为树可以看作是一种图形化的编程语言，行为树的组合节点、装饰节点提供了跳转语句的功能，行为树的动作节点、条件节点提供了各种计算、判断功能，其中各种计算的结果、判断的输入都需要变量系统来提供。为此，绝大部分行为树系统都提供了一个 Board 字典，策划可将任意变量以指定的名称作为键保存到 BOARD 中，并在后续节点中使用，如上文中的 ai_target、ai_target_list 都是 BOARD 中的对应的键值，他们将相互独立的行为树节点联系起来。通常我们称 BOARD 中的键－值对为标记值，我们可以通过如保存目标、保存位置等节点来设置标记值，也可以通过检查目标、检查距离等节点来访问标记值。同时，我们也建议，在行为树节点中需要与其它节点交互时，尽量使用通用的标记值系统，而不要在 AIComp 上添加太多具有特殊功能的成员变量。标记值系统除了用于节点计算结果的存储外，通常还可以根据 AI 需要，将一些固有的标记值内置在 BOARD 中，如 TIME、MASTER 等，由行为树之外的逻辑自动更新、维护这些标记值，在行为树中直接使用这些标记值即可。

10.3.5　AI 调试

在实际使用中，AI 编辑器除了提供强大的编辑功能外，通常还需要提供便捷的调试工具。最简单的调试方法是在行为树中增加 DebugMessage 节点，和程序通过 print 打日志调试一样，用于显示标记行为树执行到何处，如将特定信息输出到游戏日志或客户端窗口中。然而，对于复杂的游戏 AI 来说，使用 DebugMessage 调试是非常低效的，通常我们会提供在线调试工具，实时显示行为树每个节点当前运行状态。此外，离线调试也是一个非常实用的方法，通过随时记录游戏 AI 发生逻辑异常时的所有节点的执行情况，我们可以快速捕捉各种偶现的异常情况。无论是在线调试还是离线调试，我们都需要获得行为树每个节点的执行情况，以及执行过程中 BOARD 内的各标记值数据等。如图 10.9 所示，记录行为树执行情况的原理是利用 Python 内置的 settrace 函数，hook 住行为树 tick 过程中所有节点的函数调用，并将节点相关的返回值、标记值记录到调试日志中，供 AI 编辑器使用。

```python
def record_think_stack(self, tree_id, _aiEntry):
    def tracefunc(frame, event, arg):
        if event == 'return':
            ...
            owner._ai_nodes.append([node_id, res, extra_info])
        return tracefunc
    self.owner._ai_nodes = []
    ...
    sys.settrace(tracefunc)
    _aiEntry()
    sys.settrace(None)
    ...
```

图 10.9　行为树执行记录代码示例

10.4　游戏 AI 进阶

10.4.1　复杂游戏 AI 分层

上文介绍了使用行为树制作游戏 AI 的基本方法，基于以上方法，可以完成一些简单的 AI 逻辑，如游戏中的小兵、野怪等逻辑简单的 AI。如果游戏 AI 的需求非常复杂，使用单棵行为树描述 AI 的所有逻辑会使树变得非常庞大。为此，我们推荐引入跳转子树节点，对行为树进行分层，如图 10.10 所示，AI 主树中将情形分类为需要撤退、需要进攻、需要团战，每种情形都跳转到对应的子树进行处理。上文介绍过，行为树节点的执行本质是函数调用，子树跳转节点可以通过直接调用目标子树的根节点函数即可实现，图 10.11 展示了跳转子树的实现代码，直接调用目标子树的 entry 函数，并返回目标子树的计算结果。通过子树跳转，一棵庞大的行为树可以由一棵主树和多棵子树等价代替，简化了行为树的结构，分层的行为树也易于理解和维护。我们建议按照 AI 的常用行为来抽象子树，如攻击子树、撤退子树等，这样还可以在其他主树中根据需要复用子树。

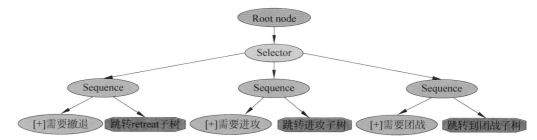

图 10.10　分情形跳转子树的行为树结构示例

```python
def action_do_sub_tree(self, sub_tree_type = ''):
    '''执行特殊子树'''
    sub_tree_id = self.sub_tree_dict.get(sub_tree_type, None)
    if not sub_tree_id:
        return False
    if sub_tree_id in self._speical_subtree_entry_dic:
        sub_entry = self._speical_subtree_entry_dic[sub_tree_id]
    else:
        sub_module = __import__('%s.bt%d' % (AI_TREE_PATH, sub_tree_id), fromlist=[''])
        sub_entry = sub_module.entry
        self._speical_subtree_entry_dic[sub_tree_id] = sub_entry
    return sub_entry(self)
```

图 10.11　跳转子树实现代码示例

除了上述行为树内分层方法外，对于更加复杂的 AI 系统，还可以在思考结构上进行分层，在空间和时间上都对行为树结构进行划分。空间上行为树分层是指，AI 的逻辑不用全部运行 AI 自身上，可以将一些信息收集工作放在信息来源身上，比如 MOBA 游戏中可以让防御塔"告诉"AI 自己被攻击，而不是 AI 判断防御塔在受攻击。时间上行为树分层是指，可以让 AI 交替思考多种行为树，前一次行为树 TICK 的结果决定了下一次 TICK 哪棵行为树，比如先通过任务决策树决定 AI 应该做什么，再 TICK 对应的任务执行树来决定如何达成任务目标。如图 10.12 展示了《决战！平安京》的行为树分层结构，为了实现复杂的 MOBA AI 行为模拟，《决战！平安京》的开发人员将 AI 划分为决策 − 规划 − 行为三层结构，其中决策层采用效用评估方法决定该执行哪种策略，规划层决定如何执行策略，策略目标达成后由行为层负责具体战斗行为选择。

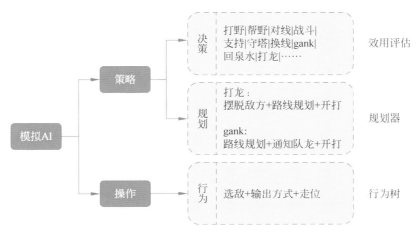

图 10.12　一种行为树分层策略

10.4.2　TICK 与反馈结合

无论是使用行为树，还是使用状态机实现好游戏 AI 后，我们都需要在游戏环境中是通过定时器来不断触发游戏 AI 的 TICK。为了让游戏 AI 反应敏捷，我们会设置非常小的 TICK 间隔，然而过高的 TICK 频率会非常浪费游戏性能。实际上，AI 的思考结果——动作大部分都需要一定时间才能完成的，如果高频的 TICK 结果都是相同的动作则无实际意义，而较长的 tick 间隔则会导致 AI 动作完成后发呆。如图 10.13 中的黄色区间所示，每次动作完成后，AI 都需要等待较长时间才能进行下一动作。为此，我们可以在持续的动作执行完成后触发 AI 立即进行一次 TICK，可以大大提升 AI 连贯性。如图 10.14 所示，通过调整触发的延迟，我们还可以控制 AI 响应的灵敏度。

移动到A点		移动到B点		释放技能C
0	1	2	3	4

图 10.13　游戏 AI 发呆 TICK 时序示意图

移动到A点	移动到B点	释放技能C	……
0	1	2	3	4

图 10.14　游戏 AI 触发 TICK 时序示意图

实际使用中，为了实时响应环境的变化，比如为了及时取消当前动作并执行新的动作，AI 动作执行过程中的 TICK 仍然是需要的。此外，有时候我们会希望 AI 在某些情形下有更高的实时性要求，比如希望 AI 在目标进入攻击范围内立即攻击目标，或者 AI 在倒地起身后立即逃跑，则可以考虑在游戏中适当引入反馈触发机制，在条件达成时立即触发 AI 进行 TICK。我们建议：游戏 AI 的 TICK 频率以间隔 0.5~1.0 秒为宜，辅以必要的反馈触发思考机制即可满足大部分游戏 AI 的即时性需求。此外，较低的 TICK 频率还可以优化游戏 AI 的性能。

10.4.3　节点的抽象化

从程序的角度看，行为树的节点实际上都是函数调用。有时候，为了实现一些简单的比较功能，都需要用一个节点来实现是比较浪费性能的。如图 10.15 所示，为了计算出 B 是否站在了 A 和 T 中间，如果全部使用底层节点实现，则至少需要顺序计算以下三个节点：计算距离 AT、计算距离 BT、比较 AT 和 BT，如图 10.15 中右图所示的判断分支。然而，如果我们知道行为树的需求是判断站位情形的话，我们可以提供一些更加高级抽象的计算站位情形节点，输入 A、T，判断 AI 是否站在 A 与 T 之间。如图 10.16 所示的示例代码，根据 AI 自身、目标的攻击半径，可以通过计算站位情形节点直接计算出四种情形并保存在指定标记值中。因此，除了设计实现一些底层的通用节点之外，我们建议程序也需要参与到 AI 行为树的制作中，从 AI 逻辑需求出发，整理抽象出一些更加高级节点，如将 AI 周围环境情形进行分类，可以使整个行为树系统更加简洁高效。

另一个典型的例子是，当 AI 周围有多个敌方目标时，通常需要 AI 选择在攻击过自己的目标中按照一定的优先级规则选择目标。如果使用行为树节点实现，则需要使用节点遍历自己的伤害来源列表，然后通过组合节点实现优先级规则。显然，使用这种实现方式是低效的。通常，我们更推荐的方式是实现一个仇恨控制器系统，仇恨控制器系统能够根据给定规则，自动给出当前最仇恨的目标。

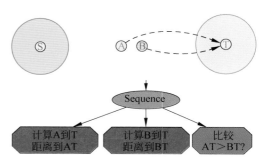

图 10.15　计算站位情形的示意图和行为树实现

```
def calc_position_case(self, target1, target2, case_name):
    if self.dist(owner.pos, target1.pos) < target1.attack_range:
        #在target1攻击范围外
        if self.dist(owner.pos, target2.pos) < self.dist(target1.pos, target2.pos):
            #到target2比较近
            case_no = 2
        else:
            case_no = 3
    else:
        if self.dist(owner.pos, target2.pos) < self.dist(target1.pos, target2.pos):
            #到target2比较近
            case_no = 1
        else:
            case_no = 4
    self.board[case_name] = case_no
    return True
```

图 10.16　计算站位情形节点的实现代码示例

综上，行为树是游戏 AI 的一种相对低效实现方式，并不适合做各种底层的细节判断，我们建议根据 AI 逻辑需求引入一些高级的、抽象的节点或子系统，从而更好地实现游戏 AI。

10.4.4　基于效用的 AI 系统

游戏 AI 的核心是行为选择，基于行为树的 AI 系统实际是将 AI 选择逻辑用图形化的语言进行描述，但是，由于行为树的节点通常都是直接与游戏环境交互，关注的都是底层与局部信息，当需要进行综合游戏全局形势进行策略选择时，由于要考虑的因素非常多，导致决策行为树的逻辑爆炸。实际上，行为树系统描述的是 AI 的规则集合，通常只能表述有限种游戏情形。而基于效用系统的 AI 系统则是根据具体的游戏玩法，将 AI 的决策方案抽象为需求 − 效用模型，通过对每种决策的需求满足度进行建模，驱动 AI 选择效用值最高的决策。基于效用的 AI 系统在高自由度的拟人AI 行为中有着良好的应用效果，已经在《模拟人生》系列游戏中被多次使用。我司的游戏《猎魂觉醒》中的主城氛围 AI 系统也采用了效用系统，通过构造效用公式来描述资源点对需求的收益情况，从而评估 NPC 加入资源点的效用，图 10.17 展示了基于效用的 AI 系统示意图。效用决策模型通常需要游戏制作者深入理解游戏，仔细设计需求满足度曲线，并维持需求数值的稳定和平衡，在对复杂 AI 有着非常重度需求的游戏中可以考虑引入此系统，如《决战！平安京》中就使用了效用评估的方法对打野、对线、战斗、支援、守塔等策略进行评分，然后选择收益最高的策略来执行。

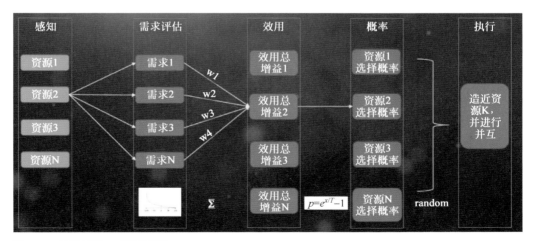

图 10.17　基于效用的 AI 系统示意图

10.5　总结与展望

本章详细介绍了行为树系统的组成结构、执行原理、设计原则等方面，并进一步讨论了行为树的分层、触发 TICK 机制以及节点抽象化，目的是对整个行为树做一个系统的整理，能够从全局的角度审视行为树。在使用行为树实现游戏 AI 时，应尽可能注意行为树节点的通用性，并根据 AI 逻辑需求设置更加抽象的节点，从而使整个 AI 系统更加简洁高效。对于逻辑复杂庞大的游戏 AI，我们建议提前规划好行为树的结构层次，避免使用逻辑爆炸的单一行为树实现游戏 AI。

相比状态机，行为树能够实现更加复杂的游戏 AI。然而，行为树并不是万能的，在一些环境因素繁多、逻辑复杂的游戏 AI 中，行为树系统进行决策通常会变得非常困难。近年来，越来越多的游戏 AI 会在行为树系统基础上，结合一些更加高效的效用评分系统进行 AI 决策。此外，我们也看到，一些机器学习、强化学习方法也逐渐地开始应用于游戏 AI 中，这些方法对于逻辑抽象困难的 AI 行为具有很好的模拟效果。

参考文献

[1] Fernando Bevilacqua. Finite-State Machines: Theory and Implementation[EB/OL].

   https://gamedevelopment.tutsplus.com/tutorials/finite-state-machines-theory-and-implementation--gamedev-11867, 2013.

[2] Wikipedia. Behavior tree[EB/OL].https://en.wikipedia.org/wiki/Behavior_tree,2019.

11 跨服与全球同服
Cross Server and Global Server

11.1 概述

在开始讨论跨服和全球同服之前，先讲述分服的概念。分服指的是在设计和部署游戏后端的时候把服务器分成若干独立的逻辑服，不同逻辑服之间的数据不互通，每个逻辑服就是一个完整的、独立的虚拟世界。分服的原因可以简单概括为以下两点：

（1）设计虚拟世界的需要。因为来自产品设计本身的需求，对于某些游戏类型，通过把游戏参与者分散到多个规模适度的独立虚拟世界里，可以更好地管控虚拟世界的发展，为玩家提供更好的游戏体验。

（2）后端负载能力有限。受到游戏类型、玩法设计、开发周期、技术选型等各种因素的影响，一个游戏后端的负载能力往往是有限的，当预期的在线规模远大于单服承载上限的时候，分服就是必然的选择。

以《梦幻西游》手游为例，对于这种有时间积累的游戏，大部分新玩家喜欢在全新的游戏环境里玩，避免被老玩家的优势碾压，所以比较适合分服架构。游戏后端由数百个独立逻辑服组成，每个服务器有自己的命名标识，玩家可以选择在不同的服务器创建游戏角色。

对于后端开发，水平扩展是一种较为常见的负载扩展手段，那么分服可以看成是一种很大粒度的扩展方式。对于已经分服的后端架构，有时候会有一些特定的跨逻辑服玩法需求，比如跨服排行榜、跨服社交、跨服交易、跨服匹配与战斗等等，这些玩法要求在不同的逻辑服之间实现部分数据和状态的互通。某些类型的游戏不需要限制同服的玩家数量，只要后端的负载能力足够，人数越多越好，这时候大区服、甚至全球服的后端架构需求就产生了。如 *Creative Destruction*，全球分成欧洲、北美、亚洲、拉美等数个大区服，在同一个大区服内的玩家数据互通。再比如 *Clash of Clans* 采用全球同服架构，支持全球所有玩家在游戏内数据互通。

本章我们将从需求场景和设计上可能面临的问题对跨服、大区服以及全球同服的开发展开讨论。

11.2 跨服场景

跨服首先需要解决的是跨服通信的问题。跨服通信本质上也是进程间的 RPC 通信，所需要考虑的问题跟单服内部进程间的 RPC 是类似的。

/ 服务发现机制

我们要往另外一个逻辑服发起 RPC 调用，就需要根据调用目标的标识来查找目标进程的 ip 和端口号，维护这种映射关系的方法有很多种：

（1）一般来说，需要跨服访问的目标服不多、且较为固定的时候，直接写到配置文件是常见的简单做法。

（2）把静态的路由信息交给第三方管理，如 Web 服务，提供查询接口给逻辑服调用。

（3）支持动态注册，通过第三方中心管理服（game manager）或者专门的服务发现系统（Etcd，Zookeeper 等）来管理 RPC 路由信息。

/ 考虑负载均衡

需要结合实际业务需求和系统设计来评估跨服通信的负载情况，数据库 I/O、网络 I/O、CPU 占用、内存占用是主要的负载指标。一个可扩展的架构才能支持不断增长的高并发、高负载调用，这里简单介绍一些常见的分区路由策略：

（1）随机。调用方随机选择一个目标进程发起 RPC，优点是实现简单，线上扩缩容方便，容

灾策略简单；缺点是难以保证多次调用的时序和事务处理。

（2）Fixed hash。按照给定的 key 计算 hash 值来选择目标进程，在目标进程集合不变的情况下，同一个 key 的 RPC 请求一定被分配到同一个目标进程。优点是实现简单，能够保序处理同一个 key 的所有请求；缺点是难以做线上的扩缩容，而且容灾能力较弱。

（3）Consistent hash。另外一种 hash 方式，在目标进程集合不变的情况下，选择结果跟 Fixed hash 一致。这种方式的优点是在大多数时候具备类似 Fixed hash 的特性，缺点是一旦发生节点的增删，就需要谨慎处理好局部的键冲突。这里不仅仅需要维护好新的节点集合，还需要对发生键冲突的节点做好状态的迁移和容错，保证整个节点集合的状态是一致的，这往往是该策略最复杂的实现部分。因此，需要根据实际的业务需求和实现的复杂度来判定该策略是否可行。

（4）中心服调度。前述 3 种方式都属于可以在 RPC Client 端就可以同步计算得到目标进程的策略，而中心服调度意味着每次 RPC 请求都"可能"需要向一个中心服发起异步的目的地（mailbox）查询、然后再向目标进程发起 RPC 调用。当然，适当的本地缓存和失败重试策略可以大大减少这种异步查询。另外的一种 RPC 调度方式则是直接把 RPC 请求

发给中转服（路由层），然后由中转服决定 RPC 的路由选择。这种策略的实现和优化会比较复杂，而且要求调度层有较高的可用性。

在大规模分布式集群里，分区路由策略一旦需要考虑容灾，情况就会变得很复杂。每种策略各有优劣，我们需要根据跟定的业务需求和容灾目标，在易用性、容灾能力及负载能力之间做权衡。

/ 考虑时序

多次 RPC 调用如果被分配到不同的目标进程，则处理次序跟调用次序可能是不一样的，而且调用方收到的应答也可能跟发出请求的次序是不同的。对 RPC 调用时序有严格要求的业务逻辑，需要仔细考虑这一点。

/ 考虑容灾

我们可以把故障类型分为以下几种：

（1）软件故障。进程宕机、CPU 过载、内存泄露等。

（2）硬件故障。机器的磁盘和内存、云服务实例的基础设施都有可能发生故障。

（3）网络故障。服务器集群的内部网络通信不是完全可靠的，当跨服通信跨机房甚至跨网络区域，那么发生网络故障的概率就更大了。

（4）数据库故障。数据库可能会由于软硬件或者网络故障发生问题，对于高可用的数据库，主备切换是常见的容灾手段，在切换期间，游戏进程这边需要做好失败重试方面的容灾处理。

（5）人为故障。跨服逻辑会把多个逻辑服耦合在一起，因为突发情况可能需要人工重启某些进程，甚至重启整个逻辑服集群，这个时候其它与之关联的逻辑服就需要做好这方面的容错处理。

为了保证跨服状态的一致性，容灾的手段简单归纳为以下几点：

（1）恢复状态。重启之后的进程，从其它地方（其它存活进程、本地日志等）收集数据恢复关键状态。

（2）重置状态。监控所依赖的进程的存活状态，一旦发现宕机则重置掉本地记录的关联状态，以保持"干净"的跨服状态。

（3）逻辑容错。有时候未必能够做到完善的状态恢复或者状态重置，那么就需要在关键逻辑做好容错，避免产生持久性的状态错误。

11.2.2 避免 ID 冲突

游戏数据的组织形式有一个很明显的特点是以键值数据模型为主，大多数 Entity 都有一个 ID 索引。跨服意味着多个逻辑服的数据被放在一起管理，如果逻辑服在生成 Entity ID 的时候，没有考虑到这种全局唯一性，一旦这些 Entity 需要跨服，就可能需要花费沉重的额外代价来处理 ID 冲突的问题。需要特别提到的是角色 ID，在游戏开发中，主要的数据均以角色 ID 为索引，无论将来有没有跨服需求，在一开始设计的时候就保证每个角色 ID 是全局唯一的，这是个好习惯，可以省去后续的许多麻烦事。

另外，当把数据分成持久化和运行时两种状态来看待（有些数据仅在服务器运行时存在，此处略过讨论），Entity ID 定是持久化数据的必需属性，我们可以选择在加载到进程内存的时候再动态分配，那么它的唯一性就相对容易保证了。对于跨服 Etity，如果采用这种动态的 ID 分配方式，则意味着进入目标服之后的 Entity ID 跟原服的 Entity ID 是不相同的，那么在进行跨服通信的时候就需要考虑好两边的 ID 转换。

如何创建全局唯一的 ID 是一个有趣的问题。UUID 是个老生常谈的概念了，通过把网卡 MAC 地址、时间戳、名字空间（Namespace）、随机或伪随机数、时序等各种变量通过特定的算法糅合到一起，可以得到全局唯一（理论上仍有重复可能，但是发生概率可以忽略不计）的 ID。但是这个 ID 往往过于冗长，有时候甚至超过 Entity 数据本身的大小，给存储和网络传输带来额外的负担，有时候不是很划算。而且从用户的角度来看，如果一个 Entity ID 需要呈现给用户使用，那么过于冗长的 ID 就不利于用户的记忆、复制、输入等操作。一种折中的办法是通过特定的 hash 算法，把这个冗长的字符串哈希成一个整数，即 random 一个大整数（一般是 64 位，位数越少则发生冲突的概率越大，具体选择取决于实际业务对冲突概率的容忍度）。然而在实际应用中，因为各种原因，比如 Entity 的数量大概率不会累积到一个很大的量，我们希望 ID 的分配能够从较小的整数值开始递增，避免一开始就是一个巨大的随机数。Twitter 的 SnowFlake 算法就是为了解决类似的需求，然而由于存在时间回拨的问题，这种方式的应用场景有一定的局限性。

这个时候我们需要一个派号器，由它负责单点的 ID 递增控制，这个派号器可以是一个中心数据库，或者是一个服务。依赖派号器分配 ID 需要考虑以下几个问题：

（1）当逻辑服需要通过异步调用的方式获取 ID，这会增加代码的逻辑复杂度。

（2）如果获取 ID 是一种高并发、高频率的行为，那么派号器可能会过载。如果业务本身并不要求非常严格的递增分配（大多数情况下都不需要），每个调用者可以提前获取一小段 ID，然后在本地做二次分配，以减少对派号器的请求次数，从而降低派号器的负载。

（3）把使用场景推广到多个逻辑服的情况，如果逻辑服的部署非常分散（比如全球部署），或者所有的逻辑服都依赖于一个派号器服务，那么一方面派号器的容灾能力要非常高（一旦出现问题会影响到所有的逻辑服）；另一方面逻辑服与派号器的通信必须保持通畅。为了减少不必要的开发和运维成本（特别是在项目进度很赶的情况下），可以对前文的分段策略做一点扩展，提前给每个逻辑服分配好合适的 ID 段，每个逻辑服在各自的 ID 范围内做递增控制（即每个逻辑服有自己的分段派号器）。

把不同逻辑服的游戏角色聚集到同一个场景里一起组队、战斗、完成特定的任务，是比较常见的跨服玩法。对玩家而言，在跨服场景看到的角色信息应该尽可能跟原服角色保持一致，才能达到较好的游戏体验，这就要求我们尽可能完整地把角色信息传输到跨服进程，并完成跟原服一致的初始化。

实际上，由于许多游戏的逻辑服都采用多进程（分场景）的架构，在一个逻辑服的内部，角色数据也常常需要做跨进程（跨场景）传输。从角色数据的序列化、传输、反序列化三部曲来看，跟跨服迁移其实是很类似的，我们在设计的时候就可以考虑复用这部分的处理。

/ 跨服迁移的类型

● 角色从 A 逻辑服迁移到 B 逻辑服

从直觉来看，这其实才是真正的跨服：在不同的虚拟世界之间自由迁移。但是在实际的应用中，这种跨服方案很少见，因为我们会面临一个比较麻烦的问题：数据污染。我们知道，后端的大部分逻辑都是围绕角色来运行的，从其他逻辑服迁移过来的角色可能会跟本地的数据产生关联，并在某些数据集留下记录。首先明确一点，跨服迁移不是合服，迁移过来的角色信息只是暂时停留在本服，而最终需要在逻辑上被迁移走。那么留下来的这份角色数据拷贝和与之关联的其它数据记录就会在本服产生持续的影响，比如跨服角色跟本服玩家互相加为好友、跨服角色加入了某个组织、跨服角色上了排行榜，诸如此类等等。也许有人说，我们可以禁止跨服角色做某些可能导致数据污染的操作，也可以在它迁移离开之后把该角色留下的各种数据记录都清除干净。但是在实际的开发中，无论是提前的禁止还是事后的清理，都意味着需要对每一个业务系统做类似的处理，需要关注的系统会越来越多，处理也会变得越来越复杂，导致后期维护代价极高，而且很容易发生遗漏。所以在大部分情况下，我们不建议采用这种从 A 逻辑服直接迁移到 B 逻辑服的跨服方案。

但是，如果考虑得理想化一点，一开始在设计分服方案的时候，就考虑好跨服迁移甚至合服的情况，把逻辑服的独立数据集定义得小一点，也就是说我们不需要太独立的逻辑服，只需要把有限的几种数据分服独立开来就可以满足设计要求了，然后维护好这些数据集跟角色信息的关系：添加、删除、修改、查询，接着其他的所有数据都是支持跨服的大数据集。那么就有可能做到：支持角色在不同的逻辑服之间自由迁移了。从另外一个角度来说，所有的逻辑服其实已经部分地耦合到一起了。这样的一个跨服系统可以看作是更高层次上的一个更大的逻辑服，而原来的"分服"可以被视为分区或者分线。

简而言之，单服内的跨进程迁移和多服框架下的跨服迁移，它们本质上就是在不同粒度的命名空间下做了类似的事情，有时候两者的边界是很模糊的，而迁移后需要做的事情取决于具体的业务需要。

- 角色迁移到第三方的专用逻辑服

一方面出于避免数据污染的考虑，另一方面也有独立的跨服场景的需求，在实际项目中更多的会采用这种迁移方式。在把来自不同逻辑服的角色都迁移到独立专用的逻辑服之后，我们就可以毫无负担地增加各种特定的跨服玩法逻辑，也可以放心地使用已有的单服逻辑。由于逻辑服之间的数据是相互隔离的，公共逻辑服的本地数据大部分都是临时数据，我们可以考虑关闭数据存盘操作，或者在下一次维护的时候清除本地数据，只需要做好运行时的跨服传档、跨服通信以及数据的跨服回传结算就可以了。

/ 客户端与服务端的通信方式

在完成角色迁移后，客户端与跨服场景的通信方式可以分为两种：

- 客户端断开旧连接，与跨服进程建立新连接。

如图 11.1 所示，这种方式的优点是跨服与原服的耦合度较小，当迁移完成后，客户端跟跨服

场景的通信就和原服无关了，不占用原服的负载，不依赖原服的状态，不增加连接管理的复杂度。而且对于原本就是独立逻辑服（单服）、没有实现跨服转发前后端通信的服务端架构，这种方式的实现代价就小一些。从用户体验的角度来说，可以通过 UI 界面的合理设计来掩盖网络连接的切换，把整个从断开旧连接到建立新连接的过程做到对用户透明是可以实现的，但这需要客户端专门实现对跨服连接的静默切换管理。

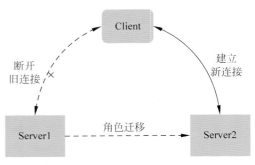

图 11.1　切换连接

这种通信方式的一个重要前提是需要做好单点登录，大多数的跨服迁移都会要求在同一时刻只能登录到角色所在的当前逻辑服，即跨服前是登录到原服，跨服后则登录到目标服，两边的在线状态是互斥的。另外需要考虑的一点是，如果来回做频繁的跨服迁移，就会导致频繁的断开旧连接与建立新连接，甚至不断地接收登录信息。

- 客户端保持跟原服的连接，原服负责转发客户端与跨服场景的通信。

这种方式对客户端是最友好的，如图 11.2 所示，连接状态保持不变、无须来回切换，整个迁移过程对客户端透明，只是相当于切换了一下场景。对于后台，跨服迁移相当于做了一次类似的跨进程迁移，客户端连接所在的网关服与跨服场景建立通信关系（不一定是直连，可能基于更底层的中间层）；原逻辑服和目标逻辑服需要协同维护好客户端和跨服场景之间的通信路由，连接状态和跨服角色的在线状态需要在跨服环境下保持一致。

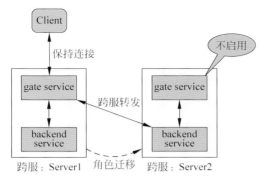

图 11.2　保持连接

/ 角色迁移

进程内存中的角色信息可以分为两部分：需要存盘的数据和仅在运行时存在的状态。在大多数时候，角色的主体信息会被集中加载到一个场景进程里，往往就是一个角色 id（或者 entity id）索引着一个巨大的、复杂的角色数据对象。但是有时候出于分摊负载和划分独立功能的考虑，我们把角色的部分信息分出来放到其他的进程上管理，比如社交相关的数据一般就被放到独立的系统里管理。在迁移主角数据的时候，需要考虑清楚迁移的数据范围，除了角色主体，是否需要把其他的关联信息也一并迁移过去才能满足业务需求。但是这种分散的数据迁移容易导致更复杂的迁移逻辑和更高的出错风险，我们在实际的应用中应该尽量规避这种情况。角色数据的迁移一般有两种方式：

- 网络传输

如图 11.3 所示，这种方式的好处是可以避免读写数据库，迁移的过程不会影响到角色的存盘数据，可以序列化完整的角色信息（包括持久化信息和运行时状态）并传输到目标进程；可以自定义序列化的数据格式和内容，携带迁移需要的各种信息，比如某些运行时状态。

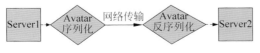

图 11.3　通过网络直接传输

- 从数据库加载

如图 11.4 所示，这种方式更接近于登出存盘与登入加载流程，在原服把当前的角色信息写入数据库，然后在目标服从数据库中加载出来重新初始化角色。跨服迁移较少采用这种方式，如果迁移频繁，这种方式将带来较大的 DB I/O 消耗。而且还需要考虑如何安全地通过 DB 转移角色的运行时状态，如何管理这些运行时状态的生命周期。另外，这种方法的一个前提条件是需要支持跨服访问数据库。

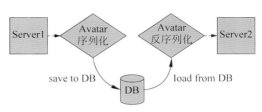

图 11.4　通过 DB 转移

/ 数据回传

当玩家进入跨服场景参与特定跨服玩法之后，往往需要根据给定的规则改变原服的角色信息，比如获得奖励、消耗金钱、获得道具、改变成长数值等等。根据回传数据的粒度，回传方式可以分为：

- 角色数据整体覆盖回原服

这实际上就是把跨服的角色重新迁移回原服场景，但是跟前文讨论到的数据污染问题类似，我们必须要考虑清楚跨服角色的数据是否能够跟原服的各种外部状态保持一致。这要求我们在序列化跨服角色的时候，需要根据实际的业务逻辑预先处理好可能有问题的状态，这种预处理可能会成为长期维护的负担。另外一个限制就是需要避免在跨服期间对原服的角色数据做改动，因为这些改动将在跨服结束后被重新传回本服的跨服数据覆盖掉。所以如果有改动需求，要么即时发往跨服场景处理，要么放到延迟队列里等到角色迁移回来之后再做处理。

- 把部分 diff 数据写回原服

这种方式使得对原服角色信息的修改更加可控。在结束跨服玩法之后，我们需要显式地构造传回原服的数据集，甚至需要在原服实现特定的结算逻辑。但是这种有别于通用的角色迁移逻辑，需要针对每一种跨服玩法来实现数据回传和结算。

11.3　全球同服

/ 高负载

全球同服意味着尽量不分服，面向全球玩家开放登录，高在线和高负载是我们需要考虑的第一个问题。不过高负载并不算是全球同服的专属特征，所有的后端系统在开发的时候都需要考虑这个问题，在这里就不做过多的讨论了，强烈推荐 *Designing Data-Intensive Application* 一书里对这个问题的精彩阐述。

/ 网络延迟

对于后端，全球同服面临的迫切问题就是网络延迟，地域上相距甚远的客户端之间的网络延迟可能会很大。

11.3.2　架构与部署

围绕网络延迟这个问题，接下来讨论关于全球同服的几种部署方式。

/ 集中式部署

把服务器集中部署到同一个地点，然后面向全球玩家提供服务，如图 11.5 所示，其实就是常见的本地部署方式。在这种部署方式下，影响网络延迟的主要因素是客户端和服务器之间的网络连接状况。

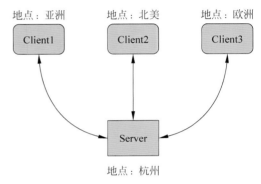

图 11.5　集中式部署方式

为了减少延迟，可以考虑在客户端集成内置加速器，比如公司的"灯塔"SDK，然后利用海外加速专线，达到改善网络的目的。使用加速专线有两个问题需要考虑：

（1）专线流量成本。一方面取决于游戏本身的上下行流量，另一方面跟具体的专线选择有关。

（2）地域的客观限制。无论如何优化，距离越远网络延迟越大是客观存在的，这决定了网络延迟的优化下限，所以我们需要结合自身游戏类型对延迟的容忍度来考虑这种走专线的网络改善程度是否够用。

另外一种"鸵鸟政策"就是我们什么都不做（减少了维护成本和专线流量成本），把网络加速的选择权交给玩家，让他们自己去选择合适的网络加速器。其实现在有很多的网游玩家已经养成了付费加速的习惯，"鸵鸟政策"未尝不是一个可行的选择。

/ 跨区域部署

把跟客户端通信比较频繁、对网络通信的实时性要求比较高的服务器（比如网关服、匹配服、战斗服、缓存服务）按区域划分，部署到全球的多个地点（比如欧洲、北美、亚洲等），然后把其他的能够容忍较高通信延迟的服务器集中部署到一个地方，如图 11.6 所示。然后玩家在参与特定玩法（比如匹配战斗）的时候，可以由玩家选择适合自己的区域分组，或者由系统根据客户端的地理信息、网络延迟来自动分配合适的区域分组。

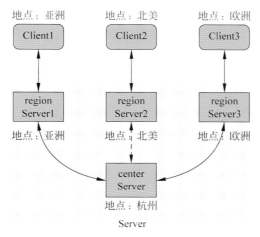

图 11.6　跨区域部署方式

这种部署方式的好处是可以从根本上规避长距离通信导致的网络延迟问题，因为特定玩法的前后端通信已经变成同区域通信了。但我们需要考虑好以下几个问题：

（1）服务器内部的跨区域通信。内部进程被分散部署在全球多个地区，相互之间的 RPC 通信仍然会面临网络延迟的问题。如果使用 AWS 来部署服务，它内部会有加速专线；如果是自建机房，就仍然需要考虑使用第三方加速专线以及成本的问题。另外，跟前文提到的地域限制一样，无论如何加速，跨区域的通信延迟终究会远大于本地机房的内部通信延迟，我们需要考虑清楚进程间的 RPC 通信对网络延迟的容忍度。

（2）服务器集群管理。如何做业务层面的按区域划分，如何统一管理服务器和进程，以及如何保持跨区域的数据和状态的一致性。

（3）区域划分的粒度。如果区域划分得较大，那么同区域内的玩家之间仍然可能有较大的网络延迟。

（4）游戏类型是否适配。玩家在参与特定玩法（比如匹配战斗）的时候，将被划分成不同的区域集合，同一个区域内的玩家才能在一起进行游戏，所以要看游戏类型本身是否支持这样的划分和隔离。

/ 分区域部署

每个区域部署独立的逻辑服，每个逻辑服的目标用户面向本区域玩家，我们把它称为大区服，如图 11.7 所示。可以看到，每个区域服是相互独立的，分区域部署跟集中式部署在本质上其实是一样的，只是面向的用户区域不同：前者面向分区，后者面向全球。分区域的部署方式意味着放弃了全球服的设计目的，在目标用户的区域规模和网络延迟之间做出权衡。所以需要考虑区域划分粒度的问题：区域划分得越大，就可以面向更多的用户、维持更高的在线，但是遥远地区的玩家就可能有更大的网络延迟；反之，区域如果划分得很小，就退化成本地服了，单个区域服内的同时在线就很有限。

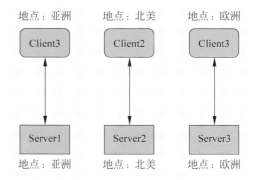

图 11.7　分区域部署方式

参考文献

[1] P. Leach.A Universally Unique IDentifier(UUID)URN Namespace [EB/OL].

https://tools.ietf.org/html/rfc4122, 2005.

[2] GitHub .Snowflak[EB/OL].

https://github.com/twitter-archive/snowflake/tree/snowflake-2010, 2010.

GENERAL PROGRAMMING

03

通用篇

12 性能分析和优化
Performance Analysis and Optimization

12.1 优化的哲学

"优化"二字，相信大多数程序员并不陌生。它意味着让某些事物变得更好、更优、更能满足我们的需求。对于代码而言，就是运行得更快、占用更少的内存、消耗更少的流量等。然而，在开始讲述跟优化相关的长篇大论之前，先向大家阐述一下我对优化的哲学理解。

There is no such thing as a free lunch（世上没有免费的午餐），这是每个人在尝试做任何优化之前都必须深刻理解的一件事情。几乎所有优化都是伴随着某些代价的，我们常说的空间换时间，带宽换延迟等，就是在反映这一道理。对于优化的实施者而言，最最关键的地方在于，不要让"优化"二字蒙蔽了你的双眼。我见过许多类似的例子：为了优化某个模块的效率，而不惜牺牲代码的可读性或易用性，使得其他人不得不以非常蹩脚的方式来使用这个模块，大大降低开发效率，容错率也大打折扣。这种行为是非常典型的"面向优化编程"，甚至说不好听点叫"面向 KPI 编程"，为了一份拿得出手的优化数据，不惜牺牲其他隐性指标。在工程实践上，我认为每个人都应该要求并训练自己，使得自己具备更广阔的视野，能够正确评估自己所做的事情对项目的利弊。

科学的方法与流程，应当先行于具体技术的实施。也许有的同学已经阅读了大量的技术文章，对某些新兴的技术手段跃跃欲试，觉得它们能

够大大优化游戏的运行效率，但此处我还是希望大家能正确地看待技术的演进与引入，用科学的方法来判断一个新技术是否值得做。如图 12.1 所示，具体到实施上，仅需要一个非常简单的闭环。

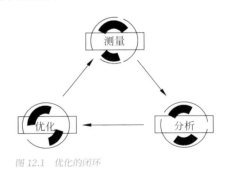

图 12.1　优化的闭环

在这个闭环中，只要选择了正确的指标与测试用例，就能在一遍又一遍的迭代中完成优化任务。大多数经常执行优化任务的程序员其实都习惯于上述工作方式，他们能熟练地使用多种性能分析工具，并以此为指导，对热点模块进行进一步优化。当然，这个闭环也并不能保证我们获得全局的最优解，它只能告诉你刚引入的技术手段是否有效，是否会带来负优化，而不能告诉你怎么做才是最优的。假如过度依赖性能分析工具，我们甚至会很容易陷入一种新的思维困境。

"头痛医头，脚痛医脚"，这是一种很常见的优化手段，即在性能分析器中看到哪个函数的

耗时名列前茅，就去优化那个函数，直到找不到任何一个明显的热点。但这种优化方法很快就会陷入让人无从下手的困境：整个程序都看不到热点，但它就是慢。

很久很久以前，我在一篇技术博客里看到一段话，我觉得讲得特别好，那句话大意是这样的：性能分析工具只能告诉你当前程序框架下，其现实细节里存在多少水分；基于性能分析工具，你可以很快地将这些水分挤干，但更大幅度的优化通常难以借此手段来获得，整个程序的性能其实是受限于结构自身。所以，更大幅度的优化，其实是来自于对原有工作模式的颠覆——通过对整个程序运行机制以及业务需求的深度理解，去剖析当前框架的不合理与低效之处，再重新设计更优的数据结构、工作机理、线程模型等。当然，这是非常困难且非常依赖经验的。所以，此处我们想再次呼吁大家一定要重视对业务的积累与理解，在这游戏业里，经验是非常非常重要的，不要盲目相信那些 35 岁之后程序员就不值钱的谣言。假如你踏踏实实地学到了 35 岁，我相信那是你新的黄金十年的起点。

扯得有点远了，我们刚把性能分析工具的局限性批判了一番，但其实不管你是从全局做优化，还是对局部做优化，性能分析都是你绕不过的一种必备手段，因为只有它能告诉你，你的代码是否真的变得更好了。

12.2　性能分析

在我们做任何优化之前，需要先搭建一些环境，以便我们能够准确地获知某项优化措施是否有效，是否有其他负面效果。

通常来讲，假如我们是做性能优化，那么需要选择一些合适的指标，包括：CPU 占用率、内存占用量、电量消耗等。在选择好指标之后，便可以为这些指标选择合适的工具来进行测量，在后续章节中我们将逐一介绍这些工具。

有了指标还不够，我们还需要编写合适的测试用例，并且保证每次测试所处的环境尽可能一致，这样才能保证所做的优化是真实有效、可信的。关于测试用例这点，其实是很多同学做优化的误区。比如，有的同学会习惯于在日常使用的测试服务器上进行测试，使用自己优化过的客户端登录这个测试服，并进行性能分析，给出结论。然而，这个测试服务器很可能并不是他独占的，而是整个开发组共享的，场景里很有可能会经常有人进进出出，甚至使用某些会大幅度影响性能分析结果的技能等。在这种环境下得出的优化结论，显然是不靠谱的。

所以，工欲善其事，必先利其器。我们建议大家不要怕麻烦，在做任何优化之前，先搭建一个不受干扰的环境，编写充足的测试用例，再进行优化和性能分析。要知道，一个易于快速进入的测量环境，也能够为你节省大量的时间，甚至可能节省数倍于你编写测试用例的时间。

在具备测量指标、测量工具、测试用例之后，我们的闭环便搭建起来了。然后你便可以专心致志地进行优化，并反复进行分析验证。

接下来，我们将简单介绍一下性能分析方法，以及相关的常用工具。

12.2.2 CPU 分析

对于绝大多数游戏而言，CPU 通常都是不太够用的，或者说，即便它没有成为瓶颈，我们也希望自己的游戏少用点 CPU，因为这玩意实在太耗电了（手游客户端）。所以，CPU 分析是我们的第一站。此外，在后文可能会使用 Profile 或者 Profiling 这两个单词来代表性能分析这件事情，因为这两个单词更符合大部分程序员的沟通习惯。比如，接下来我会用 CPU Profiling 来代表 CPU 性能分析。

对于 CPU Profiling 技术而言，有两大类门派。第一类门派是基于插桩的，第二类是基于时间片采样的。

什么叫基于插桩的 CPU Profiling 呢？其实就是我们常用的记时间戳大法：

（1）开始执行某段代码时，记录起始时间戳（起始桩）；

（2）执行目标代码；

（3）结束执行时，记录结束时间戳（终止桩），两个时间戳相减便可得到目标代码的耗时。

这种方法非常原始，也非常实用，绝大部分脚本语言的内置 Profiler 都是基于这种原理的。在公司内的游戏引擎，也有采用这种方式实现的 Profiler，比如 NeoX 中实现的 PerfSystem，它将计时代码封装到宏中，只要在目标代码块的开头写一句简短的宏调用便可以实现对该代码块的计时分析（见图 12.2）。

基于插桩的 Profiler 非常易于实现，甚至某些编译器还支持直接在编译阶段进行插桩，例如 GCC 的 -pg[1] 选项。它的适用场景很多，比如用于日常的每帧消耗监控，顿卡监测等。

但这种方式的局限性也比较明显，首先它是一种侵入式的 Profiling 手段，对于没有源码，或者已经编译好的二进制库而言，是很难直接插桩的。此外，过多的桩也容易对程序运行造成性能干扰，而过少的桩则不能给出充足的性能分析数据。

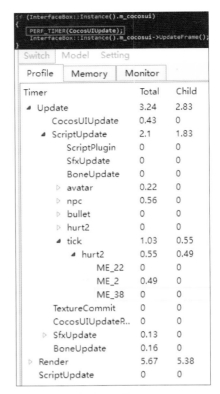

图 12.2　基于计时的 Profiling

为了解决这些问题，基于时间片采样的方法应运而生（好吧其实我也不知道谁诞生得更早）。基于这种方法实现的 Profiler 工作起来就像一个高速摄像机一样，以非常高的频率对我们的程序进行定时"拍照"，这个"拍照"的内容则是程序的当前调用栈。在搜集了大量的"照片"之后，我们便知道程序把时间都花在哪些事情上了。比如，假如我们拍了 100 张"照片"，这里头有一半的调用栈都是停留在一个叫 LoadImage 的函数里，那么我们便知道这个 LoadImage 函数是我们的瓶颈所在了，因为我们的程序花了一半的时间去执行这个函数。

基于时间片采样的方法，其实是基于统计的方式，其理论基石是大数定理。它的实现方法是平台相关的，并且在特定的平台上，可能有多种实现方式。在这里仅介绍一种 Android 上的实现，即实现的 Gtrace For Android。它利用 Linux 提供的 SIGPROF 信号来中断游戏进程，并在信号处理函数内进行 Stack

Unwinding（获得调用链上的所有 Program Counter，PC），再离线将这些 PC 转回函数名，最终将函数的消耗以可视化的方式展示给用户。

总的来说，基于时间片采样的方法在精度上会更加可控一些，并且它可以做成非侵入式的 Profiler，可以分析死循环，对 C++ 和脚本同时进行分析，对程序运行效率的影响也比较小。目前主流的 CPU Profiler 大体上都是基于采样的实现，比如 VTune、Instrument，我们公司的 Gtrace、Mtrace 等。

对于这些工具的使用者而言，我觉得大家只需要知道他们是哪种原理、如何使用即可，不需要去研究其实现细节。在不同平台上，笔者觉得比较好用的 CPU Profiler 有：

（1）PC: Intel VTune，以及网易公司的 Magic Sniffer；

（2）iOS: Xcode 自带的 Instrument；

（3）Android: Android 8 以上可以使用 SimplePerf[2]，其余可使用网易公司的 Gtrace for Android；

（4）Linux: 网易公司的 Mtrace/Gtrace，或者 linux 自带的 perf 工具。

在上述工具中，网易公司自研的 Profiler 通常都同时带有脚本的性能分析工具，可以同时 Profile C/C++/Python 的 CPU 消耗。如果想单独 Profile Python 的话，可以使用 Python 自带的 cProfile。

12.2.3 内存分析

内存也是非常重要的性能指标，因为假如内存耗尽的话，我们的进程就会因为无法分配新内存而崩溃，或者直接被操作系统杀死。对 C/C++ 而言，内存分析也有非常成熟的工具了，比如 Visual Studio 中便自带了一个堆分析工具，以及 Xcode 的 Instrument 中也有非常类似的内存分配跟踪工具。而在服务器端，Linux 上也有许多强大的内存分析工具，比如 gperftools、valgrind 等。

它们的工作机理都十分相似：会在程序启动时，Hook[3] 掉所有内存分配函数，并记录所有跟内存分配相关的调用栈，以及跟踪所有存活的内存块。使用上比较类似，即用户可以在任意时间点，对当前的内存堆进行快照（里头记录了所有当前的内存分配情况），接着跑一段时间程序，再对内存堆进行快照，两个快照作一次差，便可以找出这段时间内的内存分配变化情况，获知哪些地方新分配了内存等。利用这种方法，我们可以很容易找到那些泄露点或是滥用内存的代码，然后逐一将其修掉。

对于脚本语言来说，情况则有些特殊，因为上述工具都只能获取到 Native 层的调用栈，假如你的内存泄露是由脚本造成的，则往往会无能为力。这时候，你需要使用针对特定脚本语言而设计的 Memory Profiler 了。对于 Python 而言，你可以使用 objgraph 和 tracemalloc 等工具。限于篇幅，这里不会对这些工具进行展开，希望大家能够自行查阅这些工具的使用方法。

12.2.4 GPU 分析

假如你是一个客户端程序员，通常需要面对来自 GPU 的性能问题。自从端游时期开始，不同型号 GPU 的性能差异便已经是天差地别，市面上的高端 GPU 性能往往能达到低端 GPU 的数倍以上。而为了照顾这些低端机用户，我们需要对 shader 代码做大量优化，做恰当的资源 / 材质分级以便为绝大部分终端服务。

那么，对于 GPU 而言，它的性能受哪些因素影响呢？Shader 的指令数、Overdraw 的比例、每帧的带宽消耗、顶点数等，这些都与 GPU 的运行效率息息相关。这时，我们便需要一种叫做"抓帧工具"的东西来辅助我们。

抓帧工具到底可以做什么呢？很多很多，例如：

（1）查看渲染状态和 GPU 资源。这是我们最常见的用途，用抓帧工具来查看某一帧的所有渲染状态，找到那些有问题的 Draw Call，看看有没有不合理的调用，或者分析某两个模型为什么没有被合批绘制等。

（2）GPU 端的性能分析。包括每种 Shader 的耗时，每个 Draw Call 的耗时，显存带宽的用量，Overdraw 的比例等。

（3）分析竞品的技术方案。没错，当你对抓帧工具足够熟练，并且具备一定的图形学基础后，可以通过抓竞品游戏的帧来获知对方的渲染流程、某些酷炫效果的实现方法等。

综上，当你遇到渲染错误、帧率偏低、Draw Call 数量偏高、面数偏高等问题时，请拿出你最熟手的那款抓帧工具，好好分析一番。

在 PC 上，笔者比较推荐大家使用 Nvidia 推出的 Nsight 工具，功能非常强大，基本上能够满足大家的日常需求。除此之外，Intel GPA、DX SDK 自带的 Pixel、RenderDoc，这些都是很好的 GPU 分析工具。

然而遗憾的是，对于手游开发者而言，GPU 性能分析工具的选项并不多，以笔者的使用经验来看，只有 Xcode 自带的抓帧工具能称之为好用；而 Android 平台上，绝大部分抓帧工具都只能适用于某个品牌的 GPU，并且易用性、稳定性、抓帧成功率、结果的正确性都极差。如果一定要在 Android 上挑一个抓帧工具来用的话，笔者建议大家使用高通的 Snapdragon Profiler（虽然它无法在笔者的项目上使用……），假如你的项目能够成功使用，它还是能够为你提供许多性能信息的。

除了查看渲染流程和性能数据外，许多引擎 / 抓帧工具还会提供一类叫做"开关 / 替换分析"的功能。例如：

（1）打开 / 关闭半透明物体的渲染。假如开关前后帧率有非常大的差异，那么很有可能你的半透明物体消耗了大量的 GPU 填充率，即俗称 Overdraw 过高。

（2）将所有贴图都替换为一张 2x2 的小贴图。这种方法可以帮助你分析性能瓶颈是否来自于贴图采样的带宽消耗。

（3）最小化多边形，即将所有 Draw Call 的顶点数据都替换为只有一个三角面，这种方法可以帮助你分析性能瓶颈是否来自于顶点计算。

（4）Mipmap 可视化。许多引擎都支持将 Mipmap 的采样层级可视化，让用户能够直观地看到某个物体在绘制时使用了第几层 Mipmap，以便判断贴图的尺寸是否过大。

开关 / 替换分析看似原始粗暴，但其实非常实用，它能够帮大家快速缩小嫌疑范围，少做无用功。

12.3　性能优化

在使用各种性能分析工具对程序进行详尽的分析后，相信大家已经对自己程序的性能瓶颈有初步的结论了。接下来，我们将介绍一些常用的优化思路与技巧。值得一提的是，性能优化有千千万万种不同的具体方法，在不同的情况下，我们应当采用不同的方法去实施优化，才能获得最大收益。世上无"银弹"，切记。

本节首先介绍服务端优化技术，并在其中涵盖一些同样适用于客户端的通用优化技术（比如Python与内存方面的优化）；在之后的客户端优化技术中，则会进一步介绍一些适用于客户端的优化技术。

12.3.1　服务端性能优化

/ CPU 优化

假如你是一个线上项目的服务端程序员，相信你一定对"压测"这个词不陌生，即便没有亲自做过压测，也应该听说过。"压测"，即对服务器做压力测试。为了验证服务器能否达到预期的承载量，我们通常需要编写大量的压测机器人用例，让这些机器人疯狂地登录服务器并调用各个函数接口，看看是否会使我们的服务器陷入瘫痪。

一般来说，这些未经锤炼的服务器代码很快就会在机器人面前倒下来。CPU 耗尽就是其中一种让服务器失去响应的情况。这时候我们便可以掏出珍藏已久的 Profiler，对服务器进程进行性能分析了。

建议大家使用 Postman 系统（集成了前面提到的 mtrace）对服务端 CPU 性能进行分析与监控，主要是因为这个系统做得非常人性化。Linux 上的各种工具使用方法都非常晦涩，对新手而言极不友好，使用公司现有的可视化 Profiler，绝对能帮你节省许多不必要的踩坑时间。在 Postman 的页面中，你能看到服务器的 CPU 到底被耗在哪些代码上了，C/C++ 代码和脚本层的调用栈都能看到。接下来，我们讨论一下不同情况的优化手段。

1. C/C++ 代码

在网易，绝大部分项目都遵循脚本语言实现逻辑层，C/C++ 语言实现引擎层的原则。在某些对性能比较敏感的业务模块中，很多项目也会选择将这些代码使用 C/C++ 改写，以提升运行效率。所以通常来说，在我们的服务端代码里，C/C++ 语言主要会涉及这些业务：

（1）网络消息的收发；

（2）AOI（Area of interest）计算；

（3）定时器；

（4）寻路；

（5）物理；

（6）各种数据的序列化/反序列化；

（7）项目中需要极高性能保障的业务逻辑。

通常来讲，这部分代码不太容易成为性能瓶颈，因为绝大部分项目都是逻辑瓶颈。为什么这么说呢？主要还是因为我们常用的脚本语言Python实在跑得太慢了。执行同样的逻辑，Python的耗时往往会达到C/C++的几倍甚至几十倍。

当然，凡事没有绝对，假如你真的遇到了C/C++瓶颈的服务端代码，该怎么办呢？直接优化还是走流程？当然是走流程了：

（1）性能分析，这一步的目的是定位问题代码；

（2）算法/结构优化；

（3）平台无关的优化；

（4）与软件平台相关的优化；

（5）与硬件平台相关的优化。

通常来讲，越靠前（越上层）的优化效果越显著。比如，我们先来review一下某个瓶颈模块的算法复杂度是否合理。服务器可是要服务于大量玩家的，在日常开发时，假如你随手写了一个$O(N^2)$复杂度的代码，在组内的测试服中并不会显露出来，但在外服一旦人数上去了便会成为灾难。

举个简单的例子，AOI的计算。所谓AOI，通俗地讲就是我们需要计算出每个玩家身边到底有哪些"其他玩家"，然后把这些"其他玩家"同步给该玩家的客户端。一个毫无经验的新手可能会写出一个暴力算法：遍历每个玩家，计算所有其他玩家是否进入它的AOI范围。这是个$O(N^2)$复杂度的代码，在人少时并不会有什么问题（比如内服测试），但当人数增加到数百上千时，计算量就会变得十分可观了。所以，通常来讲我们还会引入一些空间加速结构来减少AOI的计算量，比如基于hash映射的格子地图，或者基于十字链表的空间管理等。这些算法往往能把计算的复杂度降低一个数量级，当玩家数量增长时，计算量是线性增长的，这

是非常重要的特性，使得我们能够很准确地根据压测结果来预测最终上线所需的服务器硬件数量。

假如算法的选用没有什么问题，那就可以接着往下走，考虑语言/技巧层面的优化了。但在此，笔者还是想提醒各位，越往下层，优化效果通常是不太显著的（也不绝对，但大概率上是如此）。原因是现代编译器已经十分强大，一些局部的写法优化可能对它编译出来的代码并不会产生多大的影响。

举个例子，有一些文章说应当用右移或者左移代替乘除法，这在现代编译器看来就是无用功了。还有一些更极端的优化，比如自己手写汇编之流，除非你真的是对这些上古神器了如指掌，否则笔者是绝对不推荐各位这么做了。

在笔者看来，所谓"语言层面的优化"，更应当作为日常的编码技巧来实施。一些比较有效的技巧包括但不仅限于：

（1）适当地使用move语义和右值引用，这能够减少一些不必要的对象构造开销。这个网上有大量的例子，笔者就不在此处展开了，希望大家当做课后作业去实践一下。

（2）精心设计数据结构的内存布局，提升CPU的cache命中率，即提升算法/数据的局部性（locality）。这个是很多人都没意识到的，其实内存比CPU运算慢得多[4]，有时候一段代码慢并不是因为运算复杂，而是cache miss过多所致。比如，将某一个算法里用到的数据尽量排布到相邻的内存区域中，并尽可能按顺序去访问，通常都能取得不错的优化效果。

（3）尽可能减少堆内存的分配。虽然在服务器上我们可以用tcmalloc来加速内存分配，但new/delete的效率依然是不尽如人意的。

（4）一些数据结构有潜在的性能陷阱，比如智能指针，在增减引用计数时会涉及原子操作，而原子操作对性能是不太友好的（需要执行缓存锁定等操作）。所以通常在使用

shared_ptr 这样的数据结构进行传参时，最好不要按值传递，而应该以常量引用形式进行传递。

（5）正确地使用 const & 修饰返回值或者参数。首先 const 关键字只要能用的地方都应该用上，它不仅能减少你犯错的概率，还能给编译器一个提示，即：在这段代码中，某个变量是不会被修改的，编译器可以对其进行更激进的优化（直接处理为立即数或者放到寄存器中）。引用（&）则是比 C 中的指针更加安全的优化手段，既减少了参数的传递开销，又无须做额外的空指针检查，也不太容易出现野指针问题，推荐使用。

（6）合理使用模板、编译期常量和类型推导。比如，在一些高频代码中，我们往往会希望连 if 判断都省去，这时模板函数便是不错的选择，利用模板的特化和 constexpr 等关键字，我们可以把一些简单的运算在编译期就计算好。举个例子，你可以利用 constexpr 实现一个编译期的 strlen 函数，在编译期计算字符串长度，有兴趣的同学可以动手实践一下。

（7）禁用 C++ 异常。C++ 异常的实现机制是非常复杂的，在抛异常时的运行时开销也非常可观（需要做复杂的 stack unwinding），千万不要像 boost python 那样写依赖于异常的逻辑，这会使你的代码慢很多。

（8）在性能攸关之处，使用 SIMD（Single Instruction Multiple Data）会有奇效。所谓 SIMD，便是指 SSE、AVX、NEON 等指令集，通俗地讲就是一般的 CPU 指令只能一条指令处理一维数据，而 SIMD 能够一次性处理多维数据，这对于矩阵运算等数学函数是非常有用的。

（9）使用函数对象来取代函数指针。如图 12.3 的例子中，使用函数对象的效率会更高一些，因为它通常会被展开为内联，而使用函数指针的版本则不会被内联。注意这并不绝对，但对当前（2018 年）的大部分编译器来说，这个结论是有效的。

```cpp
// 通常难以被内联
bool compare(const S& s1, const S& s2) {
    return s1.b < s2.b;
}
std::sort(arr, arr + n_items, compare);

// 通常会被展开为内联
struct Comparator {
    bool operator()(const S& s1, const S& s2) const {
        return s1.b < s2.b;
    }
};
std::sort(arr, arr + n_items, Comparator());
```

图 12.3　函数对象与函数指针

（10）最后再送给各位两条小原则：Don't do it. Don't do it yet. 非常实在的两句话，出处据说是 Facebook 的工程师博客。在你花费大量精力去优化某段代码之前，不如先想想这段代码是否真的有运行的必要。

关于 C/C++ 的优化技巧其实还有很多，多到也许几十本书都写不完。在此笔者也只能抛砖引玉，希望大家多加实践。

不过，笔者依然要提醒各位，语言层面的技巧不可滥用，C++ 的奇技淫巧多如牛毛，要写出毁灭世界的代码很容易，难的是写出优雅易读且高效的 C++ 代码。笔者曾经花三天去修复一个模板类的 Bug，它在不同的编译器下，居然有完全不同的编译结果和运行表现：在 Clang 下它会出现编译错误；在 VC 下它能够通过编译但运行错误；在 GCC 下它才能够编译通过且运行正确。从那之后，笔者便再也不写那些如同巫术般的模板代码。

2. Python 代码

在笔者参与过的几个项目中，Python 向来都是重灾区。一方面是因为 Python 承载了游戏绝大部分业务逻辑，另一方面是因为 Python 本来就跑得慢。由于本书的后续章节会专门介绍 Python 相关的优化，所以此处就只简单阐述一下笔者对 Python "慢" 的理解，然后介绍一些语言技巧之外的优化手段。

首先要说明的是，Python 只是一种语言，它其实有各种各样的 runtime 实现，比如基于 C 语言实现的 CPython，基于 C# 实现的 IronPython，基于 Java 实现的 Jython 等。如果没有特别说明，下面讨论的 Python 都是指最常用的 CPython 实现。

在网上可以搜到的绝大部分性能对比中，Python 是 C++ 速度的几十分之一，特别是数值计算相关的任务，纯 Python 的实现可能是 C++ 速度的百分之一。为何 Python 会这么慢呢？在笔者看来，有如下几个主要原因：

（1）CPython 是解释执行的。假如你有兴趣去翻阅 CPython 的代码，不妨拜读一下那个巨大的 ceval.c 文件，里头有一个叫做 PyEval_EvalFrameEx 的函数，它内部就是一个巨大的 switch 代码块，不停地解释 OpCode 来实现虚拟机的运转。这种解释机制比起 C++ 那种直接编译到机器码的形式，增加了大量运算负荷。

（2）CPython 的属性查找机制几乎都是基于字典查找实现的。作为一种动态类型语言，CPython 将属性都存放在字典中（内置类型等特殊情况除外），每一次对属性的访问都是对字典的查找。而相比较之下，在静态类型语言中，比如 C++ 中访问成员变量则仅仅只需要做一次指针的偏移和寻址。所以对于属性查找这件事而言，又是几百条 CPU 指令和一两条 CPU 指令的运算量差别。

（3）由于其动态类型特性，想要对其做编译期优化也是非常困难的，因为任何函数或者任何类型都可以在运行时被替换。因此，对于 CPython 的虚拟机来说，它只能将很多求值问题推迟到运行时去解决，难以应用一些静态类型语言中常用的优化手段。

（4）CPython 中有一个全局的解释器锁（GIL），这使得它不具备真正的多线程能力。为了简化解释器的实现，CPython 引入了一把全局的解释器锁，来使得同一时间只会有一条线程在进行 OpCode 的解释执行。这一设计导致 CPython 中的多线程都会受限于这个锁，无法实现自由的并发运算，从而无法充分地利用现代 CPU 的多核计算能力。

影响 Python 运行效率的原因还有很多，比如引用计数和其分代 GC 机制，笔者在此不作展开了，有兴趣可以阅读 CPython 的源码，会有很多收获。

虽然 CPython 在效率上做得不是很出色，但我们还是有很多技巧能够优化它。比如将部分较为稳定的逻辑转移到 C 扩展模块中实现，或者针对 CPython 的实现机制，改用更高效的写法，这些技巧将在第 14 章中进行详细介绍。此外，前面提到，Python 作为一种语言，还有很多 runtime 实现的变种，那么是不是有哪个变种跑得比 CPython 快呢？答案当然是有的。

比如 PyPy。PyPy 是用 RPython 这个 Python 的子集编写的 Python 解释器。其中，RPython 的 R 代表的就是一种受限的 Python 语言，RPython 不允许有动态类型转换。通过限制 Python 这个动态语言的动态性，把一个动态语言变成了一个静态语言。从而，编译工具链便可以静态地对 RPython 代码做类型推导，做了类型推导之后，就可以静态地把 RPython 的代码直接翻译成 C 代码然后静态编译了。PyPy 之所以高效，是因为它利用 RPython 获得了 JIT（Just-in-Time）能力。JIT 简而言之就是一种运行时的即时编译器，可以把之前解释执行时生成的机器码保存下来，并进行一定程度的优化，在之后执行时便能获得更高的执行效率。在 PyPy 的官方 Benchmark 中，PyPy 的平均性能比 CPython 快了 7 倍！然而，鱼与熊掌不可兼得，为了使用 PyPy，你将不得不重新实现一遍之前为了优化 CPython 而写的 C 扩展模块。

假如 CPython 对你的项目来说是无法割舍的一部分，那么还有另一条捷径可走，就是 Cython。Cython 走的是更为保守的一种路线：你觉得 CPython 跑得慢，又懒得写 C 扩展模块，那不如就自动帮你生成 C 扩展模块吧。对于任意一个已有的 py 文件，它都能自动帮你生成其对应的 C 版本，号称能够获得 10%~30% 的性能提升。假如你能够更进一步使用它提供的扩展语法，对变量类型做标注，它还能生成更高效的代码，通过将代码静态类型化来获得大幅的性能提升，这对于复杂的数学计算是非常有用的。

3. 多线程并发

在基于逻辑和语言层面对服务器进行优化后，假如性能还是不达标，我们便要考虑别的方向了。前面介绍的基本都是如何削减计算量，现在，我们再来探讨下如何更加充分地利用硬件，比如，使用多线程技术。

了解服务器架构的同学可能会问，我们的服务器通常都已经设计成多进程的架构了，为何还要引入多线程来增加架构的复杂度呢？笔者对此的认知是，首先，跨进程通信的代价还是比较高昂的，并且可靠性也比同进程内要低得多；其次，我们通常还是希望在同一个进程里多塞一点人，让它们尽可能共享一些公共的内存资源（比如寻路，物理等），这样可以节约不少内存。

在过去，我们常常会根据任务类型来切分线程，比如一条主线程、一条网络线程、一条 AOI 线程、一条 I/O 线程，等等。这种切分方法朴素实用，但也有一些缺点，比如有的线程会长期处于饥饿状态，有些线程会因为需要访问同一个资源而产生严重的竞争。线程数固定，假如发现单进程的处理能力不够，便又要做一次痛苦的线程拆分工作等。

那么，一个设计良好的多线程框架，应该是怎样的呢？笔者认为至少应当具备如下几个特征：

（1）极少资源竞争。资源竞争会大幅降低多线程代码的运行效率，这个相信大家都很清楚。

（2）自动化的任务调度。自动化的任务调度使得代码编写者不必再费心去处理任务之间的执行时序问题，只需将不同任务的依赖关系设置好，便能够得到预期的执行结果。

（3）良好的可伸缩性。和服务器架构一样，我们希望这个多线程框架能够很方便地靠增减线程数来控制其处理能力，这样能够防止线程饥饿/过载之类的现象发生。

在现代游戏引擎中，通常都将底层设计为 Job-based（图 12.4），比如：

（1）将计算拆解为多个 Job；

（2）底层维护一个线程池，负责取出 Job 并执行；

（3）增加纤程语义，同纤程的 Job 会保证顺序执行。

图 12.4　Job-based 示意代码

如图 12.4 的伪代码中，JobA1 和 JobA2 操作了同一个资源，则用户可以将它们分配到同一个纤程 fiber_a 上执行，便不需要使用互斥锁之类的同步原语，既保证了执行效率，又保证了结果的正确性。

在实际生产中，我们常用的多线程任务框架有 Boost.Asio 和 Intel TBB 等，它们都具备工业级的性能和易用性，笔者推荐大家一试。在应用了这样的框架之后，引擎的线程模型看起来大概如图 12.5 所示。

图 12.5　Job-based 线程模型

为了保证逻辑的易于编写性，我们依然是把 Python 和 Timer 放到了一条单独的主线程上，其他适合并发的任务则通过 worker 线程执行。那么，有哪些任务是比较适合并发的呢？

（1）网络包收发相关（加密/压缩/序列化）；

（2）AOI/寻路/物理；

（3）任何与其他模块耦合度低，卡主线程的任务。

上述任务笔者认为都十分适合并发执行，典型的不适合并发的则有：

（1）文件 I/O。它的瓶颈显然不在 CPU 端，且由于磁盘瓶颈，并发不会提速。

（2）一些原本就消耗很低的任务。要知道，实现并发自身也有开销，比如任务的分发就有调度开销。

笔者在这里要提醒大家的是，不要将多线程和快等同起来。因为多线程通常都意味着有额外的同步开销，即便 Boost-Asio 已经写得非常优秀，其基于多线程的 timer 依然是非常低效的。在 Messiah 引擎中最终是用一个工作于主线程的时间轮定时器[5] 将其替换了，效率提升了数十倍。同理，还有无锁（Lock-free）也跟快没有必然联系。无锁结构的最大优势是避免了引入锁，从而规避了死锁等问题，降低编码难度。然而无锁数据结构通常都会依赖原子操作，对 cache 不太友好，无锁队列的效率往往都要比普通队列慢一个数量级以上。

/ 内存优化

不管是服务器还是客户端，内存不足都是令人闻风丧胆的事情，因为这意味着你的进程马上就要挂了。在笔者参与过的绝大部分项目中，大部分情况下都是由于内存泄露导致的内存不足，由于程序真实用量过高而导致的爆内存其实并不多见。不管怎样，这两种情况都可以利用之前章节中介绍的各种 Memory Profiler 来进行分析。

4. Python 层

鉴于在后续章节中有专门介绍 Python 层内存优化的内容，所以在此处我们也仅会做一些简单的展开。首先要说明的是，不同的 Python 实现对内存的管理方式都是不尽相同的，此处如无特殊说明，Python 都是指 CPython 实现。

在 Python 中，几乎所有你能接触到的对象都是基于引用计数管理生命期的，这是一种非常原始的内存管理机制：当一个对象还被其他对象引用时，它的引用计数会大于 0，每减少一个引用者，则计数就会减一，当计数减到 0 时，则销毁这个对象。这种原始的机制有个致命的

缺陷，便是循环引用问题。比如 A 引用 B，B 又引用 A，即便外部没有其他对象会引用它们，它们的引用计数也不会减到 0，不想办法解环的话，永远也无法回收。于是，Python 又引入了垃圾回收机制，用于找出这种由于循环引用产生的内存孤岛，并进行回收。值得一提的是，并不是所有对象都受 GC 管理，比如 int/str 等对象，或者你自己写的 C 扩展模块中的类型也可以选择不受 GC 追踪，以提升性能。

看上去很美妙，一切都是自动化的，即便产生循环引用也能被自动回收掉。然而，还是有些情况会使得这两重保险都失效，比如：

（1）使用 _ _del_ _ 语法且有循环引用；

（2）C 扩展中的引用计数维护错误；

（3）逻辑写得有问题，长生命期的对象持有了大量其他对象。

还有很多其他情况，此处不一一列举了。在遇到这些问题时，不妨祭出 objgraph 之类的工具，好好追踪一番。比如，objgraph 可以列出哪些类型的对象增长得比较快，并且可以给出它们的实例列表，甚至告诉你某个实例是被哪些对象引用着，引用链是怎样的。

通常来讲，只要你足够耐心，纯 Python 类型的泄露是不难找出原因的，难的是那些由于 C 扩展模块中的引用计数维护错误而导致的泄露，或者是那些不受 GC 管理的类型的泄露。对于前者，通常只能靠 review 代码来发现，对于后者，则需要依赖 Debug 版的 Python 提供的 sys.getcounts 接口来寻找踪迹。

最后，笔者再向大家推荐一个非常实用的小技巧：对于一些量非常大的小对象，不妨使用 _ _slots_ _ 来固定其属性内容（图 12.6），这能够为每个实例节省一个 Python 字典的内存占用（同时提升访问效率），在数量非常大时，这个节约量非常可观。

```
class FrameTimer(object):
    __slots__ = ("func", "timerid", "order")
```

图 12.6　利用 __slots__ 减少小对象的内存开销

5. Native 层

而到了 Native 层，情况就变得更复杂了，C/C++ 的内存管理方式非常原始，一个不小心便是泄露或者越界，写过的人都叫苦连天。并且到了这一层，往往又有不少庞大的数据结构要处理和存储，比如寻路数据，物理数据，以及各种形形色色的容器等。对于 C/C++ 内存泄露的问题，我们依然是要掏出前文提到的各种 Memory Profiler 来进行分析。由于内存泄露的原因五花八门，问题与问题之间的细节差异往往很大，但分析的总体方法是类似的：首先构造可复现的用例，再对泄露过程中的不同时间点使用 Memory Profiler 做 snapshot，最后根据 snapshot 之间的差异来找出泄露点。当然，这个过程通常都是比较痛苦的。

那么，假如程序自身没有泄露，就是纯粹的占用过多么？这就非常考验代码编写者的技巧了。

比如，对于每种容器的内存用量都要心中有数。举个例子，对于一个不太频繁查询 / 更新的巨型 std::map 而言，可以用排好序的 std::vector 配合二分查找去代替，这样便能将其内存消耗降低到原来的几分之一。

又比如，很多类库都会应用写时复制（Copy-on-write，即 COW）技术，对于一些极少被修改的对象，仅在被修改时才会将内存真正复制一份新的出来。

再比如，在一些对内存占用要求优化到极致的地方，我们可以使用一种叫 Tagged Pointer 的技术：在特定的 CPU 系统下，C/C++ 中指针的某些位是必定为 0 的（如 X64 下是低 3 位和高 16 位），我们便可以利用这些位来存储一些额外的信息，从而不必去开辟额外的变量空间。

在广阔的 C/C++ 世界中，这些技巧是非常迷人和多样的，在不同的问题中，我们总能找到一些合适的技巧来应用。然而，总有山穷水尽的时候，比如笔者曾经很想将不同进程中的寻路与物理数据进行共享，但实施起来非常困难且高危。

这时候，Kyo 给笔者提供了一个信息，一种叫 Kernel same-page merging(KSM) 的技术。这种技术所做的事情非常简单：它会在 Kernel 层扫描一些用户指定的内存页，假如有内容相同的页，则将它们合并为一份，从而起到节约作用；当这些内存页被修改时，则利用写时复制机制，又将内存页分开，对用户态几乎完全透明。对于寻路和物理之类的数据，这项技术简直就是为其量身定制的。只需要对原有的代码做很少修改，便可以将整台物理机的寻路和物理内存共享起来：

（1）注意到 KSM 是基于页去合并内存的，所以我们的内存分配需要对齐到页，通常是 8192 字节。这种对齐是会造成一些浪费的，所以，对于很小的内存分配，我们并不做 KSM 合并。

（2）对上述分配出来的内存，调用 madvise 将内存块设置为 MADV_MERGEABLE，告诉 kernel 这块内存可以尝试进行合并。

（3）打开系统的 KSM 服务。

通过这几个简单的修改，在我们项目中，每台服务器便可以节约 11GB 左右的内存了。

12.3.2　客户端性能优化

与服务端类似，客户端也存在 CPU 和内存方面的瓶颈问题，同时还多了个 GPU 要伺候。一些通用的 CPU 与内存优化技巧在前面已经提及，在本章节中，笔者将着重介绍一些常用的客户端优化技术，同时为大家讲解这些技术背后的基本思想，希望能起到抛砖引玉的作用。

/ Culling

Culling，即剔除，它的基本思想是不做无用功。对于客户端渲染来说，何谓无用功？这个很容易想到答案，便是渲染那些看不见的东西，那些在相机背后的东西。所以，几乎所有游戏引擎都具备最基本的视锥剔除功能。其算法很简单，以图 12.7 为例，根据相机的视锥体，计算出场景中有哪些物体与其相交或者被其包含即可。由于运算量很小，视锥剔除可以在运行时实时计算。

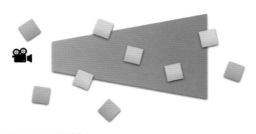

图 12.7　视锥剔除

虽然视锥剔除已经能够将绝大部分不该入眼的东西剔除掉，不渲染了，但还不够。有时候我们会发现引擎浪费了大量的时间去渲染某座大型建筑背后的东西，它虽然进入了视锥，但却依然对画面没有任何贡献，这时我们便需要一种叫做遮挡剔除的技术（图 12.8）。

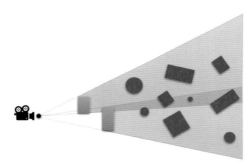

图 12.8　遮挡剔除

相比起视锥剔除，遮挡剔除的计算复杂度要高得多，实现方式也比较多样。有基于离线预计算的方案，比如潜在可见集合（Potential visible set，PVS）；也有在运行时实时计算的方案，比如基于 GPU 的深度做遮挡剔除查询等；此外，还有针对特定场景类型而设计的遮挡剔除算法，比如基于对视锥体进行进一步裁剪的 Portal 技术，就非常适合于室内场景。此处我们对较为常用的 PVS 方案进行讲解。

PVS 的思路是比较直接的，就是离线预计算出每个相机的可达点，究竟能看到哪些物体（即

潜在可见集合），然后在运行时根据相机位置，判断视锥里的东西是否落在该点的潜在可见集合里，即可实施剔除。当然，假如我们真的为每个坐标都计算可见性集合，那存储量肯定是爆炸的，所以一般来讲，常规的 PVS 算法都会对空间做一定的划分，将可达空间切分为尺寸合适的 cell，再为每个 cell 计算可见性集合。可以预见的是，如果 cell 切分得越细，则存储量越大，剔除效果越好，反之亦然。在切分好cell 之后，便可以从 cell 内的各个采样点发出多条射线，根据射线碰撞到场景的物体来得知哪些物体可以被直接看见。

这种简单的方案，往往能够给 3D 自由视角的游戏带来巨大的收益，比如在图 12.9 的场景中，主角站在山脚下，由于山体的遮挡，能够将整个小镇都剔除掉，降低 57% 的面数。

图 12.9　《明日之后》（LifeAfte，网易游戏 2018 年研发）中的 PVS 遮挡剔除示例

笔者建议所有自由视角的 3D 游戏都根据项目的实际情况，选择一种合适的遮挡剔除方案（比如视锥剔除 +PVS），这对于效率的提升是非常有帮助的。

此外，笔者认为 Culling 是一种很好的思想，不仅场景渲染可以应用这种技术，其他方面亦可以套用，比如玩家的角色动画往往是数量惊人的（大量的技能动画），但并不是所有动画都会在同一时间需要用到。那么我们其实可以根据当前玩家（以及周围玩家）所处的等级情况，将一些用不到的动画踢出内存。

/ LOD

LOD，即 Level of detail，细节层次技术。它的基本理念在于最大化计算的性价比，将资源用在最重要的地方。前面的 Culling 是直接将无用的东西剔除，LOD 的优化对象则是那些有点用但又不太重要的东西。

在不同的观察距离上，我们对同一个模型使用不同的细节层级，便能够在基本不影响画面质量的情况下，对渲染性能实现大幅度的优化。

一般来讲，美术会先制作一个具备所有细节的原始模型，然后利用 Simpolygon 等减面工具进行减面，输出多个 LOD 模型。值得一提的是，这个层级不宜过多，否则也会导致内存占用过多，或者频繁产生切换开销的问题。

除了对单个模型做多级 LOD 外，还可以将远处的模型减面后合并为一个低面数的大模型，通过一个 Draw Call 绘制出去。这样做的目的主要是为了减少图形 API 的调用次数，从而降低 CPU 开销。

LOD 作为一种思想，其实可以套用到各种计算任务上，例如材质可以做 LOD（远处用简单的 shader），动画的更新也可以做 LOD（远处降低更新频率）等。做过阴影的同学肯定对 Shadow mapping 算法十分熟悉，而在笔者看来，Shadow mapping 算法的其中一个变种—Cascade shadow mapping（CSM），便是对 Shadow mapping 应用了 LOD 思想的产物。如图 12.10 所示，在 CSM 中，近、中、远，不同距离的场景区域，阴影的精度是逐渐递减的，这使得计算量能够分布到更合理的近处区域。

不求最好，但求最值，LOD 就是这样一种务实的思想，希望能够给大家一些启发。

图 12.10　CSM《明日之后》（LifeAfte，网易游戏 2018 年研发）中的 CSM 示例

/ Budget

Budget，即预算，笔者第一次接触到这一理念，是在某次网易游戏学院的开放日里，吴羽前辈做的沙龙分享。前面提到的剔除和 LOD，都是能够大幅降低资源消耗的技术，但即便如此，我们还是不能从理论上阻止资源消耗的爆炸。有可能项目的美术就是那么豪放，疯狂地使用次世代技术，满屏 4096 的贴图（好吧此处只是夸张修辞），那我们该怎么办呢？预算技术，便能够给一切资源的使用设定一个上限，不允许程序踏入崩溃的禁区半步。

它的基础规则是这样的：

（1）任何硬件系统的计算能力都是有限的；

（2）所有任务都有优先级；

（3）所有资源都必须有替代方案。

当对系统的消耗达到设定的预算上限时：

（1）延迟 / 放弃低优先级任务；

（2）换出低优先级资源。

比如，我们可以对纹理资源实现一个预算系统，设定纹理资源最多能够使用多少内存。同时，每帧对用到的贴图进行贡献度评分（基于到相机的距离），当纹理使用的内存到达预算上限时，将低评分的贴图切换到低分辨率的 Mipmap 即可。通过这种简单的机制，我们便可以严格控制纹理贴图的用量，同时又保证画面质量不会有太大的下降，也不影响美术的制作流程。

同理，CPU 的运算资源也是有限的，为了达到 30fps，每帧我们只有 33ms 的预算可用。那么对于一些异步回调而言，我们是否可以给它设置一个每帧预算上限，从而缓解卡顿现象呢（图 12.11）？我们认为对那些实时性要求不强的回调而言，是可以做适当的时长限制的。

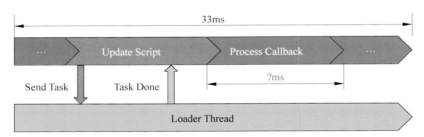

图 12.11　回调预算

预算机制，本质上是建立资源消耗与计算能力的反馈闭环。在之前，我们的系统就像老黄牛一样，来多少，处理多少，时不时累趴下；现在，它变成了一头更加理性的牛，能处理多少，就处理多少，快乐耕田 100 年。

/ Batching

Batching，即批量处理（注意并不是指多线程并发）。这个概念有点虚，此处笔者举一个比较典型的例子：合并 Draw Call。为什么要合并 Draw Call？因为大量的实践表明，跟 GPU 打交道是很耗时的，我们希望尽可能少的跟 GPU 打交道，减少图形 API 的调用次数。一些能够被合并后一次性绘制的东西，我们就应该合并他们的顶点 / 贴图，通过一个 Draw Call 绘制出去，这就是 Draw Call Batching。

所谓 Batching，理念便是要提升吞吐量，合并同构任务，避免多次穿越长管线。现代的跨平台游戏引擎往往会设计成多层结构，在这种结构下，便很容易产生大量的长管线调用，比如每个渲染状态的设置都要经历多达五六层函数调用。

在某个项目中，曾经做过一个静态合批方案，但就如其他合批方案一样，即便我们把顶点数据都合并了，仍然有可能因为其中各个模型的可见性不一致，而导致绘制时 Index buffer 不连续，进而无法直接合并为一个 Draw Call。在这种情况下，我们要么选择重建 Index buffer，要么拆分为多个 Draw Call。由于总体面数很高，重建 Index buffer 的代价并不低。

因此，问题便又转换成了：如何高效地发起这些高度同质的 Draw Call。我们需要注意到这些被可见性分隔而拆分的 Draw Call 有大量的共性，即除了 IB 参数的偏移量与长度不同之外，其他所有渲染状态都是完全一致的。在我们引擎原有的设计中，这类 Draw Call 没有做特殊对待，都是从 render 层发起，到 device 层设置一大堆渲染状态后，再进行绘制，这是极大的浪费。所以，我们很容易想到进一步的改进方案：这些同构的任务，不应该多次、独立地穿越这条长管线，而应该以 Batch 的形式一次性传递到最底层，再批量执行，达到最高效率。我把这种做法称为"设备层合批"，在上层，它只需要设置一次渲染状态，并且把几个偏移量和长度放在一个数组里（即图 12.12 中的 draw_ranges 变量），向下传递便可批量画出多个 DP。

```
const auto& draw_ranges = param->GetDrawRange();
if (draw_ranges.size() > 0)
{
    gl::NGLenum gl_mode = GLES2DeviceHelper::GetGLPrimType(prim_type);
    size_t index_size = rm::IndexSize(index_type);
    for (auto &range : draw_ranges)
    {
        nfd::Dword index_start = range.idx_start;
        gl::NGLvoid* index_pointer = (gl::NGLvoid*)(index_start * index_size);
        nfd::Dword vertex_count = GetVertexCountByPrim(prim_type, range.prim_count);
        gl::DrawElements(gl_mode, vertex_count, gl_index_type, index_pointer);
    }
}
```

图 12.12　设备层合批

这种合批效率很高，在开销上接近单 Draw Call 的消耗。如图 12.13 所示的抓帧时间轴，绿色箭头所指的地方其实是由"设备层合批"所发起的 3 个连续 Draw Call，它们在时间轴上贴得非常近，几乎融合为一条略粗一点的时间轴线，说明耗时极短，而其他独立 Draw Call 则相互间有很大的间隔。

图 12.13　设备层合批效率

以上是一个比较具体的例子，希望能给大家一个比较直接的思路启发。

总的来讲，Batching 是一种针对长管线 / 高延迟管线的优化思路，在跨模块、跨硬件、跨线程、跨进程等情况下，都有用武之地。

/ *GPU 优化*

在讲 GPU 优化之前，我们先来了解下常见 GPU 的几大主流架构。

- Immediate Mode Rendering。大部分桌面 GPU 都是这种架构，其工作方式如其名，用户提交渲染指令后，会立即在 GPU 中进行渲染计算。pipeline 没有中断，渲染速度快，但对带宽和功耗的要求都较高。

- Tile-Based (deferred) Rendering。大部分移动设备的 GPU 都是这种架构，如图 12.14 所示将屏幕划分为多个小 Tile，每个 Tile 的渲染操作是先在一块非常快的 On-chip memory（可以类比 CPU 的 cache）上执行，渲染完后再（部分）写回 DRAM。这种架构的好处是减少了对 DRAM 的读写，能够大幅降低带宽和功耗，非常适合移动设备。

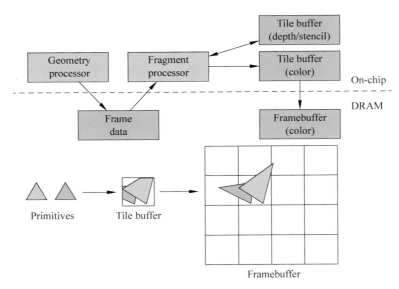

图 *12.14 Tile-based rendering*

由于现在手游当道，在此我们主要介绍针对 Tile-based rendering 的优化。在 TBR 架构中，应用层提交的绘制指令并不会被立即执行，而是会在进行几何计算之后，先被缓存在一个叫作 Frame data 的地方（处于 DRAM 中）。当用户切换 Framebuffer、Frame data 缓冲区不足，或者用户强制提交时（比如调用 glFlush），才会真正将数据发送到 On-chip memory 上进行渲染。由于 depth 和 stencil 通常是不需要保存下来的，因此在大部分应用场景下，对 depth 和 stencil 的读写都只发生在这块高速内存上，depth test/stencil test 之类的操作都不需要读写 DRAM，节约大量功耗和带宽。最后，渲染得到的数据（通常是只有 color）会被写回 Framebuffer。

可以看到，对于大部分最终只需要颜色信息的渲染管线而言，TBR 架构只需要从 DRAM 传输每个 Tile 的 Frame data 到 On-chip memory，而 color/depth/stencil 都不需要从 DRAM 读取（通常是直接初始化为某个常量即可），在渲染完成后，再将用户所需的数据写回 DRAM。在比较新的图形 API 中（比如 Metal），会将从 DRAM 读取的操作称之为 Load action，写回则叫做 Store action。在移动设备上，由于带宽紧张且耗电，这两个 action 的具体选择在很大程度上决定了游戏的性能与功耗。比如在 Metal 下，load 可以细分为 loadActionLoad（最耗）、loadActionDontCare（最快）、loadActionClear 等。

举个反面教材，假定游戏中有两张 Render target，即 A 和 B，有时候会由于管线的规划失误，造成交叉渲染 A 和 B 的情况。在这种情况下，会有极大的带宽与功耗浪费，因为每次切换 RT 时，用户一般都需要将之前的结果保留下来。假定 A 和 B 的内存占用均为 4MB（典型的 720P 分辨率），则这个渲染流程大概是这样的：

（1）渲染 A：load 0MB，store 4MB；

（2）渲染 B：load 4MB，store 4MB；

（3）渲染 A：load 4MB，store 4MB；

（4）渲染 B：load 4MB，store 4MB。

总计：load 12MB，store 16MB。

而一个合理的渲染流程是：

（1）渲染 A：load 0MB，store 4MB；

（2）渲染 B：load 4MB，store 4MB。

总计：load 4MB，store 8MB。

可以看到，两种流程的每帧带宽差异总计达 16MB，在 30fps 下，则相当于每秒多了 480MB 的带宽消耗。要知道，普通移动 GPU 的理论峰值带宽也只有几吉字节（GB）而已。公司内也有一些项目做过带宽的实测，其对帧率和耗电的影响均是十分惊人的，每帧几十兆字节（MB）的带宽差异，反映在手机耗电耗电流上大约是 50mA~100mA 的差异，而整个应用的总手机耗电流大约为 500~600mA。

所以，建议每个项目都应当在渲染流程上做足够的重视，避免无意义的 RT 切换。对于 Metal 等较新的图形 API，应当精确指定每张 RT 的 load/store action，做到带宽 0 浪费。而对于 OpenGL ES 这种较老的图形 API，则可以用 glClear 这种操作来告诉 GPU 不需要进行 load action，与 store 对应的则是 glInvalidateFrameBuffer。在分析工具的使用上，建议使用最新版的 Xcode 的抓帧工具，它的 Command queue 可视化功能可以让所有带宽消耗都无所遁形，谁用谁知道。

除此之外，Tile-based 架构还有很多变种，比如 PowerVR 是 Tile-based deferred rendering，Tile 上具备多边形排序优化（隐面剔除，HSR），类似于 Pre-Z-test 特性，能够保证只对最前面的多边形进行着色。然而这种优化对于 Alpha-test 是无效的，所以在这种 GPU 上，对 Alpha-test 的使用需要非常节制，否则会带来巨大的性能损失。在非使用不可的情况下，则应参考图 12.15，最小化 Alpha-test 的面积，减少其影响的 tile 数量。

图 12.15　最小化 Alpha-test 面积

需要注意的是，上述优化技巧对基于 IMR 架构的桌面 GPU 来说一般是不生效的，甚至有可能会产生负优化。限于篇幅，具体原因在此笔者不再展开，有兴趣的同学可以调研一番。

介绍完针对移动 GPU 架构的优化，我们再来探讨下那些较为通用的优化手段。

首先是压缩贴图。几乎每种 GPU 都会支持数种压缩贴图格式，这些压缩贴图数据可以在 GPU 内部直接硬件解压，不管是内存占用还是带宽传输效率都很有优势，仅有原始 RGBA8 格式的几分之一，可以说是每种游戏都应当使用的技术。压缩贴图的种类非常繁多，ETC/ETC2/PVR/ASTC/DXT/ATC，每一种大格式下又细分为多种子格式，傻傻分不清楚。一般来讲，对于比较新的移动设备，笔者推荐大家使用 ASTC 格式，压缩率和画质都占优，ETC2 则在兼容性和易于维护性上占优。

其次，对于低端 GPU，往往像素填充率会比较低，此时最有效的手段是降分辨率。目前比较常用的手段是 3D 场景降分辨率（渲染到低分辨率的单独 RT，再复制回 Backbuffer），但 UI 还是维持较高分辨率，原因是用户对字体的分辨率会更为敏感。

至于面数过高、大面积 Alpha-test、大面积粒子导致 Overdraw 过多等问题，笔者推荐大家使用前面提到的 Culling/LOD/Budget 等手段去解决，实在不行就只能找美术了。

最后是 Shader 的优化。笔者曾经看过一份 PPT，介绍各种优化 shader 的奇技淫巧，包括如何用 step 指令替代 if 分支（传统 GPU 对 if 分支比较不友好），如何用 mad 来加速运算，甚至从汇编层面上去做优化。一开始笔者看得津津有味，顶礼膜拜的，然而经过几年的工作实践之后，笔者对这些东西又有了新的理解。首先，那些优化技巧只能保证对当年的某些 GPU 生效，放到现在，你会发现至少苹果的 Metal 编程指引就告诉你千万不要做 step 代替 if 这种蠢事，因为那样在 Metal 下只会更低效。其次是，这些技巧往往都会降低代码的可读性，使后人陷入懵逼状态。最后，这些技巧的收益依然很有限，还不如优化算法本身来得有效。

因此，笔者的建议是，绝大部分情况下，应当专注于算法本身，寻找运算量更低的近似算法（通过曲线拟合等手段），又或者找到运算过程中的不变量，将它们 CPU 端计算后传入等。

12.4 小结

在本章中，我们首先探讨了性能优化的一些哲学思想，其中最希望大家铭记的便是，不要面向优化编程，而应该务实一些，任何事情都应当考虑其代价。用科学的方法做优化，使你的产品变得更好。

然后，我们探讨了性能分析方面的方法与工具。对工具的熟练使用，是做好科学优化的前提。

最后，我们分服务器和客户端，对优化技术进行了探讨，在这两端之间，有很多思想与方法是可以互相借鉴的，希望大家能够举一反三。

限于篇幅，本章中有很多细节未作展开，且笔者本意也是期望能起到抛砖引玉的作用，愿大家多加探索与实践。路漫漫其修远兮，吾将上下而求索。

参考文献

[1] Martyn Honeyford. 使用 GNU profiler 来提高代码运行速度 [EB/OL]. https://www.ibm.com/developerworks/cn/linux/l-gnuprof.html,2006.05.

[2] Android Developers. Simpleperf[EB/OL].

https://developer.android.com/ndk/guides/simpleperf,2019.

[3] Wikipedia. Hooking[EB/OL].https://en.wikipedia.org/wiki/Hooking,2019.

[4] 维基百科 . 存储器山 [EB/OL].

https://zh.wikipedia.org/wiki/%E5%AD%98%E5%82%A8%E5%99%A8%E5%B1%B1,2019.

[5] G. Varghese and A. Lauck. Hashed and Hierarchical Timing Wheels: Data Structures for the Efficient Implementation of a Timer Facility[M]. In Proceedings of the 11th ACM Symposium on Operating Systems Principles (SOSP '87), pages 25–38, 1987.

[6] sh0v0r.Occlusion Culling Challenge[EB/OL].

https://forum.unity.com/threads/occlusion-culling-challenge-2048-heightfield-terrain-can-you-get-this-to-work.87485/,2011.04.29.

13 游戏更新机制——脚本语言 Python 热更新
Game Update Mechanism—Hot Patching in Python Scripting Language

13.1 概述

相比若干年前那种以卡带、光盘等物理存储介质发售的游戏，现如今无论是 PC 平台上的 3A 大作、Indie Game，还是各种移动平台（手机、掌机）上的多人在线游戏，都可以通过便捷的互联网直接网络发售。玩家不仅可以直接从网络上获取游戏本体，而且可以不定期地从游戏发行商获取到游戏的更新，包括：游戏内容的迭代（DLC）或者游戏 Bug 的修复（一般称之为 Patch）。

因此对现如今的游戏来讲，一项不可或缺的能力是能自己更新自己。而这种自我更新能力又可以分为两种，我们将其称为静态更新和热更新。前者静态更新是指玩家在进入到正式的游戏内容之前利用游戏启动器、单独的游戏更新程序等对游戏内容进行更新或修复，而后者则是在游戏运行的过程中在后台执行的更新操作。两种更新方式各有利弊，各自适用于不同的使用情景：静态更新由于在游戏启动之前执行，适合在重大的版本更新时使用，更新诸如游戏可执行文件、资源包等体积很大的文件；而热更新由于是在游戏进行中执行，则不适合更新体积大的文件，只适合更新一些游戏数值或者游戏逻辑等内容。

虽然本文的重点是阐述游戏热更新的内容，但是为了把游戏更新机制的全貌呈现给大家，下一节将简单描述静态更新的大致原理及特点，而后续章节将重点讨论游戏热更新（尤其是 Python 脚本的热更新）的机制、优缺点及不同种的实现方法。

13.2 游戏静态更新

大部分的 PC 游戏（俗称：端游）都会提供一个游戏启动器，启动器在启动游戏之前负责先连接游戏开发商提供的网络服务器检查更新，如果有更新，则下载更新并安装到游戏中，再启动游戏。另外一些游戏虽然没有自己的启动器，但是通过游戏发布平台（如：Steam）的启动入口，也会不定期的连接到开发者的服务器检查并下载更新。

由于检查及应用更新用的是独立的进程（启动器进程），因此游戏静态更新可以更新游戏的一切内容，包括：游戏的二进制可执行文件、美术资源包、协议文件等，甚至包括检查更新的游戏启动器自身。一般在游戏需要发布重要的版本内容（如：新的资料片或 DLC 等）而又不希望用户去发布渠道重新下载安装包的时候，会采用静态更新的方式发布更新的 Patch 文件。这种 Patch 文件往往体积都比较大，长时间的下载及安装会严重影响用户的体验，例如《魔兽世界》发布某资料片时，有用户发出了这样的评论："昨天我挂了 5 个小时，下载了 60.2% 了，可现在又不动了。我就是从早上开始下载，下了两天还没有好，防火墙也关了，是不是什么文件出错了！"

为了减少静态更新时用户需要下载及安装的文件体积，普遍采用的方法是设计一种特殊的包文件系统。讨论游戏的包文件系统之前需要先了解一些游戏的文件构成。每个游戏都是一个软件系统，大体上都会由三种类型的文件组成：二进制可执行文件、美术资源文件、其他文件（如：协议描述文件、说明文档等）。从物理实现上，为了适应不同的系统平台，很多游戏会设计一套自己的包文件系统，该系统通过提供统一的文件交互接口，来屏蔽游戏逻辑层与不同文件系统的交互。而包文件系统要能有效减少静态更新的文件体积，必须具备对包文件的增、删、改操作。

一个可行的包文件系统的设计思路为：

为每个包文件建立一个文件索引表，索引表的 Key 值为文件的相对路径的 hash 值，Value 值为该文件在包中的偏移值及所占空间的大小。

（1）当需要从包中删除文件时，根据文件索引表找到对应索引，将其标记为已删除即可，这时相当于在包中留下一个未使用的"空洞"。

（2）当需要向包中新增文件时，先根据索引表遍历所有的"空洞"。如果当前"空洞"大小大于或者等于新增文件大小，则将新增文件写入到当前"空洞"，并将"空洞"对应的文件索引更新为新增文件对应的键值；否则直接将新增文件写到包末尾，并在文件索引表中对应新增一项。

（3）当需要修改包中的某个文件时，则先计算修改的内容是否导致文件大小变化。如果文件大小不变或变小，则将发修改后的内容直接写到原文件对应的位置并更新文件索引表；如果文件大小变大，则先根据1的操作删除原文件，然后根据（2）向包中新增文件即可。

对于游戏的二进制可执行文件，由于操作系统的限制，一般情况不会将其放到包文件系统中。由于这种二进制文件往往不会太大，所以需要更新这些二进制文件时不做增量更新，直接用新的文件替换老的即可。当启动器中的更新程序检测到更新内容是启动器本身时，会使用一些 trick 的操作改写二进制文件，并自动重启进程。这种 trick 的操作在不同的系统上可能实现方式不一样，例如：Windows 中可以在进程启动时先执行 rename 操作，将可执行文件重命名为 .old 文件，二进制更新时就可以直接写入一个原始文件名的可执行文件。

总的来说，游戏静态更新大概有以下几个特点：

（1）在游戏启动之前通过独立的进程下载及执行更新；

（2）可以更新游戏的任何内容，包括执行更新的启动器本身；

（3）适合更新大体积的文件，适合在游戏发布重要更新时使用；

（4）执行时间长，对玩家体验影响大，需要设计好的包文件系统来降低用户的更新时长。

接下来，我们会重点讨论游戏更新机制中正越来越被开发者重视的热更新机制。

13.3　游戏热更新概述

所谓热更新，指的是在游戏的客户端程序（或者服务器进程）运行的过程中执行的更新操作。这种更新操作一般会在后台进行，对用户的游戏体验不会造成很大的影响。

针对游戏的开发语言不同，游戏具体使用的热更新方法也不同。目前比较流行的游戏开发语言一般分为两类：静态编译型语言和动态解释型语言，前者一般需要有编译链接的过程才能产生最终的可执行代码，比较典型的代表是：C/C++；后者则一般依赖已有的虚拟机环境，直接在虚拟机中解释执行，典型的代表比如：Python、Lua、JavaScript 等。

13.3.1　静态编译型语言的热更新

谈到静态编译语言，大家普遍的印象是耗时的编译过程，以及极高的运行时性能，鲜有讨论其热更新的机制。这是由于静态编译语言一般需要利用编译器编译生成二进制目标，最终以机器码的形式在处理器中执行。鉴于此，通常情况下静态编译型的语言很难对运行时的代码或者数据进行动态修改。虽然在 Windows 中一些加密软件或者黑客程序可以利用 SMC（Self Modify Code）的手段运行时修改代码段或者内存数据，但是这种技术往往涉及复杂的编码方式（往往使用汇编语言编写），且对运行平台有严格的限制（如：处理器位数、

系统的版本和 API 等），因此是不适合用来做游戏的热更新解决方案的。另外，iOS 系统从协议上已经严令禁止这种运行时修改可执行代码的行为。

那么从技术上看，有没有能真正用于静态编译型语言的热更新方法呢？答案是有的，前提是需要一套完备的反射框架。在当前流行的两大游戏引擎（UnrealEngine4 和 Unity3D）中都使用了类似的方式来实现热更新，两者都是利用运行时加载动态链接库的方式来实现新代码的加载，并且都是利用反射机制从动态链接库中获取新的类型，构建新的方法，调用执行新的逻辑流程。

图 13.1 的代码片段以 Untiy3D 的 C#（原生支持反射）为例来说明其基于动态链接库的热更新机制（UE4 中虽然使用的是 C++，但是其基于 C++ 的模板推导技术也建立了一套完整的反射框架，有兴趣的可以参考文献 [1]）。

```
url = Application.streamingAssetsPath + "/MyDll.dll";
WWW www = new WWW(url);
yield return www;

if (www.isDone)
{
    try{
        Assembly new_assemble = Assembly.Load(www.bytes);
        var types = new_assemble.GetTypes();
        foreach( var inner_type in types )
        {
            if (inner_type.Name == "MyClass")
            {
                var instance = Activator.CreateInstance(inner_type);
                MethodInfo method = inner_type.GetMethod("TestFunction");
                var result = method.Invoke(instance, null);
            }
        }
    }
    catch (Exception e)
    {
        Debug.Log("Cannot load dll from web bytes.");
        Debug.Log(e.Message);
    }
}
```

图 13.1　C# 基于动态链接库的热更新方法

这个代码片段完整演示了从 Web 地址获取新 dll 的字节流，然后用字节流创建 Assembly 对象，从 Assembly 对象中找到自定义的类型，并构造新的实例继而调用测试函数的过程。基于此方法，游戏就可以建立起静态编译型语言的热更新流程。

13.3.2 　动态解释型语言的热更新

相对于静态编译型语言，动态解释型语言在运行时对源码进行解释执行，运行时保持了全部的类型信息，这一特点使得热更新变得非常顺理成章。常见的动态解释型语言有 Python、Lua、JavaScript 等，其中 Python 和 Lua 在游戏行业使用的尤其普遍。而随着游戏体量的逐年增大，拥有良好 OO 特性、强大社区及"你能想到必能找到"的、第三方支持库的 Python 则逐步战胜 Lua，成为游戏逻辑开发语言的首选。鉴于此，本文后续将针对 Python 详细分析其在热更新上的方式、方法，希望给读者实际的游戏开发带来一些帮助。结构上，后文将首先介绍 Python 在动态性上的一些基础特性（Import 机制、命名空间等），然后给出两种情形下的热更新方法，并结合代码实例分析其存在的问题并给出相应解决办法。

13.4　Python 热更新预备知识

13.4.1 　一切皆对象

从设计之初，Python 就是一门面向对象的语言，它有一个重要的概念，即"一切皆对象"。虽然很多面向对象的语言在解决问题时也是以对象为单位来设计整体程序结构（如：Java 和 C++），但是它们往往并不如 Python 纯正，一个明显的例子是 Java 和 C++ 在处理基本数据类型（如：int）时并不是完全对象化的。而在 Python 中，数字、字符串、列表、元组、字典，以及函数、方法、类、模块，甚至最基础的元类型 type 等等都是对象。由于"一切皆对象"，我们就可以在 Python 中将数据实例，以及其类型信息（类和方法），甚至其元类型信息（metaclass）都当成对象来看待，利用语言提供的对象属性、读写接口来运行更新代码。Python 中的常见对象类型如表 13.1 所示。

表 13.1　Python 中常见的对象类型

分　　类	对象类型
基本数据类型	bool, int, long, float, string, complex...t
容器类型	list, dict, set, tuple, frozen set
代码结构类型	module, type, function, instancemthod...
代码运行时类型	code, Frame
其他类型	generator, decorator...

因为大部分时候开发期反复调试的是函数的执行逻辑或者类的结构设计，所以上述类型中代码热更新比较关注的是"代码结构性类型"。另外，Python 中的数据类型按是否运行时可修改分为两类：

- 非可变数据类型，如：int、float、string、tuple、frozenset；

- 可变数据类型，如：list、dict、自定义的 class 等。

非可变数据类型的对象在传递的过程中会出现新对象的构造及复制，发而可变数据类型在传递的过程中则需要注意引用的传递和深浅拷贝问题。代码的热更新问题本质上是脚本对象的替换，因此在实际实现热更新代码时需要注意数据类型的可变性。

13.4.2　Python 的命名空间与反射机制

相比于静态编译型语言，Python 在运行时保存着名字到对象的映射关系，这种映射关系被称为命名空间。更具体的，命名空间是一个字典的实现，键为名字，值为名字所对应的对象。在一个 Python 程序的执行期间会有两种或者 3 种活动的命名空间，分别为：

- 局部命名空间（Local Namespace）：记录了每个函数内部定义的所有变量，包括函数的输入参数；

- 全局命名空间（Global Namespace）：记录了模块中定义的变量，包括模块中的函数、类、其他导入的模块、模块级的变量和常量；

- 内建命名空间（Built-in Namespace）：Python 本身内建的命名空间，记录了内置的函数、异常，任何模块均可以访问。

由命名空间的定义和分类可以看出，命名空间中记录了名字与对象的映射关系，而这将为我们实现运行时动态更新程序中的模块、函数、常量等提供重要的接口支持。依赖这种映射关系，Python 拥有了强大的运行时反射自省的能力。利用 Python 的这种反射能力，我们就可以在运行时做很多事情了，比如我们在热更新中经常需要访问对象的属性或者元数据，最常用到的接口见表 13.2。

表 13.2　Python 反射相关的常用接口

分　　类	对象类型
dir([odj])	返回包含 obj 中可以用 "." 来访问的属性，obj 为可选参数，当 obj 为空时，访问的是当前模块对象
hasattr(obj, attr)	检查对象 obj 是否存在名为 attr 的属性
getattr(obj, attr)	返回对象 obj 中名为 attr 的属性的值
setattr(obj, attr, val)	给对象 obj 中名为 attr 的属性赋值为 val
obj._dict_	包含了对象 obj 中所有的属性 –> 属性的映射的字典，也被称为 obj 对象的命名空间

另外，Python 内置的 inspect 模块也提供了一系列的接口用于帮助实现反射。表 13.3 列出了常用的几个接口函数及功能描述，想要获取更加详细的函数接口请参照官方文档有关 inspect 模块的说明。

表 13.3　inspect 模块常用反射接口

分　类	对 象 类 型
getmembers(obj, [predicate])	dir 函数的扩展版，功能类似 dir；使用可选参数 predicate 可以过滤出制定类型的属性
getmodule(obj)	返回 obj 对象所在的模块对象
getfile(obj) getsourcefile(obj)	返回 obj 对象所在的模块的文件 / 源码文件名
getsource(obj) getsourcelines(obj)	返回定义 obj 对象的源码，以字符串 / 字符串列表的形式返回；只能用于 module/class/function/method/code/frame/traceback 对象
getargspec(func)	仅用于函数对象，获取函数声明的参数列表
getmro(cls)	仅用于类对象，返回类的 mro 列表；所谓 mro：指的是查找类的属性是依次按照 mro 列表中的顺序查找其父类

13.4.3　Python 的模块及 Import 关键字

Python 中组织代码结构的基本单位被称为"模块"（Module）。通常一个模块可能对应多种不同形式的载体，如：动态链接库文件（dll/so）、py 文件、pyc/pyo 文件，还有的模块被直接内置在 Python 运行时中（如：sys 模块）。我们在实现 Python 脚本的热更新时往往只需要关心自定义的 py 脚本对应的模块，这时一个 py 脚本对应一个模块，模块中可以定义函数、全局变量和类。

运行时，可以通过执行 import 语句来将其他 Python 模块导入，所有导入的模块被注册到 sys. modules 的字典中。具体地，解释器在遇到 import m 语句时的执行流程为：

（1）检查 sys.modules 字典中是否存在名为"m"的模块对象；

（2）如果存在，转到（4）；

（3）否则，执行加载模块的操作：

　　a. 打开"m"对应的文件载体（py/pyc/pyo/dll/so 等）；

　　b. 创建一个空的名字为"m"的 module 对象，并将其放到 sys.modules 字典中；

　　c. 在 module 对象的命名空间中顺序执行 m 中的代码。

（4）最后，在当前命名空间建立名字"m"到模块对象 sys.modules["m"]的映射。

这个执行流程中有两点需要特别注意：一是对同一个模块的 import 操作只会执行一次，因此在实现热更新时一般需要先对已经加载的模块做 pop 操作；另外在执行 import 操作时会顺序执行模块中的语句，这个特点要求我们在实现具体的逻辑脚本时不能将非常耗时的代码操作直接写在模块层。

13.5　运行时简单代码的热更新

线上产品维护时最常遇到的情况是：QA 在外服发现了一些客户端逻辑上的错误，经产品团队评估后认为这个错误影响面较大，并且可以通过脚本热更新的方式进行修复，然后程序团队会利用服务器向外服受错误影响的客户端发送一段"神秘"代码。这段代码会自动为玩家的客户端修复错误，通常一部分玩家可能并未接触到这个错误，整个修复过程他们会"毫不知情"；而另一部分玩家只要这个错误未对其持久数据产生不可逆的修改，修复的过程也不会对他们的游戏体验产生很大的影响；只有非常少数的玩家可能需要后期运维团队的介入为其修复数据或提供后期补偿措施。

那么上述的热更新操作是利用什么技术实现的呢？对于 Python 脚本来说，需要先提到一个关键字：exec。

exec 关键字的定义如下：

```
exec_stmt :: = "exec"  or_expr [ "in" expression [ ","  expression]]
```

官方文档对其解释为：This statement supports dynamic execution of Python code，其后可以跟四个表达式：

- 代码字符串
- 文件对象
- 代码对象
- tuple

前三者比较类似表示被执行的对象，第四种 tuple 比较特殊（往往导致大家误以为 exec 是一个函数），后面再解释。

如果忽略第二个表达式，则 exec 会在当前命名空间中执行第一个表达式，这会非常容易导致命名空间污染，因此热更新实现中通常会使用 in 选项指定第二个表达式。当第二个表达式为一个 dict 时，其表示执行时的 global 命名空间；当第二个表达式为两个 dict 时，分别表示执行时的 global 和 local 命名空间。对于第一个表达式的 tuple 形式，其具体形式为：

```
exec(expr, globals, locals)
```

它等效于：

```
exec expr in globals locals
```

例如客户端的脚本中有如下的脚本代码（图 13.2 所示），其中第 7 行示例程序员笔误，将其中的小于号误写成了大于号，导致整个 get_hp_status 函数逻辑错误。

```
1   #file: Avatar.py
2   #coding: utf8
3   class Avatar(object):
4       def __init__(self):
5           self.hp = 100
6
7       def get_hp_status(self):
8           if self.hp > 100:      #这行示例程序员笔误
9               return "Hurt"
10          else:
11              return "Healty"
```

图 13.2　有错误的 Python 脚本示例 Avatar.py

现在我们需要写一段"神秘"代码来帮助外服的玩家修正这个错误。对于这个错误，因为 Python 中万物皆对象，Avatar 类中的 get_hp_status 函数也是一个对象，而同时这个函数是 Avatar 类的一个属性，因此利用动态修改类的属性的方式我们就可以修复这个错误。修正的代码如图 13.3 所示。

```
1   #file: Avatar_hotfix.py
2   #coding: utf8
3   from Avatar import Avatar
4
5   def new_get_hp_status(obj):
6       if obj.hp < 100:           #这行已经修正
7           return "Hurt"
8       else:
9           return "Healty"
10
11  old_get_hp_status = Avatar.get_hp_status
12  Avatar.get_hp_status = new_get_hp_status
13
14  print 'hotfix accepted...'
```

图 13.3　修正 Avatar.py 的热更新脚本 Avatar_hotfix.py

有了修复代码，我们只要将这个 Avatar_hotfix.py（其实扩展名可以是任何名字，比如：txt，这里只是为了让编辑器显示正确的语法）中的文本内容发送到外服客户端，然后让客户

端的脚本虚拟机执行它。发送文本的方式可以很灵活，通常的做法是服务器中实现一个固定的 hotfix 模块，利用已有的发送数据方法向客户端发送这段文本。

值得注意的是：为了让传送脚本的过程更加安全，实际项目环境中服务器往客户端发送的并非是明文的源码，而是首先对其进行一定程度的编码加密，客户端收到加密文本后先解密再在虚拟机中执行。这里以最简单的异或加密为例来说明这个过程，首先服务器将 Avatar_hotfix.py 读入内存后进行异或加密，然后用 zlib 进行数据压缩，压缩后的 hotfix_data 通过网络发送给客户端（如图 13.4 中的 encode_hotfix 函数）；客户端收到 hotfix_data 后首先对其进行解压缩，然后进行异或解密，解密得到的字符串编译为字节码后利用 exec 在当前命名空间中执行（如图 13.4 中的 decode_hotfix 函数）。

```
1   #file: hotfix_encoder.py
2   #coding: utf8
3   from encrypt import xor_encrypt, xor_decrypt
4   import zlib
5   def encode_hotfix(hotfix_filename, key):
6       with open(hotfix_filename, 'r') as hf:
7           hotfix_content = hf.read()
8           secret = xor_encrypt(hotfix_content, key)
9           return zlib.compress(secret)
10
11  def decode_hotfix(hotfix_data, key):
12      secret = zlib.decompress(hotfix_data)
13      hotfix_content = xor_decrypt(secret, key)
14      compiled_code = compile(hotfix_content, 'Avatar_hotfix', 'exec')
15      import __main__
16      exec compiled_code in __main__.__dict__
```

图 13.4　exec 方式的热更新示例

图 13.5 的测试代码及其输出结果演示了整个 hotfix 执行前后的区别。

```
37  if __name__ == "__main__":
38      import Avatar
39      a = Avatar.Avatar()
40      a.hp = 10
41      print "before hotfix, avatar's hp is %d, status: %s" % (a.hp, a.get_hp_status())
42
43      secret = encode_hotfix("Avatar_hotfix.py", '123')
44      decode_hotfix(secret, "123")
45
46      print "after hotfix, avatar's hp is %d, status: %s" % (a.hp, a.get_hp_status())
```

图 13.5　测试代码

测试代码的执行结果（图 13.6）。

```
$ python hotfix_exec_test.py
before hotfix, avatar's hp is 10, status: Healty
hotfix accepted...
after hotfix, avatar's hp is 10, status: Hurt
```

图 13.6　exec 热更新示例的测试结果

exec 方式需要注意的地方：

（1）不适合更新大量代码。大量的代码会需要更多的测试，对于线上的内容极易引入新的不稳定因素。由于 exec 的特点，稍不留意就可能导致命名空间上的污染。

（2）存在安全问题。即使我们在执行 exec 时限定好命名空间，包括将 globals, locals, _ _builtin_ _ 等都设置为 None，exec 依然存在可以绕过这些限制的漏洞而执行我们不希望执行的代码，因此在游戏的外放脚本中使用 exec 是有风险的。

13.6　模块级代码的热更新

在游戏开发过程中，开发人员在完成了模块的功能后需要启动游戏（或者服务器进程）开始测试，测试发现问题后需要修改代码，然后再次启动游戏（或者服务器进程）重新测试，如此反复，直到模块功能与需求要求一致。这个过程中反复的重启游戏（或者服务器进程）是导致开发效率急剧降低的原因，尤其是当项目进入开发后期或者运营期时，有很多系统和逻辑模块在游戏启动后都会开始运行，这时启动一次游戏（或者服务器进程）将是非常耗时的操作。抑或在实现某些复杂系统时，测试之前需要配置很多前置环境，这时频繁的重启游戏（或者服务器进程）显然也是不可接受的。所以在开发期，开发人员都非常迫切地需要一种运行时热更新脚本的方法，能来帮助发现发生修改的代码或模块，然后重新加载它并且立即生效，从而避免频繁的重新启动游戏。

由前述的一些预备知识，我们已经了解到 Python 是一个动态性非常强的语言，运行时我们可以有很多方法去修改已经存在的对象。另外，Python 语言的最上层逻辑单位称为"模块"，一个模块对应一个文件（注：这里的模块指的是纯 Python 脚本的模块，而不包括 dll、pyo、so 等媒介对应的内置或第三方模块，下文除非特别注明，"模块"所指的都是纯 Python 脚本模块），每个模块中包含了类、函数以及数据的定义，所有运行时已经导入的模块被注册在系统模块 sys.modules 的表中。由此，如果需要设计能帮助开发者自动发现代码修改并热更新之的工具，一个直观的思路就是以模块为单位进行更新。那么通常的游戏开发中，一个模块被修改后我们需要热更新的内容有哪些呢？这里我们给出绝大多数项目应该会共用的内容（因为 Python 语言的强动态性，不同项目可能用到了 Python 一些比较复杂的用法和特性，比如 metaclass 等，就需要针对性地给出对应处理方案）：

（1）更新代码的定义。具体的就是 Python 的类、函数 / 方法对象，如 class、function、method，需要支持对上述对象的增加、删除、修改、重命名；

（2）更新指定的"常量"数据。具体的如策划配置的数据表、运行时不变的全局常量或者开关等（这里所说的"常量"并不是语言层面上的不变量，而是指逻辑设计上的不变量）。

一般如果我们的热更新工具能支持上面两点的正确更新，基本上就可以适应大部分情况的工作需要。

13.6.1　Python 内建的 reload 函数

我们需要的这种热更新功能，Python 本身在设计之初也已经考虑到并提供了一种解决方案，就是大名鼎鼎同时又广被唾弃的 reload 函数。

"Reload a previously imported module. The argument must be a module object, so it must have been successfully imported before. This is useful if you have edited the module source file using an external editor and want to try out the new version without leaving the Python interpreter. "

上面是 Python 官方文档对 reload 函数的描述，加粗字体部分似乎正是我们想要的功能，然而文档接下来对其执行过程的详细解释以及紧接着添加的几个补充说明（number of other caveats）粉碎了我们的幻想。

Reload（M）具体的执行过程为：

（1）M 将被重新编译，并重新执行模块级别定义的语句，并在 M 模块内定义一个新的"命名 –> 新对象"的命名空间映射；

（2）M 模块 reload 之前所有旧的对象，直到它们的引用计数将为 0 才会被销毁回收；

（3）M 模块命名空间中的命名全部指向了新对象；

（4）其他模块对 M 模块 reload 之前所有旧对象的引用依然保留，如果你希望其他模块对 M 模块的对象引用可以更新为 reload 后产生的新对象，则需要你自己动手来实现。

官方文档中紧接着的几个补充说明（实际就是其使用限制）则更进一步地限制了这个 reload 函数的实用价值，表 13.4 列出了三个使用限制并给出了其对实现热更新造成的影响。

表 13.4　reload 函数的使用限制

内建 reload 函数的使用限制	对热更新实现的影响
如果模块 M 在修改过程中删掉了旧的命名空间中的某个命名 x，那 reload(M) 后，M.x 仍然有效，并继续引用着 reload(M) 前的那个对象	reload(M) 执行后：内存消耗增大；由于旧对象未删除，可能导致部分依赖对象存在性的逻辑失效
如果某个其他模块 B 使用 from M import xxx 的方式从模块 M 中导入了 xxx 的引用，那么 reload(M) 并不会对 B 中导入的 xxx 对象产生任何影响	将无法支持 from M import xxx 的方式的热更新
如果模块 M 已经产生了它的某个类 A 的实例对象 a，那么 reload(M) 并不会影响实例 a 的 class 属性（即实例 a 依然引用这 reload 之前的类），并且这个限制对派生类依然有效	reload(M) 执行后：旧对象的类信息没更新，将导致全部和类（或者派生类）信息相关的逻辑执行失败

由此可见，Python 内置的 reload 函数几乎是没办法在实际开发中使用的。为了弥补内置 reload 函数的不足，Python 的第三方社区提供了一些现成的实现方案，如 reimport、xreload、livecoding、GlobalSub 等。这些实现方案虽然都有一定程度的使用限制，但是已经可以为实现我们自己项目的热更新方案提供非常好的借鉴意义。

13.6.2　改进的 reload 热更新方法

为了实现这个 reload 函数应有的样子，普遍采用的思路为分析模块中可能存在的对象类别，分别对不同种的对象进行热更新替换。由前述预备知识可知，一个 Python 的模块主要包括了：全局变量定义、类（class）定义、函数（function）定义以及方法（method）的定义。其基本结构如图 13.7 所示。

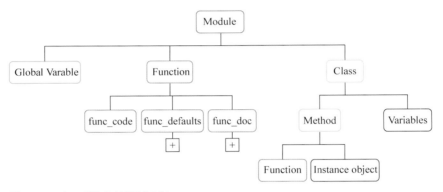

图 13.7　Python 模块中主要组成内容

对于这些不同类别的对象，我们可以使用对应的方法重新加载它们：

（1）模块中的 Global Variables（全局变量对象）会在 reload 操作时被替换为新对象，但是如果想保留一些对象的运行时状态，则需要把它恢复成旧模块中对应的对象。为了实现这个可以在 reload 实现中加入一个白名单记录需要被恢复的对象名字，reload 之后再利用这个名单恢复旧对象。

（2）由于 Function（函数）对象由 func_code、func_defaults、func_doc、func_dict、func_closure 等部分组成（表格 13.5 示意了这些部分分别代表的含义），所以模块中的函数对象 reload 操作只需要分别替换这些部分即可。

表 13.5　Python 函数对象的组成部分

Function 函数类型	对应函数类型释义
func_code	函数对应的代码对象
func_defaults	保存函数定义中默认参数的默认值列表
func_doc	函数的文档说明
func_dict	函数的命名空间对象，对应 _dict_ 属性，两者等价
func_closure	当函数包含有闭包时，func_closure 中保存了闭包产生的自由变量
func_globals	函数对象所在模块的全局命名空间，保存了模块中的各种全局变量

（3）Method（方法）对象本质上是绑定了类实例的函数对象，因此其替换过程与函数对象的替换一致。

（4）Class（类）对象的替换过程则稍微复杂一些，它是由 method、classmethod、staticmethod，成员变量对象，以及 class 的基类关系组成。虽然在 python 中运行时无法替换 class 的基类关系，但是各种 method 对象是可以替换的，虽然不完美但已经能满足大部分的需求了。

有了这些可行性基础后，一个可行的模块级脚本热更新的流程如图 13.8 所示。

图 13.8　Python 模块级脚本热更新流程

流程中最后一步分类修改 module 对应前文所述的 Global Variables（全局变量）。

Globle Variables、Function、Method 与 Class 四种对象的替换，其中 Global Variables（全局变量）的替换比较简单不再赘述，图 13.9 和图 13.10 中的两个代码片段示意了 Class 和 Function、Method 的替换过程：

```
def update_class( old_class, new_class ):
    for name, attr in old_class.__dict__.iteritems(): # delete function
        if name in new_class.__dict__:
            continue
        if not inspect.isfunction( attr ):
            continue
        type.__delattr__( old_class, name )
    for name, attr in new_class.__dict__.iteritems():
        if name not in old_class.__dict__: # new attribute
            setattr( old_class, name, attr )
            continue
        old_attr = old_class.__dict__[ name ]
        new_attr = attr
        if inspect.isfunction( old_attr ) and inspect.isfunction( new_attr ):
            setattr( old_class, name, new_attr )
        elif name not in _ignore_attrs:
            setattr( old_class, name, attr )
```

图 13.9　更新 Class 对象的代码示意

```
def update_fun( old_fun, new_fun, update_cell_depth = 2 ):
    old_cell_num = 0
    if old_fun.func_closure:
        old_cell_num = len( old_fun.func_closure )
    new_cell_num = 0
    if new_fun.func_closure:
        new_cell_num = len( new_fun.func_closure )
    if old_cell_num != new_cell_num:
        return False
    setattr( old_fun, 'func_code', new_fun.func_code )
    setattr( old_fun, 'func_defaults', new_fun.func_defaults )
    setattr( old_fun, 'func_doc', new_fun.func_doc )
    setattr( old_fun, 'func_dict', new_fun.func_dict )
    old_fun.func_globals.update(new_fun.func_globals)
    if not ( update_cell_depth and old_cell_num ):
        return True
    for index, cell in enumerate( old_fun.func_closure ):
        if inspect.isfunction( cell.cell_contents ):
            update_fun( cell.cell_contents, new_fun.func_closure[index].cell_contents,
                update_cell_depth - 1 )
    return True
```

图 13.10　更新函数对象的代码示意

其中更新 Function/Method 对象时，考虑到实际情况下闭包的深度并不会特别深，因此设置默认的递归深度为 2。最后，有了上述两个函数的定义我们就可以给出最终修改模块的具体代码片段了，如图 13.11 所示。

```
def update_module( old_attrs, module ):
    for name, attr in inspect.getmembers( module ):
        if isinstance( attr, type ) and attr is not type:
            old_class = old_attrs.get( name )
            if old_class:
                update_class( old_class, attr )
                setattr( module, name, old_class )
        elif inspect.isfunction( attr ): # 防止 reload_all 时全局函数无效的情况
            old_fun = old_attrs.get( name )
            if not old_fun:
                old_attrs[ name ] = attr
            elif inspect.isfunction( old_fun ):
                if not update_fun( old_fun, attr ):
                    old_attrs[ name ] = attr
                else:
                    setattr( module, name, old_fun )
        elif name in _global_vars_reserved.get(module.__name__, set()):   # 保留自定义的全局变量
            old_var = old_attrs.get( name )
            setattr(module, name, old_var)
```

图 13.11　更新模块对象的代码示意

13.7　小结

现如今，游戏的自我更新已经成为游戏开发过程中必须面对的一个环节。本章首先概述了当前游戏更新机制的两大类：我们称其为"静态更新"和"热更新"。"静态更新"适用于游戏大的版本更新，而"热更新"适合于修正线上的紧急错误，也适合于开发期反复调试游戏逻辑。针对静态编译型语言和动态解释型语言，"热更新"的实现方式也会有很大的差异。本章简单介绍了 C# 中基于动态链接库的热更新方法，然后基于我司普遍使用 Python 作为游戏的逻辑开发语言，文章着重分析介绍了 Python "热更新"机制的实现思路，分别给出了适用于修复紧急 Bug 的 exec 热更新方式和适用于开发期调试逻辑的 reload 热更新方式的具体实现方法。希望能对新进的游戏开发者提供一些帮助。

参考文献

[1] 博客园博主：风恋残血 . 深入研究虚幻 4 反射系统实现原理 [EB/OL]. http://www.cnblogs.com/ghl_carmack/p/5701862.html, 2016.07.

[2] Python. Python Doc2.7[EB/OL]. https://docs.python.org/2.7/index.html,2019.

性能分析和优化
Performance Analysis and Optimization
/12

游戏更新机制——脚本语言 Python 热更新
Game Update Mechanism—Hot Patching in Python
Scripting Language
/13

Python 的内存泄漏和性能优化
Memory Leaks and Performance
Optimization in Python
/14

14 Python 的内存泄漏和性能优化
Memory Leaks and Performance Optimization in Python

Python 作为一门脚本语言，长于复杂逻辑的处理，正好与游戏逻辑开发的多变与复杂性要求相合，其短于大量密集型的信息处理与底层的功能支持，却可以通过各种适当的 C 扩展库得以实现。以上这些特点，正好匹配了游戏开发中底层引擎与上层逻辑的分界原则，从而在我们的游戏开发中扮演了非常重要的角色。

然而在实际开发中，复杂游戏逻辑与密集信息处理的分野并不明显，更多情况是混在了一起，难以分辨。作为负载随着在线人数动态变化的网络游戏，其情况更是复杂。比如一段场景对象遍历处理，在玩家较少时，可顺畅运行；当同场景在线非常多时，便成为密集信息的处理过程，脚本语言的性能问题暴露，卡顿或掉帧便发生了。

另外，在移动平台，内存目前仍然是非常紧张的资源。操作系统不会在内存紧张的时候把暂时未访问到的内存页交换到外存空间，等需要时再读回来，而是直接向目标进程报警，如果进程不作出降低内存的响应，便会被系统杀死。所以，及时发现内存泄露和管控内存大小，也是我们稳定程序所必须考虑的内容。

而本章基于公司内主要使用的 Python2.7.x 版本，介绍一些 Python 的基本原理和优化方法，使同学们在实际工作中充分利用 Python 逻辑处理的便利的同时，尽可能地避免掉入内存和性能问题陷阱，从而使游戏产品在设计目标范围内，始终稳定顺畅地运行。

14.1 对象和内存管理

14.1.1 命名空间和对象空间

命名空间是 Python 系统的基本概念。它是对象与其名字的映射表，一般以字典方式存储，键即名字，值为对象的引用。

启动 Python 命令行写下：

```
>>> A = 1
>>> globals()
{ '__builtins__' : <module '__builtin__' (built-in)>, '__name__' : '__
main__' , 'A' : 1, '__doc__' : None, '__package__' : None}
```

先注意 "="号。和 C/C++ 的赋值操作不同，Python 内做了如下工作：从 "="右侧的命名或者对象本身获得对象的引用，建立与 "="左侧名字的对应关系，如果左侧的名字之前已有对象关联，会取消与旧对象的关联。

本例中，可以看到名字 "A"与对象 "1"对应关系被保存在了一张内部字典中。我们继续：

```
>>> B = 1
>>> globals()
{ 'A' : 1, 'B' : 1, '__builtins__' : <module '__builtin__' (built-
in)>, '__package__' : None, '__name__' : '__main__' , '__doc__' : None}
```

现在名字 "B"也进入了字典中。然后：

```
>>> A is B
True
```

我们看到 A 和 B 其实是关联了同一个对象 "1"。也就是说一个 Python 对象，可以被多个名字所引用，而字典则是管理这种引用的表。

14.1.2　引用计数和循环引用

内存空间和其他计算机系统资源都是有限的，为了保证程序的可持续运行，逻辑上无用的对象占用的资源应该被及时释放，以备后续新生对象继续使用，于是需要有对象的生命期的管理。Python 对象的生命期，是由对其产生引用的名字决定的。一般情况下，只要还有可访问的名字引用一个 Python 对象，那这个 Python 对象就应该继续存留，直到没有任何名字引用它为止。

Python 是通过引用计数来管理对象生命期的。每当建立一个名字和对象的引用关系时，对象的引用计数加 1；改换名字所引用的对象时，原对象引用计数减 1；当引用计数变 0 时，即可认为对象没有任何引用了，生命终结，会立即触发回收流程。

引用计数方法简单实用，却有一个致命缺点：循环引用。我们先看一个示例：

```
class A(object):
    def __del__(self):
        print 'A destructor'
```

239

```
a = A()
del a
```

执行结果：

```
A destructor
```

也就是一个正常对象回收可以看到 _ _del_ _ 的回调执行，那如果发生了循环引用呢？

```
class A(object):
    def _ _del_ _(self):
        print 'A destructor'

a = A()
b = A()
a.b = b
b.a = a
print 'before del a'
del a
print 'after del a'
print 'before del b'
del b
print 'after del b'
```

执行结果如下：

```
before del a
after del a
before del b
after del b
```

可以看到虽然对象 a 与 b 都有明确的删除操作，但 _ _del_ _ 并未顺利调用。原因是对象 a 与 b 内部各有一个名字指向了对方，使两个对象各自总计数到 2；清除操作后，只是 a 与 b 量各名字引起的计数被减掉，两个对象内部之间的引用却无法继续清除，对象引用计数最终为 1，但我们没有了在外部继续访问对象的途径。

14.1.3　内存泄露与垃圾回收

游戏本身的特点，会加剧循环引用导致的泄露，并可能导致其他系统的资源的无限消耗。比如一个脚本层的模型对象，往往关联着引擎内的网格模型、贴图、粒子、shader、骨骼动画、碰撞体、物理检测等一系列资源，如果不能及时释放，势必造成大量资源的无谓占用，甚至资源耗尽导致的系统崩溃。

当然，作为一种功能完备的语言，Python 本身是不应该发生泄露的。为解决循环引用问题，Python 实现了一套检查回收机制，我们称为垃圾回收，简称 GC。检查回收机制比较复杂，也不是在产生循环引用的情况下，在对象被清理的瞬间就可立即发现并清除的。每次 GC 运行本身消耗也不小，又可能会造成游戏的卡顿等问题。那如何解决呢？下面说一下解决循环引用与 GC 问题的处理原则与方法。

/ 逻辑清理之前先解引用

考虑脚本的便利性的充分发挥，我们不宜在编码阶段完全禁止循环引用的代码，而且很多 Python 系统功能本身也会产生循环引用。但按照游戏逻辑规则，许多关键对象是有较明确的逻辑生命终结事件的，比如对象离开当前视野时的对象清除、场景切换、战斗的结束、法术特效播放完毕等等。我们可以在这些关键节点，相关对象的删除操作前，写一些明确的解引用逻辑，或者在对应函数内写出明确的解引用代码。上例的解引用测试过程如下。

```python
class A(object):
    def __del__(self):
        print 'A destructor'


a = A()
b = A()
a.b = b
b.a = a


print 'clear'
b.a = None # 解引用
a.b = None # 解引用
print 'end clear'
print 'before del a'
del a
print 'after del a'
print 'before del b'
del b
print 'after del b'
```

执行结果：

```
clear
end clear
before del a
A destructor # 顺利清除
after del a
before del b
A destructor # 顺利清除
after del b
```

/ 维持引擎对象的相对独立

引擎对象占用资源量可能更重，不能及时回收造成的影响也更大。为保证安全，应该控制逻辑层对引擎对象的直接引用，控制对引擎对象的新加属性等。可以对引擎对象封装一个脚本层的代理类，降低引擎对象本身的对外耦合，而在清除事件处理节点中，优先确保引擎对象本身能顺利回收。

/ 适当使用弱引用

弱引用是不增加对象引用计数的引用，使用方法示例如下：

```
>>> A = C(object)
>>> A
<__main__.C object at 0x026F2620>
>>> A.B = 1
>>> import weakref
>>> WA = weakref.ref(A)
>>> WA
<weakref at 02B858D0; to 'C' at 026F2620>
>>> WA()
<__main__.C object at 0x026F2620>
>>> WA().B
1
>>> del A
>>> WA
<weakref at 02B858D0; dead>
>>> WA() is None
True
```

注意当被弱引用的对象被释放后，弱引用对象的 callable 调用会返回 None。

还有一种代理调用方法：

弱引用是循环引用问题的一个解决方案，但实用并不是很方便，要时刻注意被引用对象是否存活，否则易发异常。使用过多，代码可读性与可维护性都会变差，不宜滥用。建议适当按需用在与具体逻辑的关联性不大，一旦写完，变易性不大的代码中，比如系统管理器框架或较基础的基类方法实现中。

/ 不要把逻辑上的临时对象附在长期存在的对象上

长期存在的对象，其所引用的对象也必然跟随一起长期存在。貌似很容易避免，我们来看一个例子：

```
>>> def f(k, v, a={}):
...     a[k] = v
...     return a
>>> f.func_defaults
({},)
>>> f("key", "long long life")
>>> f.func_defaults
({'key': 'long long life'},)
```

f 函数的本意是，输入键和对应值存储到一个指定字典里，如果没有，我们就新建一个，并返回出去。

但是可以看到，函数对象有个专门属性存储了默认参数。如果我们不指定自己的字典参数，那所有的数据就存储在这个默认参数中，这个默认参数的生命期则与这个函数对象一致；而函数对象的生命期一般贯穿整个运行期，那这个字典内存储的数据可能会无限膨胀，这并不是我们想要的效果。那我们现在知道，为了逻辑明确和防止意外的泄露，默认参数不要使用可变对象。

/ 管理 GC

为保证程序的稳定顺畅运行，我们可以根据游戏类型对 GC 做适当的定制化调用。Python 标准库的 gc 模块提供了很多垃圾回收的控制接口，我们看几个关键接口。

（1）enable()/disable()/isenabled()：这是 gc 自动回收的开关及当前状态。默认 gc 是自动发生的，也就是说，gc 发生的时机对你是不可控的。如果你游戏对卡顿非常敏感，比如激烈的战斗中，不应发生 gc，你就可以 disable()，等合适的时候手动回收。

（2）collect([generation])：执行回收操作，如果你 disalbe() 了 gc，那就需要在合适的时机（比如战斗结束，场景切换等对卡顿不那么敏感的时机）调用这个回收函数。

（3）collect 的可选参数 generation 与 gc 回收机制密切相关：Python 为了控制 gc 检查的范围，将所有对象分为 3 代，新生对象为 0 代，经历过一次 gc 仍然存活的对象会被移到 1 代，再经历一次次 gc 还活着的就挪到 2 代。可以认为，活的越久的对象，在下次 gc 被回收的概率越低，那从 0 ~ 2 代 gc 执行的频次就可以越低。

另外 collect 操作会返回无法回收的对象数量，这个数量与自定义对象的 _ _del_ _ 方法紧密相关。这个方法本意是让你可以在对象被清除

前执行一些操作，但是如果对象发生了循环引用，只能由 gc 检查回收时，gc 又无法保证循环引用对象 _ _del_ _ 调用的先后顺序，那只能放弃回收，将对象存入 gc.garbage 列表，意思是系统无能为力，现在要由使用者根据具体逻辑情况自己清除这些垃圾。手工清理过程就是先解环，再 del gc.garbage，但是为了避免这种泄露，我们还是避免使用 _ _del_ _ 吧。

（4）set_debug(flags)：调试接口，打开适当的开关，gc 操作会在 sys.stderr 输出相关调试信息，比如 gc.set_debug(gc.DEBUG_COLLECTABLE | gc.DEBUG_OBJECTS) 这个调用可以把回收时发现的有环引用的可回收对象信息打印出来。如果 gc.set_debug (DEBUG_LEAK) 则将检查出来的所有循环引用存到 gc.garbage，并不回收，以待进一步分析处理。

（5）get_referents(*obj)：返回 obj 对象直接指向的对象。

（6）get_referrers(*obj)：返回所有直接指向 obj 的对象。

（7）set_threshold(threshold0[,threshold1 [, threshold2]])：设置垃圾回收阈值，系统会跟踪上次 gc 以来，新创建对象和被回收对象的数量差，超过 threshold0 则触发第 0 代 gc，如果第 0 代的 gc 次数超过了 threshold1，则触发第 1 代 gc；类似地，第 1 代的 gc 次数超过 threshold2，则触发第 1 代 gc。所以这个方法可以控制自动 gc 发生的频度，如果 threshold0 为 0，表示禁止收集。

/ 发现循环引用

实际开发中，我们尽量遵循前面说到的"逻辑清理之前先解引用"的原则。以求大部分对象可以无 gc 自动回收。但是这个过程是否真的解得彻底，对象是否真的被自动回收了呢？上述，gc.set_debug 可以协助输出回收发现的环引用对象，gc.get_referents、gc.get_referrers 又可发现对象引用与被引用的关系。

我们似乎找到了发现未解环成功的方法，但考虑到游戏的复杂性，直接运行上述检查，我们很容易会收到海量的对象。对象与对象引用的关系更是一团乱麻，怎么分析呢？

Objgraph

这是一个常用第三方库，需要自己安装。它调用了 gc 模块的相关接口，可以更高级地接口分析运行时的对象使用状况，还可以构建出对象引用关系图。

我们来看下 Objgraph 应用的官方示例（示例代码来源：https://mg.pov.lt/objgraph/）：

```
>>> class MyBigFatObject(object):
...     pass
...
>>> def computate_something(_cache={}):
...     _cache[42] = dict(foo=MyBigFatObject(),
...                       bar=MyBigFatObject())
...     # a very explicit and easy-to-find "leak" but oh well
...     x = MyBigFatObject() # this one doesn't leak
```

示例函数也是存了一个默认参数，我们再执行：

```
>>> objgraph.show_growth(limit=3)
tuple                 5228      +5228
function              1330      +1330
wrapper_descriptor     967       +967
```

然后：

```
>>> computate_something()
>>> objgraph.show_growth()
MyBigFatObject          2         +2
dict                  797         +1
```

很容易发现泄露了两个 MyBigFatObject 和一个字典对象，正好与函数内的操作对应。

我们的很多游戏，在调试阶段，会在关键节点（比如游戏开关，切换场景）调用 show_growth，并打印输出，作为泄露监控。

另外就是对泄露对象的引用分析，我们可以：

```
gc.set_debug(gc.DEBUG_LEAK)
gc.collect()
objgraph.show_backrefs(gc.garbage)
```

show_backrefs 分析所有应该被回收的循环引用对象列表，并绘出对象间引用关系图，然后就容易看出哪些循环引用没处理（见图 14.1）。

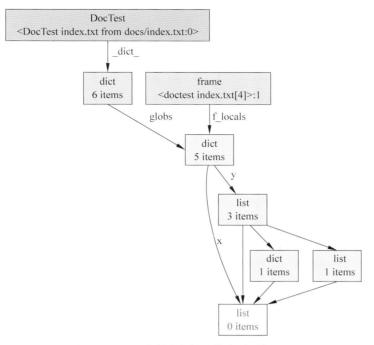

图 14.1   objgraph.show_backrefs 输出关系图示例（图片引自：https://mg.pov.lt/objgraph/）

14.2   效率优化

脚本优化有以下几个原则：

（1）减少 Python 内部的内存分配和复制；

（2）尽可能减少临时对象尤其是大对象的创建和销毁；

（3）普通对象，尤其临时对象，逻辑无效时，其存续期应尽可能短；

（4）复用常用对象（池）；

（5）尽可能缩短从名字到目标对象的查找过程；

（6）高内聚，低耦合，函数、对象、类、模块、包，每个级别内的对象引用，都尽可能降低对外部的依赖；

（7）合理正确的选择使用基础类型对象；

（8）密集处理过程离散化分帧处理；

（9）并行。

以上原则之间会有些逻辑冲突，应该根据实际情况，合理地取舍不同原则，从而达到最好的运行时效果，以下便是这些原则在脚本实践中的应用。

14.2.1 享元

看如下示例：

```
>>> a = 1000
>>> b = 1000
>>> b is a
False
>>> a = 1
>>> b = 1
>>> b is a
True
```

为什么会这样呢？

系统为较小的整型对象创建了一个对象管理集合（池），在这个范围内的数字，与名字的关联和解引用，都不会发生创建或释放，只要增减对应对象的引用计数即可。考虑到较小数字广泛的应用在对象计数、迭代器，一般可迭代对象的索引中，使用频度较高，这个优化可提升大部分情况下的语句运行效率，预创建的数值范围设定为 [−5,257)。

类似这种享元模式，广泛应用在不可变对象类型中，如 None、False、True、type 对象以及空 tuple 对象、字符串类型中较简短的基本字串等。

这种特别管理方式，优化了内存占用，节省了常用对象的创建和删除次数。那还有其他优化么？

is 和 ==

is 是确定两个名字是否引用同一对象的判断，内部实现是通过名字找到映射对象，然后比较下两个对象是否同一地址。

A is B

相当于：

id(A) == id(B)

== 则是真要判断两个名字引用的对象的值是否一致，那是要真的要进行诸元相对判断的过程。

显然 == 会比 is 要复杂得多，当我们了解到上述常用对象服引用的情况，针对性地使用 is 判断，会取得不错的优化效果。

14.2.2 str

作为常用类型，str 提供了大量简便易用的方法，但不适当的使用，则可能会造成严重效率问题。我们探讨一下：

（1）切片（[:]）。切片操作是对 Sequence 型对象的局部提取操作，写起来非常简短方便。但是其消耗也是比较大的，例如：

```
>>> s = "abcdefghijklmn"
>>> s1 = s[2:]
>>> s1
'cdefghijklmn'
```

和想像中的子串只需要记录起始和终止索引实现不同，Python 实际上是重新复制局部串并创建了一个新串对象。开销包括开辟新的内存与字符串复制。有同学喜欢在处理字符串的过程中不断以 s[curpos:] 方式获得当前的尾串，curpos 作为索引游标逐渐后移，可以想像这种方式的低效。实际开发中应当进行适当分析，将长串适当拆分，取出当前真正需要的字串，才能有较好的效率。

（2）连接（+=）。也是在 string 的操作中比较集中，形如：

```
>>> s = "string 1 "
>>> s += "string 2"
>>> s
'string 1 string 2'
```

在 += 操作中，系统先创建临时串对象"string 2"，然后计算"string 1"与"string 2"连接起来后的长度，并创建出一个这么长的新串对象，再将"string 1"与"string 2"逐个复制新串，再将新对象的引用与名字"s"关联，旧的串"string 1"与"string 2"被释放。一条简单语句，发生了两次对象创建与两次对象释放和两次复制操作。

如何优化：在少量子串连接情况，+= 操作应该足够。在大量字串连接操作，或者字串规模多少不可控的情况下，可先将子串放入 list，最后进行一次 .join 操作。join 操作的消耗包括，遍历 list 内所有字串，计算合成串的长度，对最终合成串对象的一次性内存进行分配，然后逐个将子串复制到新的串对象中。相比连接操作，省掉了大量中间串的生成与复制。

（3）对于较多原地修改的情况，可以考虑用 Bytearray()，返回一个可修改的 Bytearray 对象，而各项接口与 string 类似。

（4）优化原则仅针对过长字串，比如整个读入的文件内容。比较短小的字串，以方便为原则，优化差别不大。

14.2.3 列表与元组

列表与元组在数据结构上都是数组，所以有以下基本特性：

（1）有 $O(1)$ 复杂度的索引效率；

（2）$O(n)$ 复杂度的 in 运算或 index 方法调用。

显然，当数组过大，并且要面临多次 in/index 运算时，要考虑实际效率。

列表可以调用内部 sort() 方法排序后，再进行二分查找。

列表是可增长的动态数组，又有以下效率特点：

（1）append/pop $O(1)$ 复杂度；

（2）insert/remove $O(n)$ 复杂度；

（3）内存空间分配会超出当前实际所需，直到当前对象数量超出当前内存空间时，重新分配一块更大内存空间，再将旧元素引用复制过去，然后释放掉旧的内存空间。

熟悉 C++ STL 的话，应该很容易理解，列表特性与 std::vector 基本一致。优化原则也基本一致：

（1）善用 append/pop；

（2）无顺序需求时，以尾端数据覆盖目标数据位置后，再 pop 尾端来代替 remove 操作；

（3）无顺序要求时，以 append 代替 insert；

（4）列表元素数量可预知时，第一次对象创建时即给足空间，避免 append 操作。例如：

```
>>> l = [None]*10
```

从而减少中间反复的内存分配与释放，减少中间复制次数，同时减少数量最终稳定时的列表的实际内存占用。

元组一旦创建，就无法修改和扩展，相比 list，它的性能更像 string，其性能特点如下：

（1）支持 + 和 += 操作，但是每次都要创建新的更大的元组，并复制旧元素，复杂度 $O(n)$。

（2）占用内存稳定，与元素数量正比。由于列表需要记住自身状态来进行高效 resize 操作，相比起来，元组占用更少的内存。

（3）缓存。Python 为元组设计了特别的缓存策略：元素数量少于 20 的元组，不被使用后，其内存不会立即被还给系统，而是留待下次使用。这意味着，再次创建一个同等大小的元组时，可以直接找到对应内存空间，而非向系统申请，从而减少了系统内存与回收的次数。这个优化可大幅减少对象的创建开销。

所以，只读式处理稳定不变的数据集合，用元组比列表会有更好的性能。在实际开发中，应区分不同情况，合理使用元组与列表，而非懒汉式地一律用列表。

14.2.4　字典与集合

字典（dict）和集合（set），底层的数据结构是开放地址的散列表，所以它们都具有散列表的效率特性：

（1）$O(1)$ 复杂度的查找和插入效率，in/add 等操作复杂度都为 $O(1)$；

（2）元素较少时，效率决定于散列函数的复杂度；

（3）会占用更多的冗余空间来减少散列冲突；

（4）表内元素无序；

（5）空间不足时，会发生内存重分配，而且重散列代价较高。

当有较多元素的读写操作时，字典和集合是比列表（包括排序和二分结合的情况）更高效的对象类型。

另外，保证相对稳定的元素数量，是高效使用此类对象的法门。

以字典为例，实际应用中：

（1）读取查询的情况更多一些；

（2）而修改 value 的情况应多于增删 key 的情况，同时可以考虑用设置 value 为 None 的方法，代替直接删除 key；

（3）在有明确键值集合的情况下，先把键值填入字典，与键对应的值对象不明确时，可先设None。

字典，在 Python 语言特性和功能实现上，是不可或缺的存在，字典的性能在相当程度上决定了整个运行时的性能。确实有同学通过优化字典底层实现，达到了提升全局效率的目的，但是超出本书范围，有兴趣的同学可自己去搜集资料深入了解，这里我们有必要进一步探讨一下字典的应用。

字典与命名空间

前面讲过，命名空间一般就是以字典维护实现的。那也就意味着，一次变量、函数、模块的访问，往往是一次甚至多次的字典查询的过程。但也并非全都如此，我们大概看下变量查找流程：

（1）变量查找过程可大概分成 3 级：local、global、builtin。

（2）查询先从 local 起。local 是函数体内的局部变量区，还包括函数参数。对于局部变量的读写 Python 做了特别优化：局部变量是以数组方式存储的，运行时以索引方式读写，少了 hash 过程，也减少了冗余内存空间占用，效率相对最优。注意 locals() 方法只有只读展示意义。

（3）若局部没有则搜索 globals() 字典，globals 是存在于模块内的全局区。

（4）若 globals() 没有则搜索 _ _builtin_ _ 模块，_ _builtin_ _ 是 Python 解释器内置的属性与变量区，对象查找过程其实是搜索的 _ _buitin_ _ 模块的 locals() 字典。

从上述流程及内部优化方法看，我们可以简单得出如下变量访问原则：

对于查找链较长的变量，若有频繁访问（比如循环中），可先存为本地变量，然后再访问。

14.2.5 迭代器与生成器

常见迭代语句：

```
for item in object:
    do_work(item)
```

等同于:

```
obj_iter = iter(object)
while True:
    try:
        item = obj_iter.next()
        do_work(item)
    except StopIteration:
        break
```

其中 builtin 方法 iter 能取出可迭代对象 object 的迭代器，迭代器具有 next() 方法，返回当前迭代到的元素对象，若到达 object 对象尾部，则抛出 StopIteration 异常，迭代结束。可见 for 语句只是相当于简化代码写法的语法糖。

迭代器可认为是可通过 next 方法反复调用，并自动维护内部状态，每次按规则返回不同值的对象。

额外含义就是：迭代器每次返回的对象可以按需产生，用完即扔，不一定像列表元组和字典那样，所有元素都已经生成存好再迭代，这时再考虑迭代过程随时可能中断。正确使用迭代器，将会在空间和时间效率上获得极大提升。

以常见索引迭代为例:

```
>>> for i in range(10000):
...     pass
...
```

其中的 range 函数大约相当于如下实现:

```
def range(start, stop, step=1):
    numbers = []
    while start < stop:
        numbers.append(start)
        start += step
    return numbers
```

可以看到，range 方法先创建了含有 10 000 个元素的列表，再对列表进行迭代。整个迭代期间，这么大的列表及其所引用的大量数字对象，都是在内存中存在的，直到迭代结束才释放这些对象。那么改成如下这样呢?

```
>>> for i in xrange(10000):
...     pass
...
```

其中的 xrange 的实现近似可以认为如下：

```
def xrange(start, stop, step=1):
    while start < stop:
        yield start
        start += step
```

（注意 range/xrange 实现只是原理显意，并非 Python 内就是这么实现的。）

这个 xrange 实现中含有 yield 语句，这个函数的返回对象是一个生成器，生成器是一种特别的迭代器。

此处对 xrange 调用返回一个生成器，在循环中会被反复调用内置 next 方法，每次调用都会在 yield 处返回，返回值便是 yield 之后的 start 参数，下次调用则从下一条语句开始继续执行。可猜想这个生成器对象自己维护了状态信息，以保证下次调用时，仍能恢复到上次调用时的状态。

回到迭代函数，我们可以看到，迭代过程中的索引整数对象，是随着对生成器的 next 调用中即时产生、随使用随释放的，不用创建一个大列表，不用保证迭代范围内的整数对象在迭代期都存在。加上迭代执行过程可能发生的 break 的操做，迭代器带来的优化效果是非常明显的。

- 字典类型提供了内部的迭代器接口

keys()、values()、items() 分别返回对应字典对象的键值列表、值列表、键值对列表，这些对象并未存在字典对象中，而是每次调用临时产生的。

与之对应的 iterkeys()、itervalues()、iteritems() 则只是返回对应的迭代器对象。

另外一个特别的迭代器就是 open 文件的操作，可以对文件对象进行迭代，每次会返回一行数据，这对于大文件节省 I/O 和内存非常有效。

- 列表表达式与生成器表达式

列表表达式 [<value> for <item> in <sequence> if <condition>] 以条件判断过滤一个序列，生成一个新列表。

我们可以用类似语法构造一个生成器：(<value> for <item> in <sequence> if <condition>)，它不会预先生成一个列表，也不会生成元组，而是随迭代过程逐个返回符合要求的数值对象。生成器的写法简化了很多。

14.2.6　自定义类及对象

在面向对象的游戏开发中，我们主要是在实现大量的自定义类，并创建大量的对象，能否写出更高效的实现，在很大程度影响项目整体的效率。我们先了解一下类和对象属性的读写过程：

```
>>> class C(object):
...     pass
...
>>> dir(C)
['__class__', '__delattr__', '__dict__', '__doc__', '__format__',
 '__getattribut e__', '__hash__', '__init__', '__module__',
 '__new__', '__reduce__', '__reduce_e x__', '__repr__', '__setattr__',
 '__sizeof__', '__str__', '__subclasshook__', '_ _weakref__']
>>> o = C()
>>> dir(o)
['__class__', '__delattr__', '__dict__', '__doc__', '__format__',
 '__getattribut e__', '__hash__', '__init__', '__module__', '__new__',
 '__reduce__', '__reduce_e x__', '__repr__', '__setattr__',
 '__sizeof__', '__str__', '__subclasshook__', '__weakref__']
```

如果我们为对象 o 指定一个属性：

```
>>> o.a = None
>>> o.__dict__
{'a': None}
```

可以看到，属性其实是被记录到了内置字典 __dict__ 中，这就是对象属性名字空间的管理器。
我们继续为类 C 也指定一个属性：

```
>>> C.A = None
>>> C.__dict__
dict_proxy({'__dict__': <attribute '__dict__' of 'C' objects>,
 'A': None, '__mod ule__': '__main__', '__weakref__': <attribute
 '__weakref__' of 'C' objects>, '__ doc__': None})
```

可以看到 A 属性也被记录在了 dict_proxy 型的 __dict__ 中，这是类的属性的名字空间管理器，
dict_proxy 可以认为是没有 update 功能的字典。

接下来：

```
>>> print o.A
None
>>> o.A is C.A
True
```

可以看到，o.A 取到的对象，其实就是 C.A 指向的对象。如何寻找过去的呢？我们看：

```
>>> o.__class__
<class '__main__.C'>
```

查询流程是先在 o 对象的属性空间 _ _dict_ _ 中查找名字'A'，若未发现，则通过 o._ _ class_ _ 找到 o 所关联的类 C，继续在类 C 的 _ _dict_ _ 中查找，终于找到名字'A'，返回 所关联的对象引用。

我们继续测试，实现一个子类，并创建一个子类对象：

```
>>> class CE(C):
...     pass
...
>>> o2 = CE()
>>> o2.A is C.A
True
>>> CE._ _dict_ _
dict_proxy({ '_ _module_ _': '_ _main_ _', '_ _doc_ _': None})
```

可以看到 CE 里面并不存在名字 A，我们继续：

```
>>> CE._ _bases_ _
(<class '_ _main_ _.C'>,)
```

可以看到有内置 _ _bases_ _ 属性保留了基类信息。从 o2 对象寻找名字 A 所指引对象的过程 变得更加漫长：要遍历类 CE 的基类，从基类的 _ _dict_ _ 中继续查找。

从整个示例代码中，我们可发现：

（1）自定义类和对象都有自己的属性名管理空间 _ _dict_ _。

（2）对属性对象的查找，依次从对象的属性名空间，到类的属性名空间，再到父类的属性名空间; 继承链越长，则查询链越长。

我们可以得出以下优化方法：

（1）避免不必要的过长的类继承链。早期的面向对象设计，很多都是叠床架屋的多层次继承结构， 在 Python 语言这里，这种架构并不优化。新的游戏设计，则普遍采用了 EC（组件 + 节点）的 设计方法，将结构扁平化，也有利于 Python 效率的提高。

（2）避免 hasattr 测试。Python 的动态性可以做到运行时按实际需要增删一些属性，貌似省了 内存，其实由于字典冗余空间的普遍存在，并不见得真节省内存。另外这些动态逻辑的存在，也 容易导致一些相关逻辑需要不断检测对应属性是否存在，以作出兼容的策略。代码逻辑复杂性提 高不说，每次 hasattr 测试失败，都是对整个对象和与其关联的类继承链属性的一次全遍历，加 上我们尚未提到的类和对象的其它特性，实际内部遍历过程，又远比我们简单示例的代码所表现 的更复杂。所以好的做法是在实例被 _ _init_ _ 时，便初始化好所需的各种属性名，当还没有与 之对应的对象实体时，可先以 None 占位。这样既方便阅读，一眼看清对象有什么属性，也有利 于查找优化。

（3）频繁访问的对象属性，可在相关方法的实现中先保存为局部变量引用，以加速每次访问 效率。

（4）一个字典最小也是 8 元素空间。每个对象都有自己的 _ _dict_ _，这对于数据项较少，使用量又非常大的对象，会产生严重的浪费。比如自定义的 point 类，对象只有 x，y 两个属性，但往往以海量点集的形式存在，这种情况可以优化么？

slots

直接看代码：

```
>>> class Point(object):
...     __slots__ = ("x", "y")
...
>>> dir(Point)
['__class__', '__delattr__', '__doc__', '__format__', '__getattribute__',
 '__has  h__', '__init__', '__module__', '__new__', '__reduce__',
 '__reduce_ex__', '__rep  r__', '__setattr__', '__sizeof__', '__slots__',
 '__str__', '__subclasshook__', ' x', 'y']
>>> op = Point()
>>> dir(op)
['__class__', '__delattr__', '__doc__', '__format__', '__getattribute__',
 '__has  h__', '__init__', '__module__', '__new__', '__reduce__',
 '__reduce_ex__', '__rep  r__', '__setattr__', '__sizeof__', '__slots__',
 '__str__', '__subclasshook__', 'x', 'y']
>>> op.__slots__
('x', 'y')
>>> Point.__slots__
('x', 'y')
>>> op.x
Traceback (most recent call last):
  File "<stdin>", line 1, in <module>
AttributeError: x
>>> op.y
Traceback (most recent call last):
  File "<stdin>", line 1, in <module>
AttributeError: y
>>> op.x = 1
>>> op.y = 2
>>> op.z = 3
Traceback (most recent call last):
  File "<stdin>", line 1, in <module>
AttributeError: 'Point' object has no attribute 'z'
```

我们在定义类 Point 时，加上了一个 _ _slots_ _ 属性，然后看到类及其创建出来的对象都没有 _ _dict_ _ 属性了。另外，即使在 _ _slots_ _ 写了属性名字，在未初次创建之前，也是没有对象关联的，还有就是限制了新的属性的增加。

_ _slots_ _ 的定义只适用于新式类，这个声明以序列的方式存储了实例的属性变量，并且只保留恰好可以存储每个实例的属性变量的空间。而且实例没有 _ _ _dict_ _ 了，空间自然节省下来了。

14.2.7　import

有 C/C++ 基础的同学，往往习惯性把 import 当作 C/C++ 的 #include，这是很大的误解。#include 头文件的处理发生在预处理阶段，只是为后续编译目标文件，提供所需的声明信息，而对编译好的可执行程序的实际运行时效率，不会产生任何影响。

在 Python 这种解释型语言中，import 是一句运行时指令，他的开销与被 import 模块是否被初次 import 以及模块内部的复杂型相关。

与此类似，Python 的 class/def 也是需要运行时处理的指令。模块初次被载入时，运行时要分析整个模块，翻译成字节码，检查发现语法错误，逐个执行全局区指令语句，并把类、函数、全局区变量等等构造成对象，放入 globals() 字典中。

模块首次载入完成后，即构建成功对应的模块对象后，会被注册进入 sys.modules 中，这又是一个维护模块名与其对应对象映射关系的字典。以后再次 import，只是查询这个字典，获取对应模块对象引用的过程，开销会降低很多。

效率问题就发生在像使用 C/C++ 头文件那样，无限制地 import 各个模块，并且都堆在了各个模块的头部，这会引发两个问题：

（1）循环 import。导致执行逻辑超乎你的预期，甚至发生异常。这种情况对于大项目会变得异常麻烦又难以解决，但非效率问题，我们在此不讨论。

（2）程序启动慢。对于比较大的项目，不同的系统，玩法非常多，也就造成模块非常多。以开发运营了十几年的《梦幻西游》客户端为例，其模块文件数量多达十几万个，打包后的总大小达到几十兆字节。如果 import 过于随意，又集中在模块的全局区头部，则很容易一启动就发生链式 import，最后几乎要把整个包都一次 import 进入内存。内存占用大自然不必说，启动过程过于缓慢，也会成为大问题。在移动平台上会被系统误认为程序卡死，而被误杀掉。

优化方案：

（1）项目一开始就做好架构设计。明确划分公共模块与具体系统逻辑模块的分野，公共模块不能 import 具体系统模块，具体系统玩法模块则只能 import 公共模块和本系统内模块。不同系统之间的信息互通，应该通过公共设计的事件机制、观察者模式等等进行解耦。

（2）延迟 import。如果基本架构已经不好且难以改动了，那一个较丑陋的重构优化方案就是逐个排查出明显的非公模块的 import，将 import 语句移到具体使用这个模块信息的函数中去，而非留在全局区，把初次 import 延迟到后面运行期具体的调用中。

（3）避免全局区写过多逻辑。一般情况下，模块全局区除了 import、全局变量、class 和 def 定义外，不应该有其他多余的逻辑。确实需要执行一些特别逻辑的，可以先封装在函数或者类内，再在全局区调用函数或创建类实例，留下优化迭代的余地。

延迟 import 方案貌似很万能，如果所有模块都是延迟 import 会怎样？且不说实践中很难做到，比如一个广泛使用的基类比如 CButton，就在 ui 模块中，而你的派生类 class MyButton(ui.CButton) 的创建就发生在本模块的全局区，想顺利执行，仍然需要全局区 import ui 模块。另外一个问题就是代码丑陋、复杂性提高、可维护性降低，如果是在被频繁调用的函数内反复执行 import，也会有效率问题。

除了初次 import 开销较大外，二次 import 的情况也并非全都是简单的查 sys.modules，一个特例就是 package 内的模块的 import。如果不指定明确路径，而只是给出模块名的话，包内 import 优先在包内查找；如果包内不存在该模块的，则继续在包外找，直到找到整个脚本的根路径；如果在查找链上找到了对应模块，会把路径与模块对象注册进入 sys.modules 中，但是这个注册没有多大优化意义。考虑到 Python 的动态性，你随时可以把新的同名模块插入到路径查找链中，包内的模块二次 import 仍然会重新从包内路径查起，整个查找链的 I/O 开销可想而知。所以这种情况下，是绝不能用函数内延迟 import 大法的。

解决问题的根本办法还是一开始就了解 import 陷阱，合理地划分模块功能，尽可能减少模块之间的耦合。代码漂亮，效率也会提高。

14.2.8 迭代和递归

实际开发过程中，循环和递归等逻辑，往往成为一个语言中的热点，在 Python 中更是如此。Python 太好用了，好用到复杂的内部迭代，可能就是一条不起眼的语句，in、hasatrr、map、列表表达式，这些东西使用简单，精悍的代码量会让人有种计算量也会很少的错觉。

所以应该对迭代和递归保持一定的敏感：预计需求会有多少次迭代，每次迭代耗时多久，是否应该考虑分帧处理等等都是优化者要考虑的内容。

另外就是尽量保证复杂逻辑的内聚与局部性，实现一个大迭代：先把频繁访问的外部引用检出，存为临时局部变量，能在循环体外做复杂功能，先在循环体外做好，能用迭代器就不用临时容器对象等等。

14.2.9 multiprocessing

CPU 的主频近年已接近它的物理极限，近年来计算机性能的提升主要来自于多核化和高速存储器的应用。就我们来说，尽量让程序并行化工作是做效率优化最立竿见影的方案。可惜的是 Python 本身不是一个很好的并行化语言，尤其是对多线程支持全局解释锁（GIL）的存在，使它的多线程优化几乎失去意义。唯一可提的是它提供了较好的多进程并行支持，这就是 multiprocessing 模块。可惜由于游戏客户端普遍运行系统平台的限制（Android，iOS），不能用这个模块，而服务器开发则可以考虑使用。简单用法实例如下：

```python
import multiprocessing

def do_work(n) :
    return n*n

if __name__ == '__main__' :
    print "test pool.map:"
    pool = multiprocessing.Pool()
    res = pool.map(do_work, xrange(10))
    print res
    print "test pool apply_async"
    multi_res = [pool.apply_async(do_work, (i,)) for i in xrange(10)]
    print [res.get() for res in multi_res]
```

运行结果如下：

```
test pool.map:
[0, 1, 4, 9, 16, 25, 36, 49, 64, 81]
test pool apply_async
[0, 1, 4, 9, 16, 25, 36, 49, 64, 81]
```

multiprocessing 提供了进程池类，可以据此创建一个池对象。

池对象中有类似 Python 的 map 方法，使用方式也是一样的。不同之处在于，它会把调用的方法 do_work 分发到不同的 Python 进程中去执行，然后同步等待执行的返回结果。

apply_async 则是非等待调用，把执行函数和参数列表传给一个进程去异步执行，它可以传入回调函数，在外进程执行完毕后回调，也可以通过返回对象的 get 方法同步等待结果输出。

还有很多其他方法，有兴趣可参考 Python 手册，继续尝试。

14.2.10 dis 和字节码

C/C++ 调试和优化的最终阶段往往是看反汇编，直接了解 CPU 层面怎么执行的，从而得出优化或修正方案。Python 语言同样有个字节码的中间表示，通过查看字节码，可以了解到虚拟机要怎么执行我们的语句，了解那些写起来非常简单的语法，以及底层实际又是怎样的执行原理等，这些都有利于我们积累出个人的 Python 优化和使用经验。

Python 内置了 dis 模块，简单介绍如下（示例代码引自：python2.7.x 32.12 dis–Disassembler for Python bytecode ）：

给一个函数：

```
def myfunc(alist):
    return len(alist)
```

字节码怎么查看：

```
>>> dis.dis(myfunc)
  2           0 LOAD_GLOBAL              0 (len)
              3 LOAD_FAST                0 (alist)
              6 CALL_FUNCTION            1
              9 RETURN_VALUE
（2 是行数）
```

那我们可以分析如下：

len 是个 global 查找，根据前述，要去查字典了，会慢点。

alist 是本地参数，用"LOAD_FAST"，顾名思义，应该会快点。

后面就是调用 len 函数和返回结果，比较容易明白。

我们再看看 for 语法糖：

```
>>> def f(n):
...     for i in xrange(n):
...         pass
...
>>> import dis
>>> dis.dis(f)
  2           0 SETUP_LOOP              20 (to 23)
              3 LOAD_GLOBAL              0 (xrange)
              6 LOAD_FAST                0 (n)
              9 CALL_FUNCTION            1
             12 GET_ITER
        >>   13 FOR_ITER                 6 (to 22)
             16 STORE_FAST               1 (i)

  3          19 JUMP_ABSOLUTE           13
        >>   22 POP_BLOCK
        >>   23 LOAD_CONST               0 (None)
             26 RETURN_VALUE
```

可清晰地看到获取迭代器（GET_ITER）和循环迭代器（FOR_ITER），并将结果保存到本地（STORE_FAST）以及继续循环（JUMP_ABSOLUTE）的过程。

大家可以查看参考文献中的官方文档获得更深入的认识。

14.2.11 Cython 和 PyPy

既然解释型语言如此慢，那终极优化方法便是让它变成 C，或者变成运行时可执行的指令。Cython 和 PyPy 便是基于这种思路的两种优化方案。

Cython 的策略是把 Python 翻译成 C 语言，然后走编译流程成为可执行指令，也就是提前编译方案（AOT）。它的优点是省去了解释过程，可能会快一些；缺点也很明显，变成 C 的那部分代码，失去了动态性，不能热更。一般项目会把 Python 脚本里偏于底层、与具体逻辑关系不大、而又成为性能热点的代码段，改为 Cython 能取得一些不错的优化效果。但同时要注意，直接对 Python 源码的翻译转换，实测效果并无明显优化。

Python 语言是动态类型的。任何一个名字随时可能引用不同类型的对象，而在具体的处理逻辑上，往往对具体的对象类型要求比较稳定，这需要类型检查和转换过程，在 Python 里这个检查消耗也是比较大的。而转 C 的情况则需要大量的泛型支持，对可能不同的类型作出不同的转换，这增大了 Python 转 C 的后的代码量，并导致编译结果非常庞大，再考虑到内存 cache miss 的情况，实际效果并不如意。所以 Cython 提供了对象类型的注解功能，类似 C 里面的类型声明，从而免去大量的类型检查转换和泛型支持。充分利用好这些类型注解，是改进最终效率的关键点。

Cython 方案主要用于客户端的代码的最终优化，但是地位多少有些尴尬，因为对于核心代码量较少的 Python 代码，程序员完全可以考虑在引擎里用 C/C++ 重新实现，可以获得更好的效果。只有当遇到代码量过大，算法或逻辑过于复杂的 Python 代码，手工移植 C/C++ 可能会遇到困难时，才考虑 Cython 方案。

PyPy 是一套直接取代 Python 虚拟机的即时编译器，也就是即时编译方案（JIT）。运行时根据部分代码执行热度即时编译转为二进制指令，从而达到提速效果。从实测情况看，随着程序的长时间运行，它的效率会越来越快，确实可以取得明显的优化效果。只是受移动平台系统限制，JIT 方案不能在这些环境上运行，所以 PyPy 主要是基于 Python 的服务器程序的优化方案。PyPy 要求有和标准 Python 不同的 C/Python API 接口标准，在准备要用 PyPy 时，最好是在项目一开始就做好相关的兼容设计。

一般在开发期不会时刻关注性能问题。当游戏基本逻辑跑通，可在某个平台初步测试之后，代码量也达到了一定规模，效率优化问题才会提上日程。但这时脚本上的效率问题，很难凭肉眼

14.3　效率分析工具

review code 所能看出。前面所述大部分的优化方法和原则，也并非在开发期必须遵守的代码规范和铁律，更多的是先发现某段代码成为性能瓶颈之后，能分析出成为性能瓶颈的原因并知道如何优化。如何发现瓶颈代码段呢？依靠的是各种分析工具。

cProfile 是 Python 标准库内建分析工具，它钩入 CPython 的虚拟机来测量每一个函数运行所需时间。这个做法会引入较大的额外开销，但你可以得到想要的信息。

cProfile 有支持命令行的单独模块分析模式，前提是模块有入口函数：

```
python -m cProfile [-o output_file] [-s sort_order] script.py
```

这种模式对于我们基于游戏引擎的内嵌式 Python 的测试可能并不合用，我们需要嵌入代码的 profile 方法，示例如下：

```
# 先创建 Profile 对象
import cProfile
pr=cProfile.Profile()
```

```
# 在模块或函数开始的地方加上：
pr.enable()
# 在 profile 结尾的地方加上：
pr.disable()
```

考虑到引擎回调脚本的接口数量非常有限，在这些有限的接口处加上 profile 开关，就可以收集到足够的效率信息。

游戏跑测一段时间，准备退出，这时候我们要把收集到的信息输出：

```
# 借助 pstats 模块整理输出 profile 结果
import pstats
with open(outfile,'w+') as s:          # 文本方式输出结果
    sortby = 'cumulative'              #指定输出结果的排序关键词
    ps = pstats.Stats(pr, stream=s).sort_stats(sortby)
    ps.dump_stats(outfile+'.prof')     # 内部数据信息，可用于后续分析
    ps.print_stats()
```

但是文本列表式的输出，不够直观，尤其有海量函数调用信息输出的时候，利用图形化分析工具是个好办法。我们可以用 gprof2dot.py（外部，需自己安装）把分析结果输出成一张图，输出的结果局部如图 14.2 所示。

```
Python gprof2dot.py -f pstats profile.prof | dot -Tpng -o dotfile.png
```

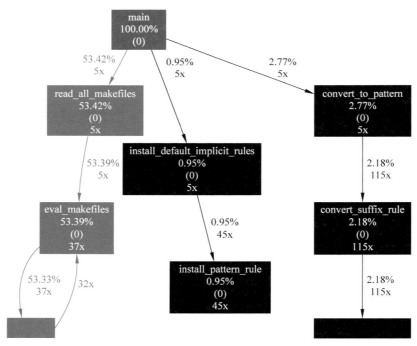

图 14.2　Python 官方示例输出局部，可以清晰看到函数间的调用关系和 CPU 占比（图片引自参考文献 [3]）

14.4　小结

通过本章学习，我们先了解了 Python 对象的管理方法、垃圾回收的策略和发现循环引用的方法；然后我们开始讲述对效率优化的不懈追求，先从几个优化原则出发，依次了解了 Python 常用对象类型的实现机制，并引出如何最优化使用这些对象；我们了解了实现程序并行的方法，查看字节码的 dis 模块，并探讨了将 Python 转为机器指令执行的可行性；最后我们决定用工具发现复杂项目中的效率问题，并发现了公司内强大的可视化工具。

最后，不得不说，Python 语言的泄露检查与性能优化，是与解释器底层的实现细节强相关的原理分析，又是不断测试反复实践的经验性结论。本书的目的是让大家快速掌握高效的开发方法和原则并用于实践，而非全面细致地了解 Python 语言特性以及是如何实现的，那需要单独一本厚书。所以对于特性和原理，本文只是粗略地示例描述，能引出优化方法即可，我们更多地讨论和思考了如何扬长避短，充分发挥语言的特点。大家后续可以查询文中关键词、或查看官方文档、或直接阅读源码、或直接用于编码实践，这样你才能得到对本章内容更多、更深入的理解和感触。

参考文献

[1]　Micha Gorelick, Ian Ozsvald.High Performance Python - Practical perfromant programming for humans[M]. The United States of America: O'Reilly Media, 2014.

[2]　Python. Python 2.X documentation[EB/OL]. https://www.python.org/doc/,2019.

[3]　Python Object Graphics. Objgraph docunentation[EB/OL]. https://mg.pov.lt/objgraph/,2019.

[4]　GitHub. gprof2dot[EB/OL]. https://github.com/jrfonseca/gprof2dot,2019.

[5]　Python C-Extensions for Python. About Cython[EB/OL]. https://cython.org/,2019.

[6]　PyPy. Welcome to PyPy[EB/OL]. https://pypy.org/,2019.

GAMEPLAY

04

应用篇

15 通用逻辑编辑器 Sunshine
Universal Logic Editor: Sunshine

15.1 Sunshine 简介

15.1.1 Sunshine 的诞生

游戏从诞生开始就在不断进化，伴随着游戏的丰富内容，游戏的复杂度也在不断增加。制作一款游戏已经不像以前一样可以单兵作战，除了团队协作之外，如何高效的制作游戏就显得越来越重要。

工欲善其事，必先利其器。游戏工具就是简化游戏开发的利器，借助游戏工具可以大幅提高游戏开发效率。Unreal、Unity 两款大名鼎鼎的引擎之所以受众如此广泛，除了引擎本身之外，和其强大的游戏编辑器不无关系。这些工具极大地提高了制作人员的生产力，让制作者可以充分发挥引擎强大的潜力。网易自研引擎 Messiah、NeoX 同样配备了完备的工具和编辑器，这些都是网易能够持续长期产出高品质游戏的重要保障。

目前网易引擎提供的编辑器主要针对美术，解决的是美术制作和生产力问题，在游戏逻辑方面支持力度较少。而现在玩家对于游戏内容的丰富程度有着越来越高的要求，这就必须提供更加高效的逻辑制作方案。同时游戏开发过程肯定有很多专门为项目定制的专用编辑器（例如染色编辑器），但是从头开始制作这样一款编辑器又很烦琐。

为了解决这些问题，Sunshine 编辑器应运而生（图 15.1）。

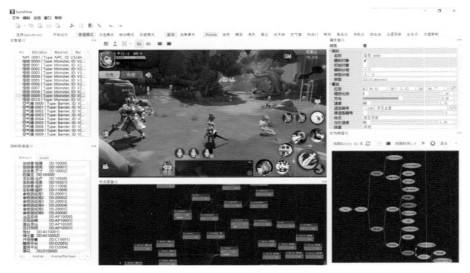

图 15.1　Sunshine 编辑器主界面

15.1.2　Sunshine 特点

Sunshine 是一款跨引擎的通用编辑器，主要提供游戏开发中各种编辑功能。

/ 跨引擎

Sunshine 核心构建在游戏逻辑层，与引擎完全解耦，支持 Messiah、NeoX、Cocos2d-x、Bigworld 等公司各种引擎。

Sunshine 提供的 SDK 让项目不改动任何引擎代码就能轻松接入。

/ 通用型编辑器

Sunshine 集成的可视化逻辑编辑器 Storyline 和交互式行为树编辑器 Teldrassil，已经作为副本编辑和 AI 解决方案被多个项目使用。

Sunshine 将通用编辑器功能进行了统一抽象和实现，剥离了项目相关的编辑行为，让游戏项目只需要实现很少的接口就可以实现丰富的编辑器功能。

/ 便捷的游戏对象编辑

内置的属性反射系统 Property Meta System，让程序可以轻松实现非侵入式的游戏对象修改、游戏内编辑器的开发。

/ 基础控件库

Sunshine 提供了优秀的基础开发支持，这些资源包括属性系统、界面控件等，抽象出编辑器开发中的共同需求，可以方便进行二次开发，制作定制编辑器。

15.1.3　Sunshine 架构

/ 双进程方式

大部分编辑器是单进程架构。编辑器加载游戏运行库，并将游戏窗口作为子窗口嵌入到编辑器中，编辑器和游戏为同一进程。这种架构的最大问题是就是稳定性，游戏端一旦 Crash 就会连带编辑器一起挂掉，编辑内容很容易丢失。

Sunshine 采用了双进程方式（图 15.2）。编辑器进程启动游戏进程，并将游戏窗口嵌入，编辑器和游戏是两个进程。这种方式不但有所见即所得、效果统一等优势，也有很强的稳定性。即使游戏 Crash 了，编辑器也能进行保存等操作。当然该方式也有缺点，需要大量异步编程，相对同进程开发起来增加了一定难度。

图 15.2　Sunshine 双进程架构

/ 进程通信

Sunshine 编辑器和游戏端进程通讯使用的是 socket 方式，没有选择使用 RPC 的主要原因是为了支持更多引擎，这样不会限定在 Python 脚本上。

Sunshine 编辑器是 socket 服务端，游戏进程是 socket 客户端。

整个流程如下：

（1）编辑器启动，编辑器将自己的 IP 和端口填入到游戏的启动参数中，启动游戏进程；

（2）游戏进程初始化完毕后，连接启动参数指定的 IP 和端口，完成 TCP 连接，到这一步编辑器和游戏端的数据通信就打通了；

（3）最后编辑器将游戏窗口嵌入到编辑器窗口中。

Sunshine 通讯协议是基于自定的 RPC 框架 ssrpc。ssrpc 提供了心跳包检查的功能，可以判断客户端连接是否断线。ssrpc 支持多个客户端同时连接编辑器，这样可以实现编辑器多开游戏，或者用编辑器同时启动多个客户端同时操控，获取测试数据。

/ 基于数据驱动的界面

为了实现跨项目使用，Sunshine 所有的数据都是动态从游戏端获取，所有界面都是基于游戏端数据而生成的。

以编辑模式为例如图 15.3 所示。

图 15.3　Sunshine 的数据流

（1）编辑器确认客户端连接后，会发送 GetEditModeData 消息，向游戏端查询要支持哪些编辑器模式。

（2）游戏端收到 GetEditModeData 后，通过 SetEditModeData 发送了如下信息：

{‘ActionName’：‘EditorModeNone’，‘Mode’：0，‘Text’：‘普通模式’}，

{‘ActionName’：‘EditorModeSelect’，‘Mode’：1，‘Text’：‘点选模式’}，

{‘ActionName’：‘EditorModeMove’，‘Mode’：2，‘Text’：‘移动模式’}，

{‘ActionName’：‘EditorModeCreate’，‘Mode’：3，‘Text’：‘创建模式’}

（3）这表示游戏端想让编辑器支持以上四种编辑模式。

编辑器收到对应消息后，创建如图 15.4 的界面。

图 15.4　基于数据驱动的界面显示

/ Sunshine SDK

如图 15.5 所示，Sunshine SDK 作为编辑器和游戏的中间层，定义了一系列通用编辑器行为的抽象接口。对于编辑器而言，只需要调用 SDK 提供的 API，它不需要知道游戏的内容。对于游

戏而言，它不需要关注编辑器实现，只需要完成 SDK 抽象接口的实现。Sunshine 和游戏交互必须全部经过 Sunshine SDK 这一层，这样彻底剥离编辑器代码和游戏端代码，让 Sunshine 能够跨项目使用。

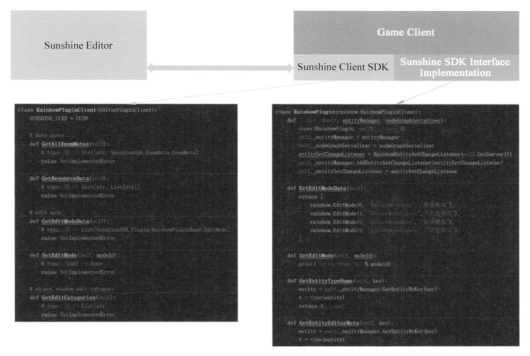

图 15.5　Sunshine SDK 示例

/ 插件系统

Sunshine 编辑器的复杂功能都是由各个插件来实现，编辑器的形态完全由选择的插件来决定的。

插件分成三个大类：

（1）通用插件：所有项目都可以使用；

（2）引擎插件：只能对应引擎使用，例如 Messiah 引擎插件；

（3）项目插件：不能通用，主要满足项目定制化编辑器的需求。

如图 15.6 所示，插件系统和 SDK 也是一一对应的，每个插件在 SDK 都有对应的接口，例如 Galaxy 插件在 SDK 中就有对应的 GalaxyPlugin 向游戏端提供 Galaxy 的各种功能。

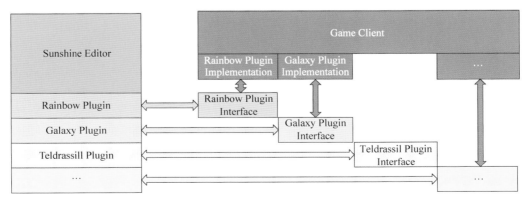

图 15.6　Sunshine 插件系统

每个插件都是完全独立的，游戏端可以根据需求来选择部分插件接入。例如图 15.6 中，如果游戏没有行为树编辑需求，也就没有接入 Teldrassil 插件的必要。

15.2 从零开始使用 Sunshine

本节内容介绍 Sunshine 的一些基础功能。

15.2.1 Sunshine 主窗口

Sunshine 主界面如图 15.7 所示。

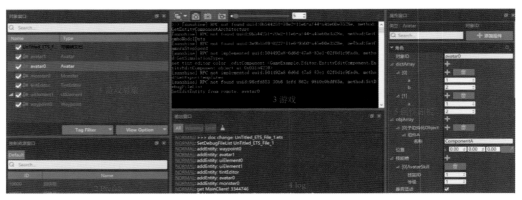

图 15.7 Sunshine 主界面示意图

按照图上的示例：

（1）游戏对象窗口：这里列出了游戏内当前可见的对象；

（2）Prefab 窗口：Prefab 对象，即预先定制好的一些对象，使用它们可以快速的创建新对象，后面章节中会详细描述；

（3）游戏窗口：我们的游戏示例是一个控制台游戏，这里嵌入了控制台窗口；

（4）log 输出窗口：这里可以看到 Sunshine 输出的 log；

（5）属性面板：这里可以展示包括游戏对象在内的对象的详细数据。

15.2.2 查看和编辑游戏对象

Rainbow 是 Sunshine 中负责游戏对象管理的插件。

/ Rainbow——游戏对象管理器

Rainbow 的整体结构如图 15.8。

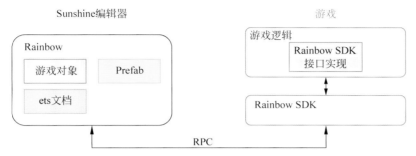

图 15.8   *Rainbow 结构*

Rainbow 实际上包括两部分：

1. Sunshine Rainbow Plugin

这部分位于 Sunshine 编辑器中，以插件的形式存在。通过 RPC 向游戏询问游戏对象等信息，并向用户呈现。其功能可以分为 3 个大的模块：

（1）游戏对象管理：呈现、编辑、新建和删除游戏中的对象。

（2）Prefab 管理：管理从游戏中获取或者从本地 Excel 文件中读取的 prefab 信息，对于没有使用 Prefab 的项目，可以忽略这部分功能。

（3）ets 文档管理：当开启了 Rainbow 插件时，Sunshine 可以当作一个游戏世界编辑器，其中包含了游戏对象、游戏逻辑（由 Galaxy 插件负责），ets 文档通常被用于游戏副本逻辑、场景事件等。对于不需要保存编辑信息的项目，同样可以忽略这部分功能。

2. Rainbow SDK

其定义了一系列的接口，游戏只需实现这些接口即可。

/ Rainbow 游戏对象编辑

1. 查看、删除和复制游戏对象

Sunshine 编辑器通过 RPC 从游戏获取当前的游戏对象列表，以及每个对象的数据，并在编辑器的游戏对象窗口中展示（图 15.7，区域 1）。用户可以在这个窗口中删除、复制游戏对象。

2. 创建游戏对象

用户可以从 prefab 窗口（图 15.7，区域 2）中选择目标条目，拖拽至游戏窗口，则可以创建新的游戏对象。

3. 查看和编辑游戏对象属性

用户可以在游戏中选中需要编辑的游戏对象，也可以在对象窗口中选择。右侧属性窗口（图 15.7，区域 5）会显示被选中的游戏对象的详细属性，并且支持增、删、改、查等编辑操作。

所有的编辑均在游戏中同步修改，当游戏对象属性发生变化时，也会实时的在编辑器中刷新。

/ 游戏主动调用 Sunshine

当游戏状态发生改变，例如因跳转场景等有了新的游戏对象，这时候需要主动调用 Sunshine 以更新状态。

调用方法也非常简单，例如新增 entity 的方法是：

rainbowPlugin.GetServer().AddEntity(key, data)

其中 rainbowPlugin 是上文中定义的 RainbowSDK 插件的实例。

/ Property Meta System

Property Meta System（简称 Meta)是一个通用的对象元数据描述系统，用于对象的反射。

使用 meta 我们可以：

（1）查询和获取对象的属性，包括属性的属性值、类型、编辑特性（例如 int 属性的最大最小值）；

（2）对象序列化和反序列化；

（3）编辑对象数据；

（4）调用对象的方法。

Meta 支持序列化，我们可以将对象和 Meta 序列化后发送给远程 Sunshine 进行编辑操作。

在游戏端为游戏对象类定义 Meta，即可在编辑器端进行查看和编辑。

1. 方式一：ClassMeta（强烈推荐）

编辑器 Meta 信息和游戏 Class 完全分离，非侵入式，对原有脚本没有任何影响！

```python
class Avatar(object):
    def __init__(self):
        self.Property = AvatarProperty()
        self.AI = AvatarAI( "a.xml" )
        self.entityKey = None
        self.EventDeath = Event()
        self.active = True
        self.position = (0, 0, 0)
        self.skills = []
        self.skills.append(AvatarSkill(1, 1))
        self.attachmentData = {
                'leftHandWeapon' : {
                        'modelFile' : [],
                        'handPoint' : [ 'p0' , 'p1' ],
                },
                'rightHandWeapon' : {
                        'modelFile' : [],
                        'handPoint' : [ 'p2' , 'p3' ],
                },
        }
        self.dictArray = [
                { "a" : 1,  "b" : 2},
                { "a" : 1,  "c" : 3},
        ]
        self.componentKeys = {
                "my_ComponentD"
        }
        self.my_ComponentD = ComponentD()

        self.objArray = [
                ComponentD(),
        ]

        self.someProperty = SomeProperty()
```

只需要递归定义好所需要的 Meta 类，注册即可。

```python
class AvatarMeta(ClassMeta):
    CLASS_NAME = "Avatar"
    PROPERTIES = {
        'Property' : PObject(),
        'AI' : PObject(),
        'position' : PVector3(sort=9, text="位置"),
        'skills' : PObjectArray(sort=10, text="技能槽",
                                itemCreator=AvatarSkill),
        'active' : PBool(sort=11, text="是否活动"),
        'attachmentData' : PDict(sort=12, text='挂件', children={
            'leftHandWeapon' : PDict(sort=1, text='左手武器', children={
                'modelFile' : PArray(sort=1, text='模型文件',
                                     childAttribute=PRes(editAttribute=
                                         'Model')),
                'handPoint' : PFixArray(size=2, sort=2, text='挂接点',
                                        childAttribute=PStr()),
            }),
            'rightHandWeapon' : PDict(sort=1, text='右手武器', children={
                'modelFile' : PArray(sort=1, text='模型文件',
                                     childAttribute=PRes(editAttribute=
                                         'Model')),
                'handPoint' : PFixArray(size=2, sort=2, text='挂接点',
                                        childAttribute=PStr()),
            }),

        }),
        "dictArray" : PArray(movable=True,
                             childAttribute=PDict(
                                 default={"a": 100, "b": 101, "charID": 2},
                                 children={
                                     "a" : PInt(),
                                     "b" : PInt(),
                                     "c" : PInt(),
                                     'charID' : PEnum(text="造型", enumType=
                                         'CharIDType'),
        })),
        "objArray" : PObjectArray(itemCreator=lambda: objCreator("ComponentB"),
                                  selectType=False, movable=True,
                                  componentMetaType="avatarComponentType"),
        "someProperty" : PObject(),
    }
    COMPONENTIZED = True
    COMPONENT_META_TYPE = "avatarComponentType"
    OBJECT_VISITOR = simpleObjectVisitor

    EDITOR_ATTRIBUTES = {
        'text' : "角色",
    }
```

例如游戏示例中有如图 15.9 的 Avatar 类。

最后编辑器中显示效果：

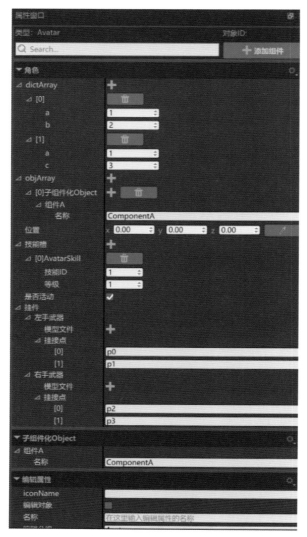

图 15.9　游戏对象属性面板示意图

2. 方式二：继承 PropertyObject

PropertyObject 拥有序列化和反序列化能力。

注意，为了防止源代码被破解，这里一般不需要定义属性的详细编辑信息，编辑器信息可以用
ExtraMeta 来完善。

例如，示例中 Monster 的定义：

```
class Monster(PropertyObject):
    PROPERTIES = {
            "name" : PStr(default="未知"),
            "detectRange" : PFloat(default=5.0),
            "hp" : PInt(default=1000),
            "enableAI" : PBool(default=False),
            "position" : PVector3(default=(0, 0, 0)),
            "coordinate" : PVector2(default=(0, 0)),
            "baseData" : PVector4(default=(2000, 1200, 1800, 700)),
    }
```

编辑器信息重新用 ClassMeta 定义，注意使用 sunshine_extra_meta 来注册。

```python
@sunshine_extra_meta
class MonsterExtraMeta(ClassMeta):
    CLASS_NAME = "Monster"

    PROPERTIES = {
        "name" : PStr(sort=8, text="名称"),
        "position" : PVector3(sort=9, text="位置"),
        "hp" : PInt(sort=10, text="生命值", min=100, max=10000, step=1),
        "detectRange" : PFloat(sort=11, text="检测距离", min=0.5, max=20.0,
                                step=0.1),
        "enableAI" : PBool(sort=12, text="启动 AI"),
        "coordinate" : PVector2(sort=13, text="小地图坐标"),
        "baseData" : PVector4(sort=14, text="基础数据"),
    }

    EDITOR_ATTRIBUTES = {
        "text" : "怪物",
        "sort" : 1,
    }
```

如果所有设置都正确的话，恭喜你，现在可以在 Sunshine 中看到所有的游戏对象，单击某个对象即可在属性面板中查看其属性。

```python
class Avatar(object):
    def __init__(self):
        self.Property = AvatarProperty()
        self.AI = AvatarAI("a.xml")
        self.entityKey = None
        self.EventDeath = Event()
        self.active = True
        self.position = (0, 0, 0)
        self.skills = []
        self.skills.append(AvatarSkill(1, 1))
        self.attachmentData = {
                'leftHandWeapon' : {
                        'modelFile' : [],
                        'handPoint' : ['p0', 'p1'],
                },
                'rightHandWeapon' : {
                        'modelFile' : [],
                        'handPoint' : ['p2', 'p3'],
                },
        }
        self.dictArray = [
                {"a" : 1, "b" : 2},
                {"a" : 1, "c" : 3},
        ]
        self.componentKeys = {
                "my_ComponentD"
        }
        self.my_ComponentD = ComponentD()

        self.objArray = [
                ComponentD(),
```

```
                    ]
                self.someProperty = SomeProperty()
        class AvatarMeta(ClassMeta):
            CLASS_NAME = "Avatar"
            PROPERTIES = {
                'Property' : PObject(),
                'AI' : PObject(),
                'position' : PVector3(sort=9, text="位置"),
                'skills' : PObjectArray(sort=10, text="技能槽",
                                        itemCreator=AvatarSkill),
                'active' : PBool(sort=11, text="是否活动"),
                'attachmentData' : PDict(sort=12, text='挂件', children={
                    'leftHandWeapon' : PDict(sort=1, text='左手武器', children={
                        'modelFile' : PArray(sort=1, text='模型文件',
                                            childAttribute=PRes(editAttribute=
                                            'Model')),
                        'handPoint' : PFixArray(size=2, sort=2, text='挂接点',
                                            childAttribute=PStr()),
                    }),
                    'rightHandWeapon' : PDict(sort=1, text='右手武器', children={
                        'modelFile' : PArray(sort=1, text='模型文件',
                                            childAttribute=PRes(editAttribute=
                                            'Model')),
                        'handPoint' : PFixArray(size=2, sort=2, text='挂接点',
                                            childAttribute=PStr()),
                    }),
                }),
                "dictArray" : PArray(movable=True,
                                    childAttribute=PDict(
                                        default={"a": 100, "b": 101, "charID": 2},
                                        children={
                                            "a" : PInt(),
                                            "b" : PInt(),
                                            "c" : PInt(),
                                            'charID' : PEnum(text="造型", enumType=
                                            'CharIDType'),
                }))),
                "objArray" : PObjectArray(itemCreator=lambda: objCreator("ComponentB"),
                                    selectType=False, movable=True,
                                    componentMetaType="avatarComponentType"),
                "someProperty" : PObject(),
            }
        COMPONENTIZED = True
        COMPONENT_META_TYPE = "avatarComponentType"
        OBJECT_VISITOR = simpleObjectVisitor

        EDITOR_ATTRIBUTES = {
            'text' : "角色",
        }
```

15.3 Storyline 可视化脚本系统

在传统的游戏开发过程中，策划设计游戏系统，并可以填写一些表格，程序通过游戏代码实现。更进一步，一些项目开发了"副本编辑器"等特殊编辑器，让程序从部分重复劳动中解放，然而解放程度有限。

一个问题不停地在我们脑海中浮现：

为什么不让策划自己实现游戏逻辑呢？

如果有这样一种策划实现游戏逻辑的系统，那么它必须解决下面这些问题：

（1）必须足够简单直观，我们实际上在提供一个创意实现工具，面向的用户是策划，图形化是一个理想的方案。

（2）必须能覆盖一个游戏系统中的绝大部分逻辑，只针对极少数特殊逻辑手写代码。

（3）必须足够通用，如果只能覆盖少数场景，那使用者多学习了一种工具，而与实际产出不成比例。同理，不同引擎之间应该可以畅通无阻。

在我们设计开发这样一套系统之前，业界已经有了非常多有价值的尝试，通常被称为图形脚本，Unreal 提供的 Blueprint 是其中最优秀的代表。

而我们创建了 Storyline。

15.3.1 Storyline 是什么

Storyline 是一套通用的游戏逻辑编辑系统。简单来说，就是用节点和连线实现以往用代码实现的游戏逻辑，程序只需要针对极少需求手工编写代码。

Storyline 已经被多个游戏项目使用，覆盖了副本、任务、新手指引、场景事件等诸多游戏系统。Storyline 设计上可以用于开发几乎所有的游戏逻辑。

/ Storyline 结构

图 15.10 是使用示例游戏编写的一个简单游戏逻辑：

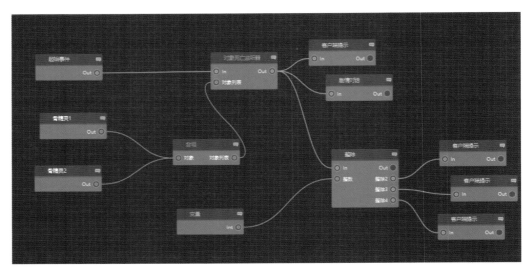

图 15.10　示例 Storyline

其逻辑大致可以描述为：游戏开始的时候，创建"骨精灵 1"和"骨精灵 2"两个对象，合为一组，玩家击杀这两个对象后展示一段客户端提示和一段剧情对话。接着，对输入的变量执行整除操作，并根据整除结果选择展示 3 种客户端提示中的一种。

Storyline 包含两类基础元素：节点和连线。

1. 节点

节点包含了具体游戏逻辑，例如上图中"客户端提示"。每个节点有 0 到多个输入端口（节点左侧为输入），也有 0 到多个输出端口（节点右侧为输出）。端口包含逻辑端口和数据端口，其中逻辑端口代表节点执行进入 / 离开，图中黄色端口即为逻辑端口，数据端口代表数据的输入 / 输出。

节点按逻辑功能分为 Action、Event、Parameter、Entity、Graph、Decorator 等类型，而我们通常用得最多的是 Action 节点。

除了逻辑分类，还可以为节点配置不同组别，方便用户区分和组织节点。

Storyline 内置了部分常见节点：开始事件、结束事件、子图节点、Float/Int/Bool/Str/Vector3/Any 类型的参数、合组节点等。

2. 连线

连线从一个节点的输出端口连接到另一个节点的输入端口（可以是同一个节点），并限制两个端口必须有相同的类型。即要么都是逻辑端口，代表游戏逻辑的执行流程；要么是数据类型相同的数据端口，代表数据流向。

3. 子图

子图可以帮助我们对逻辑分层，当我们新建一个子图节点后，双击可以打开编辑子图。子图和外部的 Storyline 一样，除了一些限制，例如不可创建 entity 节点、运行完毕即销毁等。

此外，子图可以保存为模板，方便在其他文件或者其他计算机上复用。

/ Storyline 运行

如果用一个词来形容 Storyline 的运行机制，"事件触发"是一个比较合适的词。Storyline 执行到某一个步骤时会暂停，等待游戏逻辑触发某事件后继续执行。事实上，Storyline 可以陷入多个此类状态，同一帧也可以触发多个事件。

1. 开始执行

Storyline 执行过程相对比较简单，描述如下：

（1）创建所有初始游戏对象（是否初始对象通过 StorylineContext 获取）；

（2）根据优先级对节点排序，从高往低开始执行。

因为这个特性，我们完全可以在 Storyline 中放多个开始事件。不过其执行顺序不固定。

2. 逻辑流

节点执行完后，根据逻辑连接轮流执行后置节点，行为类似深度优先遍历。

节点执行完成后，轮流执行后续节点，但是后续节点之间的顺序是不固定的。

Storyline 根据节点的返回值判断其已执行完成或者挂起：若返回值为字典数据，则认为其已经结束执行，返回值中包含一个特殊的 _ _out_ _ 字段，其值是单一字符串或者字符串数组，每个字符串为一个输出逻辑端口的名称。

例如图 15.10 中，整除节点有 4 个逻辑输出端口，从上到下名称分别为（_ _out_ _、mod2、mod3、mod4），其中 _ _out_ _ 是默认的逻辑输出端口。

其返回值可以为：

```
{
    "_ _out_ _" : [ "_ _out_ _" , "mod2" ]
}
```

则执行结束后仅执行第一个和第三个逻辑端口的后续节点。

若返回值为 None，则代表节点挂起，意味着节点逻辑是异步操作，或者在等待某些事件的发生以继续执行，此时 Storyline 也会挂起。节点执行完成后，主动调用 StorylineContext. FinishNode(self, outputs) 即可恢复运行。

3. 数据流

节点运行结束后，会根据数据连线，获取节点的数据，并设置到下游节点上。因为 Storyline 的乱序特性，节点需要特别小心数据的设置和初始化。此外，当逻辑流走到节点时，其数据端口可能并不一定走到了，因此合理的默认值是很有必要的。

4. 结束执行

当一条分支走到结束事件时，会回调传入的运行结束函数，游戏此时一般需要销毁此 Storyline 实例。

对于有多条路径走到结束事件的情况，一旦某条路径走到结束事件，其他分支就不会再被运行了，所以请使用其他节点（例如逻辑与 / 逻辑或）等确保按你期待的逻辑正确的结束执行。

15.3.2 使用 Storyline

当启动了 Galaxy 插件后，可以看到如图 15.11 所示的节点图窗口。

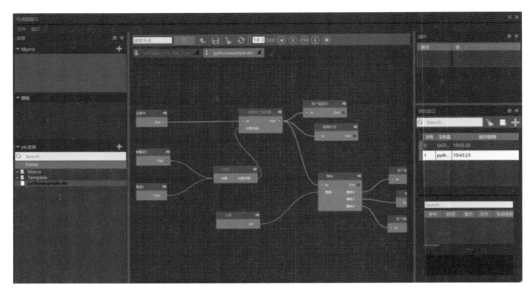

图 15.11　Storyline 编辑界面示意图

其中：

区域 1：所有模板，子图节点右键即可保存为模板，模板再拖拽至画布可以生成新的子图节点；

区域 2：ets 文件管理，查看、打开 ets 文件；

区域 3：工具栏，需要注意的是这里的运行按钮功能是运行调试记录，而不是运行 ets；

区域 4：tab 栏，每个 tab 是一个打开的 ets 文件，单击右上角的 x 可以关闭文件；

区域 5：主画布；

区域 6：属性面板，当单击节点时在这里显示节点属性（注意，单击 entity 节点时，属性是在主窗口的属性面板中展示的）；

区域 7、8：调试窗口，每次运行均会在上方窗口添加一条记录，单击记录后在下方窗口可以看到详细信息，包括每个节点的运行记录和记录的调试数据。

/ Storyline 编辑

1. 新建节点

右击空白处，会出现节点选择，选择节点（如客户端提示），图中会生成节点的面板（图 15.12）。

或者，也可以鼠标按住端口，拉线，放下鼠标时会弹出菜单，菜单中包含可以和该端口连接的所有节点。

2. 连接节点

选择需要连接的一个节点和端口，鼠标按住端口不放，拖曳至另一个节点的端口并放下，则连接了两个节点。

3. 编辑节点属性

单击节点面板，在右侧的属性窗口，可以编辑节点的属性。

图 15.12　Storyline 右键添加节点

/ 调试运行

在 Sunshine 主窗口，单击菜单栏的"开始运行"按钮，即可开始调试运行。

此时，游戏开始执行 Storyline。

同时，节点图窗口中也会播放运行动画，如图 15.13 所示。

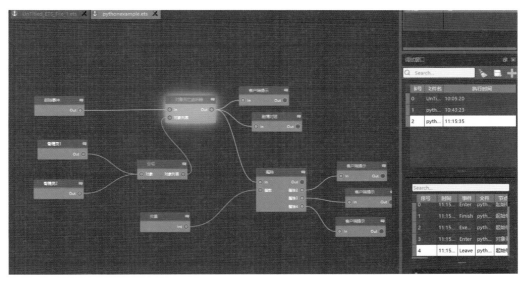

图 15.13　Storyline 调试动画

图中高亮的节点为当前正在执行（或挂起）的节点。

如果需要回放调试记录，可以选中右侧调试窗口中的记录，单击工具栏上的运行按钮，并可以单步调试。

若要结束调试，单击 Sunshine 主窗口上的"结束运行"按钮即可。

15.4 Teldrassil 行为树编辑器

15.4.1 基本介绍

Teldrassil 是 Sunshine 提供的一整套 AI 行为树解决方案，取名自泰达希尔——世界之树。
Teldrassil 包含基于 Python 或 C++ 的 AI 运行框架和配套的编辑器，可以实现以下功能：

- 节点定义；
- AI 行为树编辑；
- 可视化调试；
- 热更新；
- 性能 Profile 热力图。

15.4.2 编写第一棵 AI 行为树

游戏 AI 本书前面专门有章节介绍，下面我们直接看看如何利用 Teldrassil，完成游戏内 AI 的
创作。

/ 节点库定义

基于运行框架 bt2code，程序员只需用 Python 继承基础节点，即可在编辑器内使用节点库。如
图 15.14 所示，我们定义了一个移动到坐标点的节点，只需定义暴露给编辑器的参数和模板代码。

/ 编写第一棵 AI 行为树

通过前面的章节，相信你已经有了行为树的基础知识，那我们直接开始写第一棵 AI 行为树吧。在
图 15.15 中的界面，从 Root 开始，先是一个选择节点，两个分支二选一。第一个分支是顺序节点，
奇数回合选择对方全部单位，使用龙卷雨击技能；第二个分支还是顺序节点，偶数回合进行物理
攻击。

通过基本的逻辑节点（选择、顺序）和动作节点（释放技能、物理攻击），我们即可编写出一个
AI。而且通过这种树状图的形式，即使没有编程基础也能完全掌握。这样我们将编写 AI 的工作
从程序员转交给了游戏策划，策划编辑可以发挥自己的想象力创作各种 AI。

```
class MoveToPoint(CActionNode):
    '''移动到({{ x }},0,{{ z }})_{{ hasRunning }}R'''
    x = btnodeproperty('x', float, 'x坐标', 'x坐标', 0.0)
    z = btnodeproperty('z', float, 'z坐标', 'z坐标', 0.0)
    hasRunning = btnodeproperty("hasRunning", int, "是否有RUNNING态", "", 0, {0: '无', 1: '有'})

    TplCode = '''
        return nodes.MoveToPoint(owner, ({{ x }}, 0, {{ z }}), {{ hasRunning }})
    '''
```

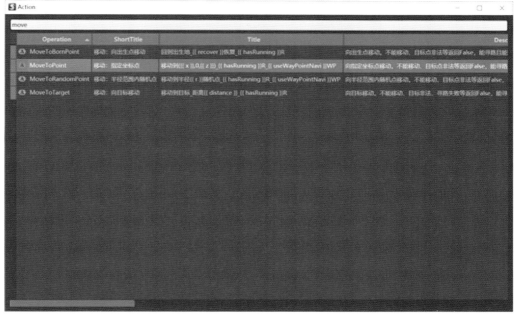

图 15.14　节点选择界面

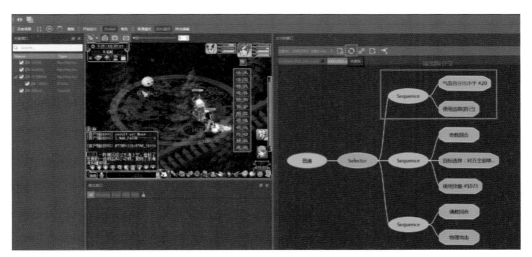

图 15.15　行为树编辑器界面

/ 挂载到 Monster

写好了第一个 AI，我们直接在游戏里面试试吧。在游戏内点选一个怪物，然后单击挂载行为树，将刚刚的 AI 挂载到怪物身上。接着试试在游戏中攻击怪物，它将运行你编写的 AI 来做出回应。还可以利用 Sunshine 的创建模式，创建一个怪物（Monster），然后挂载行为树（图 15.16）。

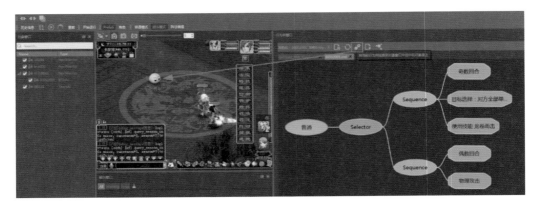

图 15.16　挂载行为树

/ 可视化调试

为了更清晰地看出 AI 的决策路径，Sunshine 以播放动画的形式高亮显示当前 AI 的决策路径。如图 15.17 所示，我们能看出当前执行到了第二个顺序节点。

图 15.17　可视化调试

/ 热更新

下面我们继续完善刚刚的行为树，增加一个分支，在血量低于 20% 时执行逃跑节点（图 15.18）。

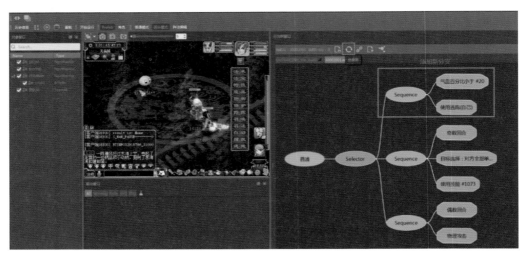

图 15.18　修改行为树

使用 Teldrassil 提供的热更新功能，修改后的行为树能够在 Monster 身上即时生效（图 15.19）。

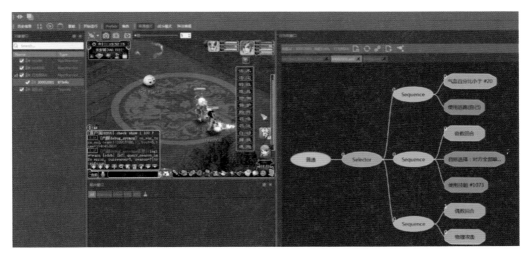

图 15.19　行为树热更新

/ 回溯历史信息

当你想查看之前某回合的 AI 决策路径（对于即时制游戏特别有用），可在历史信息中查看之前回合的信息。双击选中某回合，可重新查看对应回合的运行动画，并且观看此回合游戏中的战斗录像（图 15.20）。

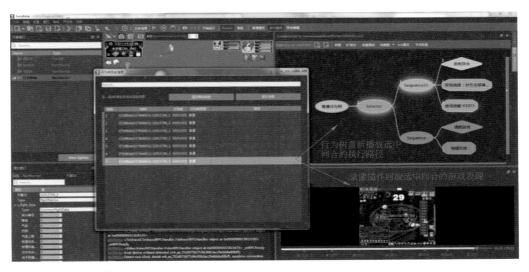

图 15.20　回溯运行历史

/ svn 提交

当你创作并调试完成第一个 AI 后，需要提交文件到版本控制软件中。单击工具栏的提交按钮，将直接弹出 svn 客户端，无须到指定目录操作，如图 15.21 所示。

图 15.21　提交 svn 仓库

这样，你的第一棵行为树，就正式进入游戏仓库啦。

参考文献

[1]　Unreal Engine. Blueprints Visual Scripting[EB/OL].

　　　https://docs.unrealengine.com/en-us/Engine/Blueprints,2018.

[2]　Evan Moran.Walking Talking And Projectiles[EB/OL].

　　　https://www.gdcvault.com/play/1025526/Walking-Talking-and-Projectiles-Storytelling,2018.

[3]　IntelliJ Platform SDK DevGuide.Plugin Extensions and Extension Points[EB/OL].

　　　https://www.jetbrains.org/intellij/sdk/docs/basics/plugin_structure/plugin_extensions_and_extension_
　　　points.html,2018.

16 游戏中常见系统的设计示例
Common Systems Design in Games

16.1 任务系统

16.1.1 任务系统介绍

任务系统是游戏中的重要组成部分。新手任务、引导任务、主线剧情任务、支线剧情任务等能让玩家逐步熟悉游戏里的世界观，引导玩家的游戏行为。特别对于部分剧情向的游戏，不断地更新主线或支线剧情也是游戏维护更新的重要内容。

任务系统有两个最主要的功能，一是管理任务，即任务的发放、更新和完成，维护任务的生命周期；二是任务内容的实现。理论上任务内容应该是由策划设计、程序实现，但是如果每个任务都需要程序参与，会大大增加沟通成本和开发成本。最优选择是开发一套统一的任务系统规则，由策划通过配置来实现自己需要的任务。

因而，任务系统内容实现的设计主要考虑其通用和易扩展性。通用即策划可以由任务系统自由组合出需要的任务内容；而易扩展性则是遇到通用任务系统无法满足的需求时，能够简单地通过增加任务类型，或者利用钩子函数定制来完成特殊需求。

16.1.2 任务系统框架

任务在客户端看到的界面每个游戏都有所不同，如图 16.1 和图 16.2 所示。

图 16.1 《梦幻西游》手游（网易游戏 2015 年研发）游戏界面截图

任务
战略目标
【目标】霸业I
占领州府 0/1
描述
占领本州州府，是称霸本州的标志...
奖励
100
25
势力扩张XII
个人势力值
19135/20000
奖励
100
50000
1500
同盟攻城V
占领7级以上城池 0/1
奖励
100
25
占领土地VIII
占领Lv.9土地 0/1
奖励
100
20000
25

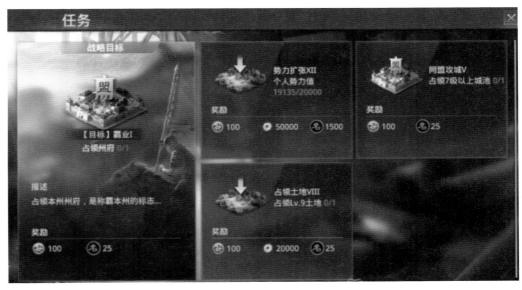

图 16.2 《率土之滨》（网易游戏 2015 年研发）手游游戏界面截图

虽然每个游戏的任务 UI 界面不同，具体的任务内容也不相同，但是任务的基本架构却是一致的：任务内容描述、任务接取条件、任务完成条件，以及任务完成的奖励。

一个任务的生命周期如图 16.3 所示。

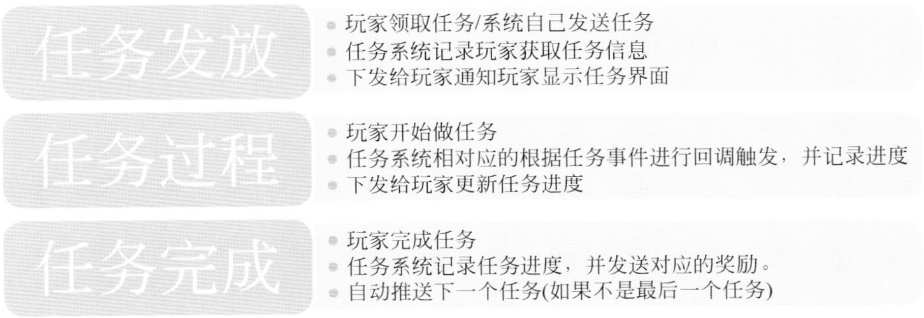

任务发放
玩家领取任务/系统自己发送任务
任务系统记录玩家获取任务信息
下发给玩家通知玩家显示任务界面
任务过程
玩家开始做任务
任务系统相对应的根据任务事件进行回调触发，并记录进度
下发给玩家更新任务进度
任务完成
玩家完成任务
任务系统记录任务进度，并发送对应的奖励。
自动推送下一个任务(如果不是最后一个任务)

图 16.3 任务生命周期

/ 任务发放

假定任务的关键信息如下：

任务编号 : 10001

任务事件类型：战斗

任务名称：战胜 NPC

任务描述：战胜 NPC 的描述

任务等级要求：30

任务 NPC：宠物仙子

触发战斗 id：2222001

任务奖励：3333001

后续任务：10002

任务的发放首先需要检查任务的开始条件，如是否满足等级需求、是否已完成上一个任务等。可以通过设置为读取配置文件，如配置好等级需求、开始条件回调处理等实现。

系统直接推送任务或者玩家领取任务之后，首先需要记录玩家领取任务数据，并初始化一系列的任务信息，玩家角色数据的存储方式这里就不详细展开。

任务本身对所有玩家是共享的，因而任务的部分内容描述等是无须存储的。如任务的名称、描述，对应的奖励等，只需通过任务 id 来索引到具体的内容即可。因而，玩家身上仅需记录对应的任务 id 以及一些定制化的数据，如：

```
task_info : {id1:{}, id2:{}}
```

记录的数据用以记录任务的进度情况，以及玩家重新登录后更新客户端信息。

任务发放后可能有一系列的 NPC 初始化等操作，需具体任务类型具体处理。

/ 任务过程

任务过程即玩家做任务的过程中，对玩家的操作或行为进行响应。如玩家单击任务、开始寻路到 NPC，单击 NPC 则触发相应的事件，如进入战斗等。

部分任务是状态类的任务，如等级任务，可以在对应的事件中增加监听，当事件发生时更新任务的进度。

任务进度同时也需进行存储处理，并进行客户端通信，在界面上显示。

/ 任务完成

当玩家达成某个事件，如战斗成功，触发任务完成；或者更新任务进度时，触发任务完成，需要根据配置完成一系列的行为，如发放任务奖励，自动发放下一环任务等。

实际项目工作中，任务完成是一个非常重要的节点，如果玩家通过不停地完成任务刷奖励，或者利用什么手段不停地进行任务，触发任务完成事件，会对游戏系统造成巨大影响。因此，涉及奖励发放都需小心处理，可以设置每日获取上限，玩家获取上限等避免刷奖励的行为。

/ 简单的任务系统例子

看完上述内容，可以考虑做个任务系统试试。

1. 成就型任务系统示例

成就型任务系统在目前的竞技性游戏中非常常见，MMO 等类型的游戏也会有类似的需求。其基本的任务内容如：

1001: 完成 3 场比赛

1002: 在比赛中造成 10000 点伤害

其基本的设计思路可以是这样的：

（1）任务配置：

taskid:1001

任务描述：完成 %d 场比赛

任务记录变量：game_engage_cnt

任务要求：3

任务奖励：5 金

taskid:1002

任务描述：完成 %d 场比赛

任务记录变量：game_engage_cnt

任务要求：10

任务奖励：50 金

taskid:1003

任务描述：在比赛中造成 %d 点伤害

任务记录变量：game_damage

任务要求：10000

任务奖励：5 金

（2）任务发放：

玩家身上记录一个 task 的数据：

```
task_info : {1001:0, 1002:0 }
```

（3）任务进度更新：

战斗结束的时候，会对玩家一系列的变量进行更新。如更新战斗次数变量 game_engage_cnt，这个变量的更新绑定到了任务 1001 和 1002，更新对应任务的进度：

```
task_info : {1001:1, 1002:1 }
```

（4）任务完成：

进度更新的同时，判断是否满足设定的要求，满足则完成任务，发放奖励。

上面介绍了一个简单的任务系统的实现方式。通过监测数值变化来更新任务的进度，是一种常见的任务形式。然而，在如剧情类等游戏里，任务的种类是更加复杂，任务过程中可能还包含动画播放、战斗事件、寻路事件等因素，下面将介绍一个包含更多可变性设计的任务系统。

2. 常见的任务系统示例

（1）任务管理模块 TaskManager：

TaskManager 即任务的统一管理模块，其他业务逻辑通过该模块进行任务发布。简要介绍下任务管理模块的主要 API：

```
start_task(uid, taskid)    // 给 uid 玩家开启一个任务，id 为 taskid
```

该接口的主要实现如下：

- 检查 taskid 配置是否存在，检查配置的有效性；
- 检查 taskid 的任务限制；
- 触发任务配置的 start_task 时的回调（部分任务可能需要做数据初始化，通过该回调进行处理）；
- 记录玩家的任务存储数据；
- 通知客户端加入该任务。

这里的实现细节可以优化。如任务的描述、内容等可以由客户端读取配置表获取，无须服务端发送具体内容，即服务端只需要发送 taskid 给客户端，节约通信流量。

```
void erase_task(usernum, taskid, nexttask)
```

该接口除了删除玩家身上的任务数据外，还需负责一些环境清理工作，如生成的任务临时 NPC，任务临时物品等。

```
void force_finish_task(usernum, taskid)
```

该接口主要在部分情况下，即需要直接完成某个任务时被使用，一般通过直接调用具体的任务模块来完成任务的接口。

除了任务的增删管理，任务系统模块可能还需实现一些通用的接口，举例如下：

```
create_npc          // 创建场景任务 NPC
play_movie          // 播放对白 CG
req_target_jump     // 为了减轻玩家负担，现在任务系统基本支持自动寻路
commit_item         // 上交物品
......
```

（2）具体任务文件：

具体的 taskid 文件，记录了该任务独有的内容，一般通过配表导出。本案例里每个 taskid 放在各自文件中，如 10001.c 中的主要 API 如下：

```
start_task_cb
```

由 TaskManager 的 start_task 函数调用，根据具体的配置信息创建 NPC 或者虚拟场景。

```
on_task_trace_cb
```

客户端单击任务后上行 req_target_jump 请求，TaskManager 首先处理任务文件中的 on_task_trace_cb 函数。假如这个具体任务对该任务有特殊需求，则接管掉该函数，否则 TaskManager 走通用逻辑，进行坐标传送 / 通知客户端开始寻路。

```
on_npc_look
```

接管 npc 的单击响应事件，如触发剧情、提供 NPC 选项等（根据配置处理）。

```
on_target_trigged
```

同 on_npc_look，触发任务机制。

```
finish_task
```

当任务进度完成时，触发 finish_task，读配置表发放对应的奖励，并推送下一个任务。

16.1.3 任务内容实现

任务的框架基本大同小异，但是任务内容的设计和制作方式则依赖不同项目的需求。一个优秀的任务系统内容制作方式应该是策划能直接通过配置实现任务内容，以此来减少程序的重复性劳动以及策划与程序之间的沟通成本。因此，任务系统一般需要根据不同的任务类型实现对应模板，由策划进行组合和参数配置来生成具体的任务。

/ 任务类型组合

任务类型的定义和实现区分于不同的游戏，需根据策划需求和实际实现进行设计，下面举一个任务类型的例子。

首先，定义不同的目标类型：

（1）FIND_NPC 寻找某个 NPC，目标参数可以是具体的场景 NPC 或者新建 NPC 的参数；

（2）USE_ITEM 即使用某个物品，目标参数为物品类型或具体某个物品；

（3）REACH_POINT 到达某个目的地。

对于 FIND_NPC 的类型，需要在模板中先实现一套 NPC 创建和管理的机制。当玩家推送到 FIND_NPC 任务时，则根据策划配置的目标参数创建出相应的 NPC，完成任务的配置初始化，其他目标类型同理。

其次，任务类型的目标达成后，会触发对应的事件，可以定制好以下事件：

QUESTION 答题事件，参数可以为题目的内容和选项；

FIGHT 战斗事件，参数可以为战斗的配置 id；

COLLECT 收集事件，参数可以为巡逻的位置和待收集的物品 id；

NPC_CHAT npc 对话事件，弹出选项供玩家选择；

MOVIE movie 事件，播放剧情动画；

……

由上述的任务目标类型和触发事件的组合，应该可以满足策划的大部分要求了。如果策划有更多通用的任务类型或事件类型需求，也可以通过增加模板来实现。

对于比较特殊的需求，比如这个任务到达目的地后，策划需要插入一个特别的事件，这时就需要程序参与进来的。但是，我们希望可以在外部直接增加一个事件的实现，而无须修改任务系统具体任务文件的代码。这就要求我们在实现任务系统模板的时候，要多考虑这种可定制化的实现。举个例子，如在事件触发处：

```
void on_target_trigged()
{
...
    if (taskobj->on_target_trigged()) return;

...
}
```

此时，taskobj 中可以实现一些模板之外的功能，接管一些特殊逻辑的处理。如果希望完全接管，则返回 1，让模板跳过之后的处理。

/ 任务编辑器

任务可以由策划配置实现，而策划采用何种方式进行任务配置，也极大地影响到工作效率。

下面对一些常见的任务编辑器设计方式进行介绍。

1. 代码填写

任务编辑器最简单的实现方式就是让策划写程序脚本，如常见的 XML，Python 文件等。如：

```
10001 = {
id:10001,
type:FIGHT,
name:"战胜 NPC",
```

```
desc:"战胜 NPC 的描述",
grade:119,
fight_id:1111111,
next_task:10002,
}
```

程序直接读入这个脚本即可实现一个对应的任务。

很明显可以看到，这种方式需要策划有一定的代码能力，且策划格式错误也会导致任务运行失败，对策划非常不友好。但是，在一些紧急时刻或者 demo 项目临时处理时，该方式还是能派上用场的。

2. Excel 表填写

Excel 表制作任务编辑器属于比较流行和低成本的方法。通过 Excel 表配置好对应的字段，策划填写完 Excel 表后通过脚本生成对应的数据文件，即对应的任务内容，如表 16.1 所示。

表 16.1　任务编辑表示例

任务编号	任务名称	任务目的	任务描述	目标类型	目标参数	黑幕对白	触发事件	事件参数	事件完成对话	任务奖励	后续任务
50001	西游·入世	从震惊中回过神来，听到师父在叫我	师父正在找你，有重要的事情叫你去办，快去看看吧	FIND_NPC	_门派师父	P: 师父，再见到你老人家真是太好啦！#1	FIGHT	10001		1011001	50002

目前 Excel 的导表方式非常多，如 Python 的 xlwt,xlrd 模块，Java 的 poi 库等，网络上还可以寻找到更多相关开源工具。在 Excel 导表的时候，也可以配置一些检查的格式，如必填项和填写的类型、选项等，能更智能的检查策划是否填写错误。

Excel 任务编辑的方式比策划直接填写脚本文件要更直观和安全。同时，如果有新的策划需求，如新的事件类型，像播放特殊动画、NPC 旁白等，在 Excel 任务编辑表上新增事件选项，同时实现该事件类型的模板即可。

3. 任务编辑器软件制作

Excel 表虽然在开发成本和编辑器更新维护上较为方便，但是一是对策划填写有一定的门槛，交互不太友好；二是策划对该任务配置后的效果只能通过想象和游戏实际运行，无法所见即所得；三是对于一些复杂的剧情任务，有分支的任务，单纯通过 Excel 很难看出任务的走向。因而，在开发时间允许的前提下，可以开发相应的任务编辑器软件供策划使用，对比 Excel 表可以更加智能和直观。

任务编辑器与 Excel 类似，可以导出对应的数据文件，如 XML 格式或自定义的格式。导入程序中后生成对应的任务文件，即可实现任务配置。

下面简单介绍几种任务编辑器作为参考。

图 16.4 所示的任务内容编辑器，定制了一些特殊的功能，如选择 NPC、设置字体颜色、设置任务等级、配置任务内容等。通过任务编辑器控制，可以确保策划只能配置合理的任务，不会因为填表错误而导致报错。

图 16.5 所示的任务界面编辑器的界面即实际客户端的任务界面，策划编辑的过程中可以实时预览任务内容，效果更加直观明了。

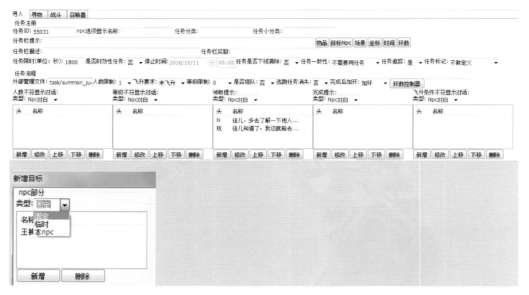

图 16.4　任务内容编辑器

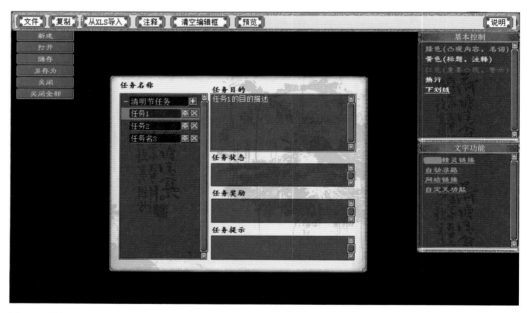

图 16.5　任务界面编辑器

图 16.6 所示的任务关联编辑器，不只可以编辑任务内容，还可以直观的设置和查看任务的发展路线。

更直观的还有 storyline 的形式的编辑器工具，如图 16.7 所示。storyline 形式的编辑器能对任务内容进行更细节的编辑，如到达某个点、触发 NPC 事件、NPC 的排列、具体的对话等。右边的游戏界面窗口可以在编辑时调试 storyline 的内容，由策划自己调试修改，大大减少了返工的成本。

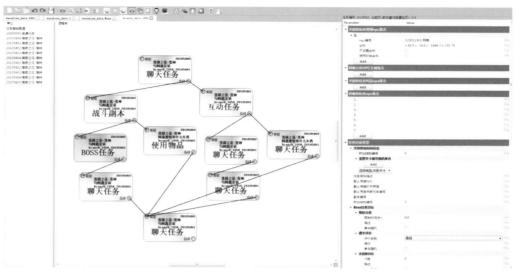

图 16.6　任务关联编辑器

图 16.7　storyline

16.1.4　总结

任务系统是游戏中的常驻活动，经常会有新增任务和迭代的需求。合理的设计任务系统能极大地减少程序员的工作量，优秀的任务编辑器也能提升策划的工作效率，对产品的运营和发展都有极大的帮助。任务系统的设计非常依赖于项目的需求，需要根据不同的项目内容设计出合理的任务系统。

16.2 技能系统

16.2.1 简介

技能系统是一个常见的游戏内系统，无论是回合制游戏还是即时制游戏，无论是单机游戏还是联机游戏。比如在《镇魔曲》手游，每个职业都有一套技能和天赋，还有各种符文。技能系统的设计目的就是提供一套比较通用的框架结构，来方便地将策划设计的各种技能付诸实现。从分工来看，技能系统能够让策划自己实现和调整绝大多数的技能，而程序只提供规则。技能的执行流程如图 16.8 所示。

图 16.8　技能执行流程

一般来说，联机游戏为了减少作弊的影响，会把结算逻辑放在服务端。而客户端主要有两部分功能：

- 输入：负责解析玩家的输入，然后通知服务端；
- 表现：根据服务端发来的消息，做成相应的表现。

这种 CS 架构其实不止是用在联机游戏上，单机游戏中也会有类似的结构，因为表现和逻辑分离其实是很多系统都遵循的设计。另一方面，客户端输入并不是唯一的输入方式，比如服务端的 AI 也是一种输入源，虽然输入源不同，但是对于后面的逻辑计算应该是尽量透明的。

16.2.2 客户端

/ 输入类型

技能输入大致可以分为目标（target）或者位置（pos），picker 接口声明了两个函数 pick() 和 force_pick()（图 16.9），返回值都是 PickResult（图 16.10）。

返回值中的 act_type 表示将要采取什么行动，不一定是放技能，也可能是移动跟随等，返回 None 则表示本次操作无效。什么时候会返回其他行动呢？比如玩家单击的坐标或者选中的目标距离玩家超过了技能施放范围，那这次操作的合理响应应该是先往单击方向或者目标的位置移动，等足够近了再发动技能。

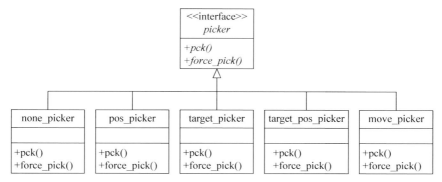

图 16.9　输入类型继承关系和接口

PickResult
+act_type: <未指定>=执行类型
+target: <未指定>=实体
+pos: <未指定>=位置
+skill_type: <未指定>=技能类型

图 16.10　输入结果的数据结构

但是有时候玩家可能想强制发动技能，也就是"空砍"。为了区分这两种需求，picker 定义了两个接口：pick 和 force_pick，后者要么返回放技能、要么返回 None。

通过实现 picker 接口，我们就可以区分不同的输入类型以及一些特殊规则。比如 pos_picker 会返回玩家点选的位置，但是如果点选距离太远，就会通过射线查询，截断到最远距离。target_picker 会优先返回玩家当前锁定的目标，如果没有锁定目标，就会根据更细节的规则搜索出一个目标。有些技能希望有目标的时候选择目标所在位置，没有目标的时候也能返回一个位置，可以用 target_pos_picker。

picker 本身并不负责目标的搜索和选择，而是通过 pick_mgr 和 range_mgr 实现的。pick_mgr 是在当前鼠标位置附近搜索目标；range_mgr 更复杂一些，管理了 BaseAim 的各种子类（图 16.11）。BaseAim 是对手游常见的双摇杆技能施放方式的抽象，比如圆形（图 16.12）、前向矩形（图 16.13）、扇形（图 16.14）等范围。

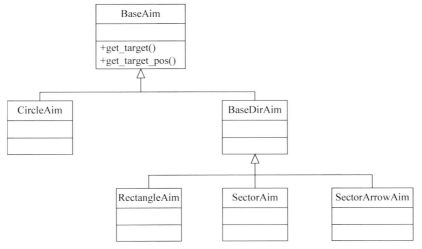

图 16.11　索敌类型的基础关系

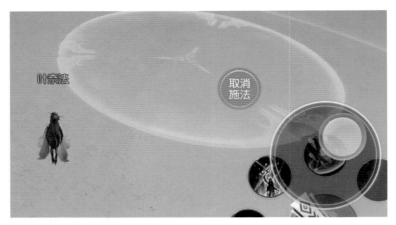

图 16.12　圆形索敌示例（网易内部 3D 预研项目）

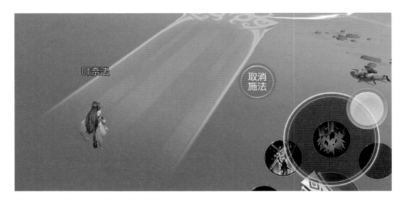

图 16.13　前向矩形索敌示例（网易内部 3D 预研项目）

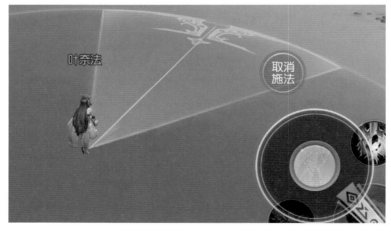

图 16.14　扇形索敌示例（网易内部 3D 预研项目）

/ 指令缓存

指令缓存的目的是优化玩家的体验。比如玩家在当前技能还没结束的时候，允许提前按下其他技能，达到连续施法的效果；或者玩家放技能的时候受到 AOE 伤害，希望技能结束后立即移动，就需要缓存移动指令。

和指令缓存关系比较密切的设计是技能后摇，后摇动作通常是用于技能到站立动作之间的过渡。在技能进入后摇阶段时，会判断是否有指令缓存。如果有，就会立即施放下一个技能。

/ 模块化

在早期项目中，客户端的技能类是树状的继承结构，一个技能可能是位移、跳起等不同动作、界面、镜头变化、特效等的组合。在单继承情况下，容易出现单个特性需要在多个子类重复实现，或需要在基类中通过开关、配置进行管理，容易造成代码膨胀也比较难进行维护，解决方法是通过组合或者多重继承。虽然多重继承常常被认为是面向对象设计的反面教材，但是如果设计合理，一样可以达到组合的效果。

在实际使用中我们借鉴了 Mixin 模式的一些经验。为了防止不同继承链上的函数同名导致的意外，对函数命名进行了要求；为了方便各模块在技能初始化、状态变化、打断或自然结束后的销毁能够较为统一地进行，具体模块中也可以对这些函数进行重载，只需要保证调用了 super 函数即可。

比如有 3 类技能均需要在释放的时候有进度条界面，分别为一段式和三段式的引导、吟唱技能，则可以按图 16.15 的方式实现。

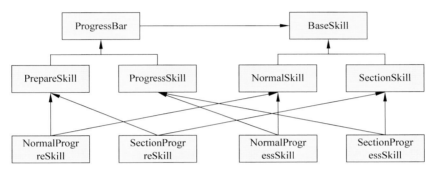

图 16.15　不同技能的组合和继承关系

这样进度条界面相关的初始化、销毁等代码可以直接写在 ProgressBar 类中，后面类只需要根据各自的逻辑进行调用或赋值即可，如需废弃进度条删除也相对较为简单。

/ 动作拆分

动作的拆分最主要的原因是来自于 CS 架构。对于 MMO 游戏来说，结算大多数放在服务器，这就导致玩家每次施放技能时，如果都要问服务器是否允许，玩家会感觉延迟很大，尤其在对打击感要求很高的 ARPG 游戏中。

因此对于普通攻击这种高频短促的技能，我们通常允许客户端先行播放动作，同时请求服务端。如果服务端判定技能不能施放（比如中了定身 Buff 之类），会通知客户端取消施放。客户端的表现就像空砍了一下，但是还是有些技能不适合客户端先行的，比如跳斩或者冲锋。如果客户端先行，会导致服务端判定失败后，被强制拉回，这样的体验也不好。所以，对这些技能，我们就要去美术先制作出完整动作，然后拆分成三段（图 16.16）。

图 16.16　三段式技能拆分示例

以图 16.16 中的跳斩技能为例，pre 动作是下蹲，从图 16.17 中可见，客户端先行播放，如果服务端在播放结束前回复成功，就继续播放 idle 动作起跳；否则，会停在 pre 动作的最后一帧，直到服务端回复。由于下蹲动作本身就是带着蓄力的感觉，所以即便服务端的回复延后了一点，看上去也不会太奇怪，而这就需要在动作设计之初与拆分时都和策划、美术编辑沟通好。

跳斩动作中 idle 跳跃动作和 cast 落地动作的拆分是来自于另一个需求，跳斩的时长可能和玩家点选的位置远近有关，我们需要根据实际情况调整跳跃动作的播放速率（不包括落地动作）。当然，有些动作编辑器支持动作内局部调整速率，就更方便一些。

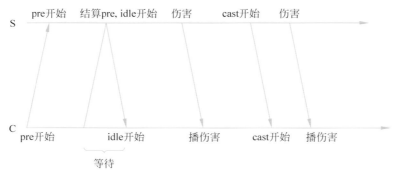

图 16.17　服务端客户端技能交互流程图

另外可以注意到，从 idle 动作开始，客户端其实和服务端是同步的。这样的话，服务端落地造成伤害的时机和客户端播放 cast 落地动作基本相同，在表现上也更好。

16.2.3　服务端

/ 技能框架

服务端技能系统主要有三个类：Skill，Buff，Action。

- Skill 对象的生存期对应一次技能的完整施放（图 16.18），它主要控制技能的流程，包括前摇、结算、后摇等，有的技能可能有多次结算。
- Buff 对象对应玩家身上的各种持续效果，比如回血、中毒、定身等，Buff 之间存在互斥叠加等规则。
- Action 对象是真正负责结算的单元。无论是 Skill 还是 Buff，都是通过触发 Action 来实现结算的。Action 的执行流是树形结构，从根节点开始执行；Action 自己维护生存期，和技能施放无关。

Action 的子类中，有些是中间节点，有些是叶节点。比如 Damage 负责结算伤害，是叶节点；Search 是中间节点，负责搜索，然后对搜索到的目标执行子 Action；Persist 相当于定时器，定期执行子 Action。

虽然 Action 的功能各不相同，但是对外的接口是统一的，这样就给了策划很大的自由来搭配组合。以法师的闪电链技能为例，技能效果是发出一道闪电击中周围的一个玩家，间隔 1 秒后从该玩家身上再发出一道闪电，击中他周围的一个玩家。以此类推，最多伤害 3 个玩家。

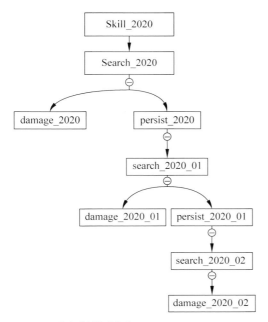

图 16.18 技能的树状执行流

```python
# 基类定义 Perform 接口
class BaseAction:
    def Perform(self, target_id, target_pos):
        raise NotImplementedError
# Damage 类对指定目标执行伤害
class DamageAction(BaseAction):
    def Perform(self, target_id, target_pos):
        ent = entity.GetEntity(target_id)
        damage = CalcDamage(self.performer, ent)
        ent.SubHp(damage)


# Search 类在指定范围内搜索
class SearchAction(BaseAction):
    def Perform(self, target_id, target_pos):
        for guid in SearchInCircle(target_pos, self.radius):
            # 对每个搜索到的目标执行子 Action
            for sub_action in self.sub_actions:
                sub_action.Perform(guid, None)


# Persist 类定时执行，可以设置最大执行次数
class PersistAction(BaseAction):
    def Perform(self, target_id, target_pos):
        self.count = 0
        TimerOnce(self.interval, self._Tick, target_id, target_pos)

    def _Tick(self, target_id, target_pos):
        self.count += 1
        for sub_action in self.sub_actions:
            sub_action.Perform(target_id, target_pos)
        if self.count < self.max_count:
            TimerOnce(self.interval, self._Tick, target_id, target_pos)
```

/ 编辑方式

在早期项目中，策划比较习惯用 Excel 填表。比如图 16.19 的 Action 表，每个 Sheet 对应一种 Action 类型，每行对于一个 Action。不同 Skill 之间一般不共享 Action，而是通过数字编号区分。

	A	B	F	H	
1	编号	名称	伤害类型	技能最小伤害	技
2	id	name	damage_type	min_skill_damage	max
3	string#unique	string#unique	string(物理伤害|法术伤害|法术回血|持续物理伤害|持续法术伤害)#required	string#required	str
4	s	s	s	s	
23	damage_1014	巫医-血泉术-每秒回血	法术回血	100	
24	damage_10004	蚊子-喷吐钉刺-伤害	物理伤害	100	
25	damage_12501	夏生军巫-投掷魔法球	法术伤害	1000	
26	damage_12502	夏生吐蕾枪兵-三连击	物理伤害	1000	
27	damage_12505	毒箭-伤害	物理伤害	10	
28	damage_12506	冰箭-伤害	物理伤害	10	
29	damage_12507	火箭-伤害	物理伤害	10	
30	damage_12508	雷箭-伤害	物理伤害	10	
31	damage_12509	昏睡箭-伤害	物理伤害	10	
32	damage_12510	击晕箭-伤害	物理伤害	10	
33	damage_12511	恐惧箭-伤害	物理伤害	10	
34	damage_12505_01	毒箭-持续伤害	持续法术伤害	10	
35	damage_12507_01	火箭-持续伤害	持续法术伤害	10	
36					

#Main / addbuff / damage / delbuff / emit / move / persist / search / summon / other / ma

图 16.19　技能 Action 表

依托于 Sunshine 编辑器，可视化的技能编辑器也是一种选择，例如图 16.20 的编辑器。到底是 Excel 好还是图形编辑器好，还是要看具体项目。在项目初期，直接用图形编辑器，可以实现快速开发，快速验证。但是随着技能数量逐渐增多，Excel 方便批量修改，相互比较等优势也会逐渐显现。而对于已经在使用 Excel 的项目，可能同时支持两种编辑方式会更可行。

图 16.20　可视化技能编辑器

/ 位移类技能

位移类技能在施放技能的同时会改变攻方的位置，常见的有冲锋、跳斩等，例如图 16.21 的冲锋技能。早期项目中，位移是程序员自己计算的，可能用一些公式或者曲线来模拟。这样做出来的打击感比较差，而且调整起来也很麻烦。

图 16.21 带位移的冲锋技能（网易内部 3D 预研项目）

后来我们把移动轨迹交给美术同学制作，毕竟术业有专攻。美术同学直接把动作做成带位移的，程序会把移动轨迹单独输出到文件。在游戏中玩家使用位移类技能时，客户端锁死了模型根骨骼的 *xz* 轴，因此玩家只会在原地播放动作。同时，服务端根据输出的移动轨迹来更新玩家的位置，再同步给客户端，以此来驱动客户端的玩家移动位置。

性能优化的原则是先 Profile（性能剖析）。下文中的这些优化措施也是在有数据支持下才有意义的，也是要基于游戏设定的。

/ 简化 AOI

MMO 游戏中通常会有场景 AOI（Area of Interest）。AOI 功能之一是减少同步量，比如实体的数据变化只同步给周围 100 米内的玩家。另一个功能是提供进出 AOI 的回调，方便应用层做玩法，比如走近陷阱后减速。很多游戏会将 AOI 分到独立的线程，只通过回调通知主线程。但是 AOI 的复杂度始终是和 entity 的数量成平方关系的，过多的回调同样会消耗主线程的性能。因此我们选择不把投射物放进 AOI，一方面是因为投射物击中需要比较即时的判定，回调可能会造成延迟；另一方面投射物存在的时间一般来说比较短，投射物在发射时记录周围的玩家，之后就只广播位置给这些玩家。

这样带来一个问题是有些玩家从远处靠近时，错过了投射物的创建，也就再也看不到后续的飞行。通常来说这不会造成体验上的问题，除非这个投射物正好打中了他。对于飞行速度很慢或者射程特别远的投射物，可以通过定时搜索周围是否有新玩家出现来补发协议。相比之下，AOI 的计算量和回调数量都有明显减少，还是利大于弊的。

/ 公式计算

众所周知，Python 的性能偏弱，但是动态更新比较容易。我们通过 Profile，发现战斗结算的开销很大，主要是因为 MMO 类型的数值体系比较复杂，仅仅是计算是否暴击可能就要一个很长的公式，更别提整个结算流程。如果完全用 C++ 来实现，动态更新会很困难。因此我们选择了折中的方案，将策划表里的填的公式转化成抽象语法树，然后在 C++ 里执行。

实现并不复杂，学过编译原理课程应该都记得。首先将策划填的公式分解为 token，然后按逆波兰式保存到一个栈，到这一步都是离线完成的。运行期就按规则对这个栈执行 pop/push 操作，当栈的元素全部 pop 出来时，计算的结果也就出来了，在线更新只需要根据新的公式重新生成整个栈。词法和语法解析使用了 PLY，手写代码不到 200 行，运行期代码也只有 100 多行（不包括模板生成），既满足需求又易于维护。

为了降低复杂度，一个重要决策是所有变量由外部负责传入，而不是交给公式解析器来解析。举例，计算攻击力的公式 = "力量 ×10 + 2" 和计算经验的公式 = "等级 × 500 + 队伍人数 ×10"，调用他们的地方走的是不同的接口，分别是 CalcFormulaAttack(stack, strengh) 和 CalcFormulaExp(stack, level, team)。这些参数是由调用者提供的，这也是我们和通用公式计算器的不同。我们并不是用一个 C 函数来解析任何公式，而是为每一个应用环境提供一个函数。当然，同一个应用环境用到的参数也有可能不同，但是肯定是有限的。例如，计算经验的奖励表 A 可能只用到等级，奖励表 B 只用到队伍人数，但他们调用的接口是一样的：即 CalcFormulaExp(stack, level, team)。当然，随着应用环境的增多，我们提供的接口会越来越多，但是实际上内部实现又是类似的。因此我们通过 django 模板来生成这些接口的实现，从而保证程序员只要写一份实现。

对于玩家一级、二级属性的公式，可能的参数很多，怎么办？我们也支持类似结构体，只要定义好结构体内每个成员的 index，就可以只传一个参数。对应的代码片段大概是这样：

```
case RPN_ATTR:
    switch (elem->u.index)
    {
    case PLAYER_LEVEL:
        PUSH(player->level);
        break;
    case PLAYER_ATTACK:
        PUSH(player->attack);
        break;
    case PLAYER_DEFENCE:
        PUSH(player->defence);
        break;
    default:
        ERRORF("unknown attr: %u", elem->u.index);
        PUSH(0.0f);
    }
```

同样也是一份实现，通过模板来生成多份。

对于简单的公式 $3 + (a \times 2.5 - b)$ 来说，我们的执行时间大约是 C 直接计算的 5 倍，是 Python 直接计算的 1/10，对于复杂公式其效果应该更明显。

参考文献

[1] Blizzard. The StarCraft II community[EB/OL].

https://us.battle.net/forums/en/sc2/8126900/,2018.

[2] Dabeaz.PLY(Python Lex-Yacc)（Python 实现的词法语法解析器）[EB/OL].

https://www.dabeaz.com/ply/,2018.

[3] Wikipedia. Mixin[EB/OL]. https://en.m.wikipedia.org/wiki/Mixin,2018.

17 国际化
Internationalization

17.1 概述

经济持续全球化发展，互联网是全球化发展最快的行业之一。我们玩过很多国外厂商开发的游戏，例如 COC、Candy Crush、《纪念碑谷》《绝地求生》《魔兽世界》《穿越火线》等流行的游戏。这些游戏通过自发行、代理或者游戏平台进入到大家的视野，同时提供了汉语的版本。国内的游戏厂商的游戏也在通过各种方式为全球的玩家提供服务，有些厂商游戏产品甚至只做海外的市场。

手机游戏通过 App Store 和 Google Play 可以非常方便地上架多个国家和地区。当然不能仅仅简单地只做上架，为了每个国家和地区的玩家都能有良好的体验，需要从语言和文化上做好国际化（i18n）的开发。

17.2 多语言差异

17.2.1 需求差异

在精细化运营或者代理发行的时候，经常会对游戏系统做定制化修改和新需求的开发。定制化修改的量尽量控制在一定比例，否则会带来很高的开发成本。如果代理商来提出大量修改意见，沟通成本也会非常高。从技术角度来说，开发过程中要做好逻辑的组件化和开关，方便逻辑的定制化修改。

根据各国家或地区经度不同，会划分为不同的时区 (Time Zone)，总共有 24 个时区。UTC(Universal Time Coordinated) 定义为零时区，世界标准时间。各国家和地区根据标准时间和地理位置，指定某一个时区的时间作为本地时间，例如中国的北京时间，美国的美东时间、美西时间、山地时间和太平洋时间，其他时区的实际时间通过 UTC 增加一个偏移计算得到。

一些高纬度和中纬度的国家，实行日光节约时制，包含冬令时和夏令时。冬令时转换为夏令时，时钟在凌晨 2 点会直接变为凌晨 3 点；夏令时转冬令时的日期，时钟在凌晨 2 点回调到 1 点。

比如计算机中获取的实际时间 (Real Time/Wall Time) 是 1970 年 1 月 1 日 0 点到现在经过的秒数，那么这个时间可以转换为对应的当地时间。

游戏的服务器会部署在某一个特定的时区，服务地时间调整为部署地时区。不同位置的玩家会通过客户端登陆服务器一起体验游戏，一起参与活动。通常的做法是，将客户端游戏时间调整为服务器的时间并转换为当地时间 (Local Time)，告知玩家根据这个时间参与游戏玩法。最理想的情况按照登录的玩家的时区进行某些限时玩法的适配，这样更符合玩家的体验，也需要在设计和开发上付出更多成本。两种方式需要平衡考虑。

游戏是文化产品，其中的世界观、美术模型、文字描述和玩法设定需要针对运营的区域做审查。历史、宗教、民族和地缘政治等都是要审查的要素，例如白象在泰国是圣物，牛在印度是圣物，所以在美术资源中要尽量避开或调整定位。当涉及到地图的地方时，需要尊重历史和当前的实际情况。

有些地区政府对游戏有相应的审查和法规，比如欧盟有 GDPR (General Data Protection Regulation)。因此，对游戏的外部接口访问，在设计上要做好隔离和配置，对个人隐私和数据管理需要有严格的控制。

不同国家和地区的节日设定是不同的，通常需要关闭和开发某些节日活动。

这些差异都是必须要考虑的，否则可能会导致严重的后果，例如游戏下架或影响政府关系。

17.3   多语言开发

根据相关的差异进行梳理，对系统中可能在多地域不同的内容列出列表，根据需要做对应的处理。

有一些特定的功能，需要关闭或者调整，例如藏宝阁、地区排行榜、LBS、手机绑定等。对于外部接入的内容，需要接入新的入口，例如帐号 sdk、游戏中链接的网页指引、游戏精灵。另外一些内容需要根据地区配置做区分或者做单独的开发，例如玩家协议、脏词过滤、防沉迷规则、充值汇率、游戏 logo、密码长度限制等。

很多产品会在中后期甚至上线后开始做多语言，为了主干的稳定性，通常是拉独立的分支开发。内容的本地化需要一定的周期，本地化分支一般延后于主干分支。如果是有希望海外版本同时上线的内容，在不同分支对代码进行相同逻辑开发有较高的风险，长期多分支维护也有较高的成本。建议多语言开发的版本稳定后，合并回主干，最好的方式是项目伊始就考虑多语言的设计和开发，同时维护和测试中英两个版本。

多语言开发的本地化需要一定的时间，开发流程上需要做一些调整。例如外放内容提前一周开发完成，预留一定量的时间做翻译和本地化测试。

17.4　本地化

17.4.1　语言和编码

语言标识建议使用 ISO 639-1 标准，定义如表 17.1。

表 17.1　ISO 639-1 示例

Language	ISO Code
Chinese	zh
English	en
French	fr
German	de
Japanese	ja
Korean	ko
…	…

需要区分地区的语言中，可以通过语言代号加上地区代号组合区分。

地区代码遵循 ISO 3166-1 alpha-2 标准，定义如表 17.2。

表 17.2　ISO 3166-1 alpha-2 示例

Code	Country Name
CN	China
GB	United Kingdom of Great Britain and Northern Ireland
US	United States of America
…	…

开发中为了要支持多种语言，字符编码需要提前规划。建议从开始开发就统一使用 UTF-8 编码，中途调整编码和测试会有非常大的风险和工作量。

17.4.2　中文文本

中文文本主要出现在三个地方：代码、（策划）数据表、UI。

／代码中的中文

常见的方式是定义为常量字符串，放在类似于 lang_zh.py 的文件中，其他语言翻译文件 lang_xx.py 放在同目录下。

lang_zh.py 文件示例如下：

```
# 发送好友请求相关
SEND_APPLY_SUCCE = '成功发送好友申请'
SELF_FRIEND_FULL = '您的好友已满，请删除好友再添加'
```

翻译后的英文放到 lang_en.py 中，示例如下：

```
# 发送好友请求相关
SEND_APPLY_SUCCE = 'Friend request sent.'
SELF_FRIEND_FULL = 'Your friend list is full. Please delete some friends before adding new ones.'
```

代码中使用统一的编码引用，预处理过程会根据当前语言设置映射到合适的 lang_xx.py 文件中的常量。

```
if ret == 0:
    self.message(both.lang.SEND_APPLY_SUCCE)
elif ret == 1:
    self.message(both.lang.SELF_FRIEND_FULL)
```

／数据表中的中文

数据表中的中文通过扫描工具从数据文件中导出，翻译后生成同样格式的仅包含译文的数据文件。数据表中有些字段是内部使用的，不需要翻译，可以在字段的表头做标记。还有些数据的条目是临时性的、暂不外放的，可以增加一个字段，标识本条目（行）不需要翻译。

例如导出的单位表数据示例如下：

```
1024 : {
    'id' : 1024,
    'hero_name' : '烟烟罗',
    'hero_rare' : 'sr',
},
```

翻译完的 UnitData_en.py 示例如下：

```
1024 : {
  'hero_name' : 'Enenra',
  'hero_rare' : 'sr',
},
```

游戏启动数据初始化阶段，根据对应的语言，找到对应的翻译文件。Merge 到原始 DataList 对象中，代码中使用的地方不用做任何改动。

/ UI 中的中文

UI 编辑器会将界面方案保存为 UI 模板文件，文件在引擎中加载，结合控件逻辑渲染为交互的界面。编辑器是所见即所得的模式，UI 设计师会设置控件的中文内容，通过脚本工具将中文内容离线导出。游戏加载 UI 资源时，结合翻译表将文字替换为本地化内容。翻译表示例如下：

```
"公告": {
  "zhtw": "公告",
  "fr": "Annonce",
  "en": "Bulletin",
  "pt": "Avisos",
  "vi": "Thông báo",
  "de": "Bericht",
  "ko": "공지",
  "it": "Bollettino",
  "id": "Pengumuman",
  "ja": "お知らせ",
  "es": "Boletín"
```

/ 翻译流程

图 17.1 展示了整个通用翻译的全部流程，接下来为大家介绍一下翻译流程中需要注意的事项。

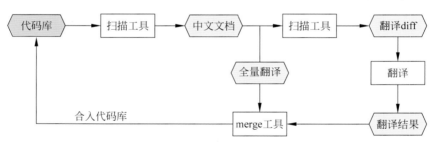

图 17.1　通用翻译流程

/ 注意事项

为了提高翻译质量和避免重复翻译，中文文本的书写有以下两种情况值得注意。

第一种，代码或变量定义中可能遇到如下的字符串模式拼接：

```
MY_STR = "%s %n %s" % ("获得", n, "个皮肤券")
```

扫描将得到两个待翻译文本，翻译后 merge 回来，可能会出现语句不通顺或语序问题。正确的做法是将有含义的文本保留完整，避免分拆发翻译，例如下面的方式：

```
MY_STR = "获得 {count} 个皮肤券".format(count=n)
```

第二种，数据表中很常见如表 17.3 的情况。

表 17.3　物品表 " 描述 " 字段示例

desc
获得皮肤折竹闻笛三日试用，若拥有该皮肤则会获得 150 金币
获得皮肤赤胆一日试用券，若拥有该皮肤则会获得 50 金币

这里存在两个问题：

（1）皮肤的名字"折竹闻笛"和"赤胆"都在其他数据表中单独翻译过，并不能复用到这两句话的翻译中。不同译者接收到同样文字翻译的时候，还有可能翻译出不同的译文。

（2）文本中有两个数字 150 和 50，这两个数字都有可能在设计迭代过程中修改，然后将这两句话整个再次被扫描到待翻译文本中，再次被翻译，带来了流程和翻译成本增加。

解决方案是将通用信息和变量分离开，改为如表 17.4 的方式。

表 17.4　物品表 " 描述 " 字段改造后示例

desc	desc.skin	desc.count
获得皮肤 {skin} 三日试用，若拥有该皮肤则会获得 {count} 金币	折竹闻笛	150
获得皮肤 {skin} 一日试用券，若拥有该皮肤则会获得 {count} 金币	赤胆	50

17.4.3　文本翻译流程

代码和数据中扫描出来的待翻译内容，一种方式是通过 TID(Text ID) 标识每一条文本，格式如图 17.2。

TID	中文	译文	英文
Achievement 4011000.name	历史段位	Posisi dalam sejarah	Tier History
Achievement 4012000.name	拥有式神数量	Jumlah Shikigami dimiliki	Shikigami Owned
Achievement 4012000.desc	我的式神，我做主	Shikigamiku, saya pemiliknya	My shikigami, my rules.
Achievement 4013000.name	拥有皮肤数量	Jumlah skin dimiliki	Skins Owned
Achievement 4013000.desc	佛靠金装，人靠衣装	Buddha dengan hiasan emasny	Clothes maketh the man.

图 17.2　翻译表示例

翻译之后，合并工具通过 TID 索引导入代码库中，放入合适位置的文件。

除了自己开发相关的支持工具，推荐使用 gnu gettext，它不仅提供了多种语言的集成代码库，还提供了完善的工具集。代码中的文本也可以不再定义为常量，直接写在代码中，如下所示：

```
from translation import ugettext as _
print _(u"中文字符")
```

gettext 相关的文件格式有三种：

pot 文件：Portable Object Template，用来生成 po 文件的原始文件，直接从代码库中导出；

po 文件：Portable Object，通过 poedit 或转为 excel 的形式提供翻译的原始数据；

mo 文件：Machine Object，po 文件编译而成的二进制文件，提供客户端和服务端在运行时中翻译使用。

使用 gettext 的翻译流程如图 17.3。

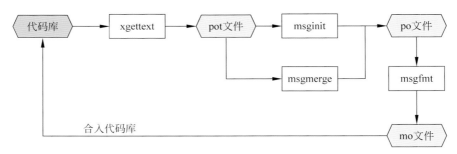

图 17.3　gettext 翻译流程

17.4.4　美术字

为了美观和表现力更强，UI 上会增加美术字，这些在多语言开发中替换为对应语言的美术字。如果美术字较多的话，对于翻译工作量和客户端包体大小都是一种压力。

尽可能使用文本字符，少用美术字。尽量不要使用竖向的美术字或文本，某些语言例如英文不能自上而下阅读。

有美术字时怎么管理呢？假设原始目录命名为 gui，为每一个语言版本的图文放进独立的文件夹 gui_xx，按照相同的目录结构存放对应的美术字图片。代码中优先使用 gui_xx 目录中的图片，否则使用原始 gui 目录中的文件。

17.4.5　语音资源

有中文的语音需要翻译后重新制作新的语音。语音资源相对较大，如果所有的语音资源都放在同一个包里会带来上百兆字节的额外包体大小。最好的解决办法是使用扩展包，在玩家选择语言后根据语言通过扩展包下载需要的语音包。

17.4.6　文字渲染

游戏引擎中，文本渲染一般是以下步骤：

（1）把文本转化成 Unicode；

（2）逐个字符提交给 FreeType 或者系统 device；

（3）生成每个字符的点阵信息；

（4）进行描边阴影等特殊操作（可选）；

（5）通过 shader 渲染到游戏画面中。

在 cocos2d-x 中渲染的字体在 CCFontAtlas 模块当中。由于字体的特殊需求，cocos2d-x 的字体渲染支持两种渲染方式：系统字体和 FreeType 字体，其各有优缺点。系统字体能够节省字体文件占用内存空间的问题，并且能支持绝大部分的 unicode 字符；而 FreeType 字体能实现特殊的文字效果，但需要大量的内存空间。这两部分的渲染方式如下：

（1）获取指定字体的点阵信息使用 FreeType，调用 FontFreeType 模块的 getGlyphBitmap 接口；

（2）获取系统字体的点阵信息使用 Device，调用 getGlyphBitmapWithSystemFont 接口。

界面适配要求限制文本控件的外框宽高，宽度会影响文字换行。不同语言的文本换行规则存在差异，通常换行有 word wrap 和 word break 两种方案。单词拆分细节规则难以判断，不建议使用 word wrap 方案。CJK(中 / 日 / 韩) 文本可以在任意两个字符间断行，印欧语系 ('en'，'vi'，'id'，'es'，'pt'，'de'，'fr'，'it'，'ru') 需要检测超出边界的最后空格，在最后一个单词空格处添加换行符。

大部分语言的字符都是逐个绘制，不存在字符的重叠，然而泰国语是个例外。先看一个例子：

นนทบุรี

这个词语意思是"暖武里府"，泰国的一个城市。根据常识，这是一个由 5 个字符组成的词语，其实并不是。น 和 รี 都是上下两个字符组合的结果，所以这个词语的字符长度是 7 而不是 5。泰语单个字符形象可能是多个字符根据一定规则的组合，例如，主体字符上面可以添加声调字符和帽子字符，下面可以添加鞋子字符。FreeType 支持 TTF/OTF 字体格式下正确的生成泰语字符形象。

17.5　发布和部署

有一定比例的机型不支持 OpenGL ES 3.0，打包时贴图格式方案需要考虑兼容性。Google Play 对首包有大小限制，需要将部分资源拆分到 obb 中。考虑到海外的账号的通用性，iOS 包需要在制作时开启 Game Center。

多语言版公测 OB(Open Beta Test) 前会进行玩家测试，通常有技术测试 CCB(Configuration Beta Test) 和封闭测试 CB(Close Beta Test)。

海外服部署在云服务器，可优先选用 AWS，技术支持最好也最稳定，但只在部分地区提供服务。其他可选的云有 Google Cloud，UCloud 和 HUAWEI CLOUD。

部署方案需要考虑游戏的网络容忍度以及各地区的网络状况，如有跨地区玩法也需要重点考察网络情况，跨地区网络加速可以集成灯塔和 UU。

参考文献

[1] Jon Fung, Richard Honeywood, Vice-Chair. Best Practices for Game Localization[EB/OL].

https://cdn.ymaws.com/www.igda.org/resource/collection/2DA60D94-0F74-46B1-A9E2-F2CE8B72EA4D/Best-Practices-for-Game-Localization-v22.pdf, 2012.